水稻高产节水灌溉

杨建昌　张建华　著

U0263440

科学出版社

北京

内 容 简 介

本书介绍了水稻产量与水分利用效率协同提高的节水灌溉理论与技术，重点阐述了以控制低限土壤水分为核心的水稻旱育壮秧水分管理、移栽水稻和直播水稻全生育期轻干湿交替灌溉、控制式畦沟灌溉、覆草旱种、花后适度土壤干旱等节水技术及水氮互作效应与互作模型，论述了各节水灌溉技术对产量、灌溉水生产力、稻米品质和稻田甲烷与氧化亚氮排放的影响，从根系形态生理、地上部群体质量和籽粒灌浆等方面阐明了在节水灌溉条件下水稻高产与水分高效利用的机制。书中所有图表数据均来自作者课题组的研究结果，许多数据是首次呈现。

本书具有科学性和实用价值，理论联系实际，具有较强的可读性和可操作性，可供农业科研人员、农业院校师生、农业技术推广人员和广大稻农在科研与示范推广应用中参考。

图书在版编目 (CIP) 数据

水稻高产节水灌溉 / 杨建昌，张建华著. —北京：科学出版社，2019.6
ISBN 978-7-03-061586-2

Ⅰ．①水… Ⅱ．①杨… ②张… Ⅲ．①水稻—节约用水—农田灌溉—研究 Ⅳ．①S511.071

中国版本图书馆 CIP 数据核字(2019)第 111104 号

责任编辑：李秀伟 闫小敏 / 责任校对：郑金红
责任印制：吴兆东 / 封面设计：刘新

科 学 出 版 社 出版
北京东黄城根北街 16 号
邮政编码：100717
http://www.sciencep.com

北京凌奇印刷有限责任公司 印刷
科学出版社发行 各地新华书店经销

*

2019 年 6 月第 一 版 开本：B5 (720×1000)
2021 年 1 月第二次印刷 印张：13 3/4
字数：277 000
定价：118.00 元
(如有印装质量问题，我社负责调换)

前　　言

水稻是中国的第一大粮食作物，种植面积约占粮食作物的 27%，产量占 40% 以上，全国有 2/3 的人口以稻米为主食，提高单位面积产量始终是水稻生产永恒的主题。水稻也是农业用水的第一大户，稻田灌溉用水量约占全国总用水量的 1/3，占农业用水的 70%。但我国是水资源紧缺的国家，是世界上 13 个贫水国之一，人均径流量不足 2200m^3，相当于世界平均水平的 1/4，且水资源的时空分布很不均匀，缺水已成为我国农业生产的限制因素。即使在雨水较多的我国南方，季节性干旱也是频繁发生，每年受旱面积约 700 万 hm^2。随着气候的变化，近年来水稻受旱面积有增加的趋势。发展节水农业，特别是实行水稻高产节水灌溉，是我国的一项重大战略需求。

为减轻水资源紧缺对水稻生产的威胁，国内外稻作科技工作者对水稻灌溉模式或技术等进行了大量的研究，创建了多种节水灌溉技术，如控制灌溉技术、间隙灌溉技术、通气稻栽培技术、水稻强化栽培技术、干湿交替灌溉技术等。以上节水灌溉技术虽能有效节约灌溉用水，但多数节水灌溉技术增产不明显甚至减产。如何在减少水资源投入的同时保持较高的水稻产量甚至进一步提高产量，这是水稻生产中迫切需要解决的重大课题。

本书作者长期从事作物水分生理和水稻节水灌溉理论与技术的研究，建立了以控制低限土壤水分为核心的水稻旱育壮秧水分管理技术、移栽水稻和直播水稻全生育期轻干湿交替灌溉技术、控制式畦沟灌溉技术、覆草旱种技术、花后适度土壤干旱技术等，形成了适合于不同稻作条件的高产节水灌溉技术体系，并从根系形态生理、地上部群体质量和籽粒灌浆等方面阐明了在节水灌溉条件下水稻高产与水分高效利用的机制。建立的水稻高产节水灌溉技术在江苏、安徽、上海、黑龙江、江西、广东等省（市）示范应用，取得了十分显著的节水、增产和水分高效利用的效果，并可改善稻米品质，减少稻田甲烷等温室气体的排放。研究成果"水稻节水高效栽培技术"获教育部科学技术进步奖二等奖和江苏省政府农业科技成果转化奖二等奖；"水稻高产与水分养分高效利用栽培技术的研究与应用"获教育部科学技术进步奖一等奖；以适度土壤干旱促进同化物转运和籽粒灌浆为重要内容的研究成果"促进稻麦同化物向籽粒转运和籽粒灌浆的调控途径与生理机制"获国家自然科学奖二等奖。本书内容是上述研究成果的总结和凝练，书中所有图表数据均来自作者课题组的研究结果，许多数据是首次呈现。

本书具有科学性和实用价值，理论联系实际，具有较强的可读性和可操作性，可供农业科研人员、农业院校师生、农业技术推广人员和广大稻农在科研与示范推广应用中参考。

扬州大学朱庆森教授、南京农业大学黄丕生教授和江苏省农业科学院吴永祥研究员为"水稻高产节水灌溉技术"研究做了重要的铺垫工作。扬州大学凌启鸿教授、曹显祖教授和张洪程院士为本项技术研究的开展提供了指导和帮助。在本项技术的研制过程中，先后有20多位博士和硕士研究生直接参与了研究工作并完成了他（她）们的学位论文，尤其是陈婷婷、张自常、陈新红、徐国伟、褚光、薛亚光、王维、刘凯、段骅、张伟杨等博士，唐成、叶玉秀、张慎风、陶进、孙小琳等硕士在研究中取得了新的重要结果。作者所在课题组的王志琴、刘立军、张耗、张祖建、郎有忠、顾骏飞、袁莉民等老师参加了本项技术的部分研究工作。扬州大学顾世梁教授为试验数据的统计分析提供了支持。江苏、安徽、上海、黑龙江、江西、广东等省（市）的许多稻作科技人员和稻农参与了本项技术的示范及推广应用。谨此一并致谢！

水稻高产节水灌溉技术的研制及本书的撰写得到国家973计划、863计划、科技支撑计划、公益性行业（农业）科研专项、重点研发计划、国家和江苏省自然科学基金、扬州大学江苏省作物遗传生理重点实验室、江苏省作物栽培生理重点实验室、江苏省粮食作物现代产业技术协同创新中心、扬州大学"高端人才支持计划"、香港浸会大学科学研究基金的资助，在此表示衷心感谢！

由于时间仓促和作者水平有限，书中不足之处在所难免，恳望专家与读者批评指正。

杨建昌　张建华

2019年3月6日

目　　录

图 表 目 录

第1章 概　论

21世纪的全球农业面临两大挑战：一是为满足人口的增长需要不断增加粮食产量，二是在不断增加粮食产量的同时需要应对水资源的日益减少[1]。水稻（*Oryza sativa*）是世界上最主要的粮食作物之一，为约30亿人口提供了35%～60%的饮食热量。预计到2035年，水稻产量必须较目前的水平增加60%或年平均增产率达1.2%以上才能满足人口增长对粮食的需求[2, 3]。但在过去20年，全球的水稻年平均增产率低于1%，许多亚洲国家的产量甚至零增长[4, 5]。如何实现水稻产量的持续增长，这是农业生产面临的第一大挑战。同时，水资源紧缺是一个全球性问题，缺水受旱已成为全世界限制作物产量的最主要非生物逆境因素[6, 7]。水稻是用水量最大的作物，其灌溉水量约占亚洲农业用水的80%。随着人口的增长、城镇和工业的发展、全球气候的变化及环境污染的加重，用于作物灌溉的水资源愈来愈匮乏，严重威胁作物特别是水稻生产的发展[6-8]。如何在增加水稻产量的同时减少宝贵水资源的使用，这是农业生产面临的另一个巨大挑战。

水稻在中国是第一大粮食作物，种植面积约占粮食作物的27%，产量占40%以上，全国有2/3的人口以稻米为主食，提高单位面积产量始终是水稻生产永恒的主题。水稻也是农业用水的第一大户。我国近年的水稻栽培面积约为2800万 hm²，稻田灌溉用水量约占全国总用水量的1/3，占农业用水的70%。但我国是水资源十分紧缺的国家，是世界上13个贫水国之一，人均径流量不足2200m³，相当于世界平均水平的1/4，且水资源的时空分布很不均匀，缺水已成为我国农业生产的限制因素。即使在雨水较多的我国南方，季节性干旱也是频繁发生，每年受旱面积约700万 hm²[9, 10]。近年来因气候的变化，水稻受旱面积有增加的趋势。发展节水农业，特别是实行水稻高产节水灌溉，是我国的一项重大战略需求。

1.1　水稻节水灌溉技术

传统的水稻灌溉方法是淹水灌溉，即在田间保持水层，因此也称为连续淹灌（continuous flooding）。但水稻在各个生育阶段对水分的需求是不同的，且在长期淹水条件下耕层土壤环境发生恶化，不利于水稻根系发育，进而影响地上部生长发育和产量形成，还会导致水、肥流失，造成资源浪费[11-13]。为减轻水资源紧缺对水稻生产的威胁，国内外稻作科技工作者对水稻灌溉模式或技术等进行了大量的研究，创建了多种节水灌溉技术，如控制灌溉、间隙灌溉、通气稻栽培、水稻强化栽培、干湿交替灌溉等。这些灌溉技术在生产上的应用可以显著减少灌溉水量，提高水分利用效率[产量/（降水量+灌溉水量+土壤用水量）][14-16]。

1.1.1 控制灌溉

水稻控制灌溉（controlled irrigation）是由河海大学等单位提出的[17]。该技术的要点是：在水稻返青后的各生育阶段，田面不再建立水层，根据水稻生理生态需求特点，以土壤含水量（重量百分比）作为控制指标，确定灌溉时间和灌溉定额，从而促进和控制水稻生长，达到节约用水、提高水分利用效率的目的。与传统的淹水灌溉相比，水稻控制灌溉技术的灌溉水量可减少 53.2%，灌溉水生产力（产量/灌溉水量）提高 60%以上。但控制灌溉的可操作性较差，难以实现灌溉后田间水分均匀分布和达到理想的控制指标[18]。

1.1.2 间隙灌溉

间隙灌溉（intermittent irrigation）也称间隙湿润灌溉，是指在两次淹水之间使稻田维持一段无水层土壤湿润状态的一种灌排方式，俗称"干干湿湿"或"前水不见后水"。19 世纪 70 年代开始在中国、印度和日本等推广应用，主要用于地势低洼的冲积或湖积平原，以及山区丘陵地区峡谷地带的水稻土，如圩田、湖田、泃水田和冷浸田等[19]。应用该技术有利于更新土壤环境，增强根系活性，并控制无效分蘖和促进茎秆健壮，降低棵间湿度，减轻病害发生，同时也可避免一次重晒田对水稻生育的不良影响，有效减少灌溉水量，提高灌溉水生产力[19]。采用间隙灌溉技术一般要求水源充足，灌排渠系配套，田面平整；对于"干"到什么程度，怎样算"湿"，缺乏定量指标。此外，由于稻田经常处于无水层的湿润状态下，许多杂草容易发芽繁殖。

1.1.3 通气稻栽培

通气稻栽培（aerobic rice system）由国际水稻研究所首先提出，是指利用抗旱性较强的通气稻品种，使其生长在没有积水的土壤透气条件下，通过雨养或少量灌溉，获得较高的产量并提高其水分利用效率[20, 21]。通气稻由旱稻演化而来，但与旱稻不同的是，通气稻栽培需要特殊的通气稻品种并补充水分灌溉才能获得高产[7, 22]。该技术可以减少整田期需水、渗漏、渗透和蒸发，从而减少水分投入并提高水分利用效率。然而，连续进行通气稻栽培，会使病害加重，产量下降，稻米食味性变差，这限制了通气稻栽培技术的广泛应用[23, 24]。

1.1.4 水稻强化栽培

水稻强化栽培（system of rice intensification，SRI）是基于一系列综合管理措施的生产技术，包括施用有机肥、小苗移栽、稀植、人工除草、生育前期间隙灌溉等[25-27]。在 21 世纪初，SRI 受到广泛关注。Uphoff 和 Randriamiharisoa[28] 及 Rafaralahy[29] 报道，在马达加斯加采用 SRI 技术能获得超过当地常规水稻栽培 2～3 倍的产量，单产可高于 15t/hm^2 甚至达到 20t/hm^2。但 Sheehy 等[30-32] 对这些有关 SRI 报道的产量提出质疑，认为 SRI 产量高得离奇，怀疑 SRI 措施的效用、实验设计及报道的真实性。SRI 采用间隙灌溉会减少用水，但施用有机肥和人工除草等高人工投入及小苗移栽和间隙灌溉等农艺技术的高要求限制了 SRI 在水稻生产上的广泛应用[5, 33-35]。

1.1.5 覆盖旱种

水稻覆盖旱种（non-flooded mulching cultivation）被认为是一种行之有效的节水新技术[36-38]。水稻覆盖旱种，就是利用地膜或者稻秸秆覆盖，进行旱种旱管，以利用雨水为主，辅以必要的人工灌溉的一种节水栽培方法。这一技术在缺水稻区或灌溉条件较差的旱地、丘陵山区及高沙土区有广阔的应用前景[36-39]。在以稻-麦（*Triticum aestivum*）轮作为主的长江流域，由于麦收与栽植水稻的间隙时间较短、麦秸秆处理费工等问题，农民往往将大量的麦秸秆付之一炬，这不仅浪费资源、污染环境，而且对土壤生态系统造成不利的影响[40, 41]。利用麦秸秆进行覆盖旱种，不仅可以实现麦秸秆的有效利用，减少秸秆焚烧带来的环境污染，而且可以提高养分和水资源利用效率。有关覆膜旱种对水稻产量形成的影响已有较多的研究报道，但研究结果不一致。Fan 等[42] 和 Liu 等[43] 报道，覆膜旱种能有效提高土壤温度，保持水分养分，抑制杂草生长，较传统水层灌溉产量增加，而覆草旱种则使产量下降。但长期使用塑料薄膜会污染土壤环境。Xu 等认为，在南方，覆膜旱种会过高地提高土壤温度和冠层温度，进而降低产量和品质；覆草旱种可提高水稻光合速率、根系活性、籽粒蔗糖-淀粉代谢途径关键酶活性，因而产量不会比淹水灌溉显著下降甚至会增加。然而覆草旱种需要加大人工的投入，水稻移栽时花工多，在大面积推广应用上有难度[10, 15, 44, 45]。

1.1.6 饱和土壤灌溉

饱和土壤灌溉（saturated soil culture）是在水稻生长期进行无水层灌溉，保持土壤耕层水分处于饱和状态的一种节水灌溉技术[46]。据报道，饱和土壤灌溉能显著增加水稻干物质的累积和叶片中氮素，在节水的同时保持较高的产量[47]。开沟做畦是饱和土壤灌溉技术的重要组成部分[48]。饱和土壤灌溉主要是通过起垄改变淹水平作时以重力下渗水为主的水分运动形式，使沟内始终保持着稳定而又可调的水层，沟内的水分在土壤毛管引力和吸水力的作用下，源源不断地输向垄顶，使垄畦土壤保持毛管水状况，有利于通气、导温，扩大土体与外界物质和能量的交换，同时为提高土壤微生物和酶活性创造有利的环境条件，从而增加土壤有机质和养分在土壤表层的累积，提高土壤肥力[49, 50]。饱和土壤灌溉由于可减少积水层带来的压力从而减少稻田渗漏和渗透，节约灌溉用水。但该技术需要每天或者每隔一天补充灌溉以保持土壤水分，灌溉的频率过高，在生产上应用有困难。

1.1.7 干湿交替灌溉

干湿交替灌溉（alternate wetting and drying，AWD）是目前生产中应用最广泛的一种节水灌溉方式，在中国和东亚的国家得到较广泛的应用，取得了明显的节水效果[14, 51-53]。所谓干湿交替灌溉，是指在水稻生育过程中，在一段时间里保持水层，自然落干至土壤不严重干裂时再灌水，再自然落干，再灌水，依此循环[54-58]。研究表明，与水层灌溉相比，AWD 具有显著的节水效果，但对于该技术能否增产，研究结果不一，有的报道减产，有的报道增产，这可能与各地的气候条件、土壤理化性质、土壤落干程度等有关[54-61]。

1.1.8 节水灌溉的指标

在水稻节水灌溉中，确定合适的灌溉指标是节水技术的关键。以往大多的水稻灌溉技术一般以灌水深度、地下水位埋深、土壤含水量、田间持水量的百分率等作为灌溉的指标。用上述方法指导灌溉，至少有两点不足之处：一是这些指标测定速度慢或精度差（如酒精燃烧法等），难以监测瞬时的土壤水分状况，而土壤水分的变化活跃，因而测定的精确度难以保证；二是以土壤含水量作为指标，其生理效应因土壤质地不同而有较大差异，如表 1-1 中壤土和黏土的土壤含水量同为 33%，此时生长在壤土和黏土的水稻叶片水势分别为-0.87MPa±0.08MPa 和-1.44MPa±0.17MPa，两者有显著差异，即植物利用壤土土壤水分的有效性要大于黏土。因此，土壤含水量指标在生产上应用的局限性很大。用田间持水量作指标，局限性就更大，因为田间持水量既不是一个常数，也不是一个精确数值，而是土壤水分在再分配过程中向下流动速率显著减慢时土壤所能保持的水量。目前认为，田间持水量是随时间而变的变量，它不是一个点，而是一个范围。为了克服上述缺点，朱庆森等[62]于 20 世纪 90 年代初将土壤水分能量概念——土壤水势作为灌溉指标，并用土壤水分张力计测定土壤水势，以此指导灌溉，建立了分生育期控制低限土壤水势的水稻干湿交替灌溉技术。用土壤水势作指标有许多优点：①提供了便捷、精确的测定土壤水分的方法，提高了与土壤水分有关的农艺试验研究的准确性和精度；②受土壤类型的局限小，不论是砂土还是黏土，只要土壤水势一样，植物根对土壤水分利用的有效性就一样。例如，当砂土、壤土和黏土 3 种土壤的水势同为–0.02MPa（–20kPa）时，尽管 3 种土壤的含水量差异很大，分别为 3.5%、33%和 47%，但叶片水势基本相同，分别为–0.86 MPa±0.06 MPa、–0.87 MPa±0.08 MPa 和–0.85 MPa±0.06 MPa（表 1-1）。表明当土壤水势相同时，生长在不同类型土壤的植物对土壤水分吸收的有效性相同，因而用土壤水势作为灌溉指标，可克服因土壤类型不同而含水量不同的局限性，具有普遍的指导意义；③使灌溉技术数量化、指标化和实用化；④可用统一尺度来研究分析土壤-植物-大气连续体中水的运行及其相互关系，因而可深入研究水稻生产中有关水分生理的问题。生产试验证明，用土壤水势作为灌溉指标，精确度高、可靠性好。然而，用土壤水分张力计测定土壤水势有一定技术难度，农民不易掌握；土壤水分张力计在使用过程中容易损坏，购买张力计需要增加成本，这些因素限制了土壤水势作为灌溉指标在大面积生产中的推广应用。

表 1-1 不同土壤质地的土壤水势、土壤含水量和叶片水势

土壤水势/–kPa	土壤含水量/%			叶片水势/–MPa		
	砂土	壤土	黏土	砂土	壤土	黏土
0	≥42	≥48	≥53	0.48±0.05	0.47±0.04	0.49±0.04
10	8	38	49	0.64±0.03	0.62±0.06	0.63±0.05
20	3.5	33	47	0.86±0.06	0.87±0.08	0.85±0.06
30	2.1	31	46	1.14±0.10	1.11±0.09	1.07±0.11
40	2.0	21	33	1.38±0.15	1.41±0.18	1.44±0.17

注：表中数据为平均数±标准差（$n=6$）

1.2 水稻高产节水灌溉技术及其生理基础

1.2.1 高产节水灌溉技术

水稻高产节水灌溉（high-yielding and water-saving irrigation）是指通过发挥水稻自身的生物学节水潜能，降低水稻对水分的无效消耗，减少灌溉水量，实现水稻产量和水分利用效率协同提高的一种灌溉技术。作者经过多年的研究，建立了适合不同稻作方式的高产节水灌溉新技术，主要包括如下几种。

1）旱育壮秧水分管理（water management for dry-raising strong seedling）：在整个秧苗期不建立水层，根据秧苗在不同叶龄期对土壤水分的敏感性及秧苗的形态生理素质，确定需要补水的土壤水势或水分指标和浇水量，培育旱壮秧；在

大田生长期根据旱育壮秧的需水特性,进行无水层灌溉或间隙灌溉(详见第 2 章)。

2)轻干湿交替灌溉（alternate wetting and moderate drying）:根据水稻生长发育对水分的需求规律,确定不同稻作方式、不同土壤类型、不同生育期的土壤相对含水量、土壤埋水深度或土壤水势指标,依此指导灌溉,全生育期实行浅水层-轻度落干的交替灌溉方式,使水分供应与水稻生长发育、产量和品质形成的水分需求相一致,实现水稻高产优质和水分高效利用(详见第 3~5 章)。

3)控制式畦沟灌溉（controlled furrow-irrigation）:稻田起垄做畦或利用前茬作物所做的畦,将水稻种在畦面上;根据水稻生长发育、产量和品质形成的水分需求,确定畦面需要灌溉的土壤水分或水势指标,进行畦沟灌溉,并控制灌溉水量(详见第 6 章)。

4)覆草旱种（non-flooded straw-mulching cultivation）:在水稻移栽前或播种后利用前茬作物秸秆对田面进行覆盖,以雨水浇灌为主,根据土壤水势或含水量状况,辅以必要人工灌溉(详见第 7 章)。

5)花后适度土壤干旱（post-anthesis moderate soil-drying）:在水稻开花受精的水分敏感期后控制水分供应,使耕层 15~20cm 处的土壤水势不低于–25kPa 或在灌浆前、中和后期叶片水势分别不低于–0.95MPa、–1.05MPa 和–1.15MPa,可以使叶片光合作用不受到明显抑制,植株的水分状况在夜间得到恢复。这一方法不仅可以增加茎中储存的非结构性碳水化合物（NSC）向籽粒转运,而且可以促进籽粒灌浆,取得高产与水分高效利用的效果(详见第 8 章)。

上述 5 类高产节水灌溉技术中,旱育壮秧水分管理可用于各类移栽水稻的秧苗期水分管理,特别适用于人工移栽、抛秧和钵苗机插等中、大苗(移栽时叶龄≥5)育秧及其移栽后的水分管理;水稻轻干湿交替灌溉可用于灌溉条件较好的所有稻区;控制式畦沟灌溉主要用于直播水稻或冷浸稻田;覆草旱种主要用于温度不是限制因素、水稻生长季缺水或季节性干旱发生较严重的双季稻区或稻-麦轮作区;花后适度土壤干旱主要用于生长前期氮肥施用过多或营养生长优势较强,灌浆期光合同化物向籽粒转运率较低,籽粒灌浆缓慢的水稻。与水层灌溉相比,采用上述节水灌溉技术可使水稻产量增加 6%~15%,灌溉水量减少 20%~40%,灌溉水生产力提高 40%~60%,可显著改善稻米品质,降低稻田温室气体的总排放量(详见第 2~8 章)。

除水分外,氮素是决定作物产量的另一个最重要因素。在水分和氮素供应不受限制的条件下,两者对作物产量和品质的影响在数量与时间上存在着最佳的匹配或耦合。在水分亏缺条件下,氮素是开发土-水系统生产效能的催化剂,水是肥效发挥的关键。水分和氮素这两者既互相促进,又互为制约。只要水分和氮肥供应合理匹配,就会产生相互促进机制,实现作物产量、水分与氮肥利用效率的协同提高[63-67]。因此,探明水分和氮素对水稻生长发育、产量和品质形成的互作效应，建立水氮互作模型，对实现水稻高产、优质和资源高效利用有重要意义。在本书的最后，介绍了水稻的水氮互作效应和水氮互作模型（详见第 9 章）。

1.2.2 高产节水灌溉技术的生理基础

1.2.2.1 减少冗余生长

叶片是光合作用器官，也是植株发生蒸腾散失水分的主要部位。受水分胁迫时，叶片细胞的扩张和分化受到抑制，叶片生长减慢[17]。Zhang[14]和 Yang[59]研究表明，轻干湿交替灌溉可减少无效分蘖的发生，提高茎蘖成穗率，能使水稻总叶面积显著降低，但对有效叶面积（有效分蘖的叶面积）没有显著影响，因此增加了有效叶面积率（抽穗期有效叶面积与总叶面积的比例），进而减少了冗余生长。他们的研究还表明，水稻轻干湿交替灌溉（落干期的土壤水势不低于 -15kPa）可降低灌浆期水稻顶部叶片着生角度，使叶片挺立，改善群体的通风透光条件[15]。

1.2.2.2 提高蒸腾效率

提高作物的水分利用效率，关键是利用作物生物学潜力，在较少的水分投入条件下获得较高的作物产量[68, 69]。从生理上分析，水分利用效率（WUE）可称为蒸腾效率，即

$$\text{WUE} = \frac{A(\text{CO}_2 \text{ fixed})}{E(\text{H}_2\text{O lost})} \text{ 或 WUE} = \frac{g_\text{a} \, \Delta[\text{CO}_2]}{g_t \, \Delta[\text{H}_2\text{O}]_{\text{vapor}}}$$

式中，A 为光合同化量；E 为蒸腾量；g_a 为气孔 CO_2 浓度；g_t 为气孔水汽浓度；$\Delta[\text{CO}_2]$ 为气孔开度的函数，降低气孔开度可以增大 CO_2 梯度；$\Delta[\text{H}_2\text{O}]_{\text{vapor}}$ 为气孔内外水汽浓度差。植物蒸腾速率与气孔导度呈线性关系，而光合速率与气孔导度呈渐趋饱和的关系[23, 69]。作者观察到，当水稻叶片气孔导度小于 300mmol/（$\text{m}^2\cdot\text{s}$）时，叶片光合速率随气孔导度的增加而提高；当气孔导度大于 300mmol/（$\text{m}^2\cdot\text{s}$）时，光合速率不随气孔导度的增加而明显增加；水稻叶片蒸腾速率则随气孔导度的增大而显著提高（图 1-1）。

研究表明，与保持水层的对照相比，土壤轻度落干（土壤水势不低于 -15kPa，或中午叶片水势不低于 -1.0MPa）可使水稻叶片的蒸腾速率显著降低，但叶片光合速率没有明显变化[70-72]。说明通过节水灌溉等技术适当调低叶片气孔导度，可显著降低蒸腾速率而不明显影响光合速率，从而在不明显减少生物产量的前提下，提高单位耗水量的物质生产量，即增加 WUE。

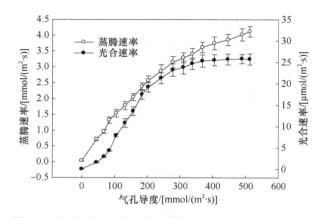

图 1-1　水稻叶片气孔导度与蒸腾速率及光合速率的关系

图中数据为 6 个水稻品种（扬稻 6 号、汕优 63、II 优 084、武运粳 24 号、淮稻 5 号和扬粳 4038）的平均值，测定时期为抽穗期，以平均数±标准差表示

1.2.2.3　促进同化物向籽粒转运

水稻等谷类作物籽粒灌浆所需的光合同化物来自两个方面：花后光合作用及花前储存在茎和其他器官（主要为叶鞘）的非结构性碳水化合物（NSC）[73-75]。在通常情况下，水稻花前储存在茎（含叶鞘，下同）中 NSC 对籽粒产量的贡献占最后籽粒重量的 1/6～1/3，其量的多寡主要取决于生长条件和氮素供应水平[75-77]。杨建昌[78]曾观察到，花前储存在茎中的 NSC 不仅是籽粒灌浆物质的一部分，而且是启动灌浆的重要物质基础，其转运率和转运量左右了籽粒灌浆速率，进而影响粒重和最终产量。因此，促进同化物向籽粒转运是提高水稻产量的一条重要途径。有研究表明，水稻全生育期采用轻干湿交替灌溉技术或在灌浆期采用适度土壤干旱的方法可以促进花前储存在茎中 NSC 向籽粒的转运，进而促进籽粒灌浆和提高收获指数。其主要生理机制是：在同化物输出的源端（茎和叶鞘），轻干湿交替灌溉或适度土壤干旱增加了水稻灌浆期茎中 α-淀粉酶和 β-淀粉酶活性，前者活性的增强尤为明显，增强了茎中蔗糖磷酸合成酶（SPS）在基质浓度限制（V_{limit}）和基质浓度饱和（V_{max}）状况下的活性，以 V_{limit} 的活性增加更多，即 SPS 的活化态（V_{limit}/V_{max}）提高，进而促进淀粉快速水解和碳同化物向籽粒再调运；在接受同化物的库端（籽粒），轻干湿交替灌溉或适度土壤干旱增强了籽粒中蔗糖-淀粉代谢途径关键酶活性，加大了库端与源端蔗糖浓度的梯度，增强了碳同化物向籽粒转运的"拉力"[53, 79, 80]。

1.2.2.4　促进籽粒灌浆

水稻籽粒中淀粉一般占糙米重的 90% 左右。因此，水稻籽粒灌浆充实过程实质上是淀粉的合成和累积过程。淀粉在籽粒中的累积速率和持续时间决定籽粒充实的优劣和粒重的高低，直接关系到稻米的产量和品质[81, 82]。籽粒灌浆过程受到光合产物的供应、茎秆储藏物质的转运、运输组织和籽粒自身生理活性的影响，并受到多种激素的调控，且受环境因子的限制，其中土壤水分对籽粒灌浆影响很大。通常，灌浆期遭遇土壤干旱会加速籽粒灌浆，但会缩短灌浆期，因灌浆期缩短之失大于灌浆速率增大之得，所以结实率和粒重降低，导致产量下降[83, 84]。但采用轻干湿交替灌溉技术或花后适度土壤干旱的方法可以使灌浆速率增大之得大于灌浆期缩短之失，进而增加结实率、粒重和产量[52, 53, 80]。轻干湿交替灌溉或花后适度土壤干旱促进籽粒灌浆的生理原因是这些技术或方法增强了籽粒中蔗糖合酶（SuS）、腺苷二磷酸葡萄糖焦磷酸化酶（AGP）、淀粉合酶（StS）、淀粉分支酶（SBE）和淀粉脱支酶（DBE）的活性，加速了籽粒中蔗糖向淀粉的转化和淀粉的累积[52, 53, 80]。

1.2.2.5　提高收获指数

收获指数（HI）反映了光合同化物转化为经济产量的效率，不仅是决定产量（Y）的一个重要因素[$Y=$生物产量（B）$\times HI$]，而且是决定水分利用效率的一个重要因素[15, 69-72]。从田间尺度或生物学角度，水分利用效率可定义为蒸腾单位水获得的籽粒产量（W_{PT}），即 $W_{PT}= Y/T = HI \times B/T$（$T$ 为作物蒸腾的水量，B/T 为蒸腾效率）[1]。因此，在提高作物产量的同时提高水分利用效率，提高收获指数是重要途径。有研究表明，收获指数与水稻的水分利用效率呈极显著的正相关[15, 69, 78-80]。采用轻干湿交替灌溉、控制式畦沟灌溉、覆草旱种和花后适度土壤干旱等技术均可以显著提高收获指数，进而协同提高作物产量和水分利用效率[15, 69-72]。在这些高产节水灌溉条件下，无效分蘖等无效生长减少、营养器官中同化物向籽粒转运增加、弱势粒充实状况得到改善是收获指数提高的重要原因。

1.2.2.6　增强植株抗逆性

在生物进化过程中，细胞内形成了防御活性氧毒害的保护酶系统。超氧化物歧化酶（SOD）、过氧化氢酶（CAT）、过氧化物酶（POD）等是细胞抵御活性氧伤害的重要保护酶类，它们在清除超氧自由基、过氧化氢和膜脂过氧化产物（丙二醛）及阻止或减少羟基自由基形成等方面起着重要作用[85]。可溶性糖、游离氨基酸是细胞质中参与渗透调节的重要有机溶质，它们除保持原生质和环境渗透平衡，阻止水分丧失外，还可能直接影响蛋白质的稳定性，增加蛋白质的可溶性，减少可溶性蛋白质的沉淀，保护膜结构的完整，并作为含氮的储藏物质和恢复生长的能源，是逆境条件下植物抗逆性的重要调节基础[86, 87]。张自常等[88]研究表明，与传统水层灌溉相比，轻干湿交替灌溉条件下 POD、CAT、SOD 活性显著增加，丙二醛含量无显著变化。表明轻干湿交替灌溉条件下水稻能及时适应环境，使剑叶 POD、SOD 和 CAT 等酶活性维持在一个较高水平，有利于清除自由基，降低质膜的过氧化水平，增强细胞的抗氧化能力，从而减轻膜受到的伤害。徐芬芬等[89]观察到，在干湿交替灌溉条件下，水稻叶片脯氨酸含量增加，渗透调节能力增强；土壤落干不会显著影响水稻的光合作用，但复水后水稻表现出补偿性生长效应，物质生产明显增加，这是在干湿交替灌溉条件下水稻高产节水的重要生理原因。

1.2.2.7 调节内源激素水平

细胞分裂素（CTK）、吲哚-3-乙酸（IAA）是调节植物生长发育包括细胞分裂、叶绿体形成、芽和根分化、茎端分生组织发生和生长、逆境忍耐和器官衰老的一类促进型植物激素[90]。Yang 等[91]观察到，在水稻开花后 9 天进行适度土壤干旱处理，对籽粒中 CTK、赤霉素（GAs）和 IAA 含量没有明显的影响，说明灌浆期适度土壤干旱处理不会明显影响胚乳细胞发育。他们的研究还表明，在水稻轻干湿交替灌溉的复水期，叶片 CTK 水平显著提高，有利于促进水稻生长发育[92]。

脱落酸（ABA）和乙烯是植物应答逆境产生的两种重要激素[92,93]。以往研究认为，干旱等逆境条件造成的谷类作物籽粒败育或充实不良与内源 ABA 和乙烯水平的增加密切相关[94-96]。但 Yang 等[91,97-99]研究表明，ABA 对籽粒灌浆的调控作用呈现出剂量效应，即低浓度促进，高浓度抑制；乙烯则可降低籽粒中蔗糖-淀粉代谢途径关键酶活性，抑制籽粒灌浆。在水稻活跃灌浆期（籽粒快速增重期），籽粒充实需要较高的 ABA 浓度和 ABA 与乙烯的比值。水稻迟开花弱势粒充实差、粒重低，较低的 ABA 含量和较高的乙烯释放速率或较高的 1-氨基环丙烷-1-羧酸（ACC，乙烯合成的前体）含量是一个重要原因[97-99]。水稻灌浆期进行适度土壤干旱处理或进行轻干湿交替灌溉，可以显著增加籽粒特别是弱势粒的 ABA 含量，降低乙烯释放速率和 ACC 含量，提高 ABA 与乙烯的比值（ABA/ACC），进而促进籽粒特别是弱势粒灌浆，增加粒重。

多胺（PAs）是普遍存在于生命体内具有生物活性的低分子量脂肪族含氮碱，参与或调节胚胎发育和形态建成、响应生物和非生物逆境、衰老与细胞程序性死亡等多种生理过程[100,101]。植物体内的多胺主要包括腐胺（Put）、精胺（Spm）和亚精胺（Spd）。研究表明，多胺与植物抗逆性有密切联系，当植物遇到逆境时，细胞内通过增加多胺含量抵御胁迫[102,103]。Chen 等[104]观察到，灌浆期适度土壤干旱处理增加了弱势粒中 Spm 和 Spd 含量，S-腺苷-L-甲硫氨酸脱羧酶和 Spd 合成酶活性及多胺合成相关基因的表达，降低了乙烯释放速率，ACC 和过氧化氢含量，ACC 合成酶、ACC 氧化酶、多胺氧化酶活性和乙烯合成相关基因的表达，显著增加了籽粒灌浆速率，特别是弱势粒的灌浆速率和粒重。重度土壤干旱处理的结果与适度土壤干旱处理的结果相反。对稻穗施用亚精胺、精胺或乙烯合成抑制剂，显著降低了弱势粒中乙烯释放速率和 ACC 含量，但显著增加了 Spd 和 Spm 含量、籽粒灌浆速率和粒重。施用 ACC 或亚精胺和精胺合成抑制剂的结果则相反。说明多胺（Spm和 Spd）与乙烯的生物合成对土壤干旱的响应存在着代谢互作并调控水稻籽粒灌浆。

1.2.2.8　促进根系生长

植物根系既是水分和养分吸收的主要器官，又是多种激素、有机酸和氨基酸合成的重要场所，其形态和生理对地上部的生长发育、产量和品质形成均有重要作用[105-107]。尽管在长期的系统发育过程中，水稻根系在结构和功能上都形成了对少氧或缺氧环境的特殊适应能力，但长期淹灌不利于稻根的生长发育，当根周围氧浓度过低时，水稻根系停止生长，且长期淹灌下土壤中累积硫化氢（H_2S）、有机酸等，对稻根生长及代谢产生不利影响[108]。在节水灌溉条件下，土壤通气条件得以改善，为水稻根系生长发育创造了良好的条件，根系活性显著增强。有试验表明，节水灌溉条件下根系生长呈倒树枝状，各层分布相对均匀，而常规淹灌下多呈网状分布，根系下扎较浅[109]；与水层灌溉相比，节水灌溉的水稻根系层深度增加 10～20cm，总根数和白根数增加 20% 以上，复水后根系活性显著增强[110]。节水灌溉的水稻根系衰老慢，特别是在生长后期能够维持较高的根系活性，可较好地协调根系与地上部生长的关系[111]。Zhang 等[14]指出，干湿交替灌溉对根系活性的影响，取决于土壤落干的程度，轻干湿交替灌溉可以显著增加根系氧化力、根叶穗中细胞分裂素含量、叶片光合速率、籽粒中蔗糖-淀粉代谢途径关键酶活性和产量，而重干湿交替灌溉的结果则相反。表明轻干湿交替灌溉可促进根系生长，有利于其他生理过程，进而提高产量和水分利用效率。

根尖（包括根冠和根分生区）是根系生理活性最活跃的部分，具有感知重力方向、响应和传递环境信号、吸收水分和养分及合成物质等重要功能[112, 113]。根尖细胞的内质网、线粒体、高尔基体、核糖体、液泡、微体和质膜 ATP 酶（ATPase）等对执行根的功能发挥重要作用[114, 115]。有研究表明，分蘖期根尖细胞中线粒体和高尔基体数目与根干重、根系氧化力、苗干重和分蘖数呈显著或极显著的正相关关系；结实期根尖细胞中线粒体、高尔基体和核糖体数目与结实率及弱势粒粒重呈极显著的正相关关系[116]。采用轻干湿交替灌溉技术可以增加根尖细胞中的线粒体、高尔基体、核糖体数目，这是高产节水灌溉技术促进根系生长的一个重要原因[117]。

1.3　节水灌溉对稻米品质和稻田温室气体排放的影响

1.3.1　稻米品质

稻米品质是一个综合性状，它涉及碾米、外观、蒸煮食味和营养、卫生等方面的多项指标[118]。土壤水分状况对稻米各个品质性状有不同的影响。有研究认为，土壤水分处于饱和状态，有利于外观品质和加工品质的提高，但对蒸煮食味品质与营养品质均有不利影响；反之，如果土壤水分低于饱和含水量则会增加垩白米率，降低整精米率和直链淀粉含量，提高糊化温度，增加蛋白质含量[119-121]。但也有研究表明，无论是土培池试验还是大田试验，当干湿交替灌溉的低限土壤水势为–25kPa 时，稻米的加工品质、外观品质、淀粉黏滞谱（RVA）特征和胚乳结构较保持水层灌溉显著改善，该技术对稻米的蒸煮食味及营养品质无不利影响[122, 123]。陶进[124]观察到，全生育期干湿交替灌溉可以减少稻米中不易被人体消化吸收的醇溶蛋白含量，同时会降低精米中铜（Cu）、铁（Fe）、锰（Mn）、锌（Zn）等元素含量和氨基酸含量，但干湿交替灌溉增加了稻米产量。因此，蛋白质产量和氨基酸产量（精米产量×蛋白质或氨基酸含量）较水层灌溉显著增加。

砷（As）和镉（Cd）是稻田中两种常见的对人体有危害的元素[125, 126]。研究表明，水稻主要吸收还原态的 As^{3+}，在土壤氧化还原电位较高时，As 主要以氧化态 As^{5+} 存在，水稻不易吸收。因此，节水灌溉可以提高土壤氧化还原电位，减少水稻对 As 的吸收，降低稻米中 As 含量[127, 128]。对于灌溉方式对水稻 Cd 吸收的影响，有着不同的研究结果，多数研究认为，节水灌溉会增加水稻对 Cd 的吸收，增加稻米中 Cd 的含量[129, 130]。主要原因是节水灌溉条件下土壤氧化还原电位提高，交换态的 Cd 增加，水稻容易吸收交换态的 Cd。但 Yang 等研究表明，在干湿交替特别是轻干湿交替灌溉条件下，水稻吸收的 Cd 主要累积在根系和稻谷的颖壳中，精米中 Cd 含量反而较水层灌溉降低，并推测可能是节水灌溉降低了蒸腾速率和籽粒含水量，因而降低了 Cd 向地上部的运输及颖壳中 Cd 向精米的转运[131, 132]。

总体而言，目前节水灌溉对稻米品质的影响多集中于外观品质和加工品质方面，各品质性状间的相互关系及有关对食味品质影响的研究较少，且不同研究者的结果也不尽相同，有关节水灌溉影响稻米品质的机制缺乏深入研究。

1.3.2 稻田温室气体

甲烷（CH_4）和氧化亚氮（N_2O）是两种主要的温室气体。稻田 CH_4 排放占全球 CH_4 排放总量的 15%～20%，是 CH_4 排放的重要来源之一[133-135]。研究表明，采用干湿交替灌溉等方式可以降低稻田 CH_4 的排放量，但会增加 N_2O 的排放量[127, 128, 133]。节水灌溉提高了土壤通透性，可以抑制土壤中 CH_4 菌的产生从而减少稻田 CH_4 的排放，同时土壤落干可以增加土壤中 Fe^{3+} 等氧化物质和提高根系氧化力，进而减少稻田 CH_4 的生成[136-138]。N_2O 是土壤反硝化的中间产物，通常在稻田严重厌氧条件下，N_2O 易被还原成 N_2，因此在淹水灌溉条件下稻田不是

N_2O 排放的重要来源。但在干湿交替等节水灌溉条件下，稻田土壤的有效氧含量上升，有利于硝化-反硝化进行，从而产生 N_2O[139]。Chu 等[140]和 Wang 等[141]观察到，与传统的以水层灌溉为主的方式相比，轻干湿交替灌溉和控制式畦沟灌溉稻田的 CH_4 排放量分别降低了 52%～65%和 61%～77%，N_2O 排放量分别增加了 0.53～0.58kg N_2O-N/hm^2 和 0.84～0.93kg N_2O-N/hm^2。但他们的结果显示，在节水灌溉条件下，N_2O 的排放量仅占全球增温潜势[global warming potential（GWP），CH_4 与 N_2O 折合成 CO_2 的当量]的 4.5%～11.7%，CH_4 排放的减少量远高于 N_2O 排放的增加量（折合成 CO_2 当量）；与水层灌溉相比，轻干湿交替灌溉和控制式畦沟灌溉的 GWP 分别减少了 48%～62%和 56%～71%，温室气体强度（greenhouse gas intensity，籽粒产量/全球增温潜势）分别降低了 62%～69%和 72%～78%。表明采用轻干湿交替灌溉等节水技术可以明显减少稻田温室气体的排放。

应当指出，节水灌溉的增产和节水效应、生理机制及其对稻米品质和温室气体排放的影响因节水灌溉技术不同而有差异。有关各高产节水灌溉技术的效应及其生理基础将在后面各章中分别进行阐述。

参 考 文 献

[1] Bouman B A M. A conceptual framework for the improvement of crop water productivity at different spatial scales. Agricultural Systems, 2007, 93: 43-60.
[2] Fageria N K. Yield physiology of rice. Journal of Plant Nutrition, 2007, 30: 843-879.
[3] 凌启鸿, 等. 水稻精确定量栽培理论与技术. 北京: 中国农业出版社, 2007: 1-216
[4] Katsura K, Maeda S, Horie T, et al. Analysis of yield attributes and crop physiological traits of Liangyoupeijiu, a hybrid rice recently bred in China. Field Crops Research, 2007, 103: 170-177.
[5] Horie T, Shiraiwa T, Homma K, et al. Can yields of lowland rice resume the increases that showed in the 1980s? Plant Production Science, 2005, 8: 259-274.
[6] Belder P, Bouman B A M, Cabangon R, et al. Effect of water-saving irrigation on rice yield and water use in typical lowland conditions in Asia. Agricultural Water Management, 2004, 65: 193-210.
[7] Bouman B A M, Toung T P. Field water management to save water and increase its productivity in irrigated lowland rice. Agricultural Water Management, 2001, 49: 11-30.
[8] Belder P, Spiertz J H J, Bouman B A M, et al. Nitrogen economy and water productivity of lowland rice under water-saving irrigation. Field Crops Research, 2005, 93: 169-185.
[9] 朱庆森, 黄丕生, 吴永祥, 等. 水稻节水栽培研究论文集. 北京: 中国农业科技出版社, 1995: 1-110.
[10] Zhang Z C, Zhang S F, Yang J C, et al. Yield, grain quality and water use efficiency of rice under non-flooded mulching cultivation. Field Crops Research, 2008, 108: 71-81.
[11] 程建平. 水稻节水栽培生理生态基础及节水灌溉技术研究. 武汉: 华中农业大学博士学位论文, 2007.
[12] 茆智. 水稻节水灌溉及其对环境的影响. 中国工程科学, 2002, 7: 8-16.
[13] Li Y, Barker R. Increasing water productivity for paddy irrigation in China. Paddy and Water

Environment, 2004, 2: 187-193.

[14] Zhang H, Xue Y G, Wang Z Q, et al. An alternate wetting and moderate soil drying regime improves root and shoot growth in rice. Crop Science, 2009, 49: 2246-2260.

[15] Yang J C, Zhang J H. Crop management techniques to enhance harvest index in rice. Journal of Experimental Botany, 2010, 61: 3177-3189.

[16] 陈婷婷, 杨建昌. 移栽水稻高产高效节水灌溉技术的生理生化机理研究进展. 中国水稻科学, 2014, 28(1): 103-110.

[17] 彭世彰, 徐俊增. 水稻控制灌溉理论与技术. 南京: 河海大学出版社, 2011.

[18] 朱庭芸. 水稻灌溉的理论与技术. 北京: 中国水利水电出版社, 1998.

[19] 杨守仁. 中国农业百科全书·农作物卷: 水稻. 北京: 农业出版社, 1987.

[20] Singh S, Ladha J K, Gupta R K, et al. Weed management in aerobic rice systems under varying establishment methods. Crop Production, 2008, 27: 660-671.

[21] Lampayan R M, Bouman B A M, de Dios J L, et al. Yield of aerobic rice in rainfed lowlands of the Philippines as affected by nitrogen management and row spacing. Field Crops Research, 2010, 116: 165-174.

[22] Lafitte R H, Courtois B, Arraudeau M. Genetic improvement of rice in aerobic systems: progress from yield to genes. Field Crops Research, 2002, 75: 171-190.

[23] Zhang J H, Yang J C. Crop yield and water use efficiency. In: Bacon M A. Water Use Efficiency in Plant Biology. Oxford, UK: Blackwell Publishing, 2004: 189-218.

[24] Nie L X, Peng S B, Chen M X, et al. Aerobic rice for water-saving agriculture. Agronomy Sustainable Development, 2012, 32: 411-418.

[25] Uphoff N, Kassam A. A critical assessment of a desk study comparing crop production systems: the example of the "system of rice intensification" versus "best management practice". Field Crops Research, 2008, 108: 109-114.

[26] Uphoff N, Kassam A. Case Study: system of rice intensification, final report agricultural technologies for developing countries STOA project "Agricultural technologies for developing countries", Rome: FAO, 2009: 1-65.

[27] Stoop W A, Uphoff N, Kassam A. A review of agricultural research raised by the system of rice intensification (SRI) from Madagascar: opportunities for improving farming systems for resource-poor farmers. Agricultural Systems, 2002, 71: 249-274.

[28] Uphoff N, Randriamiharisoa R. Reducing water use in irrigated rice production with the Madagascar system of rice intensification (SRI). In: Bouman B A M. Water-Wise Rice Production. Los Banos, Philippines: International Rice Research Institute, 2002: 151-166.

[29] Rafaralahy S. An NGO perspective on SRI and its origins in Madagascar. In: Uphoff N. Assessment of the System for Rice Intensification (SRI). New York: Cornell International Institute of Food Agriculture and Development, 2002: 17-22.

[30] Sheehy J E, Peng S, Dobermann A, et al. Fantastic yields in the systems of rice intensification: fact or fallacy? Field Crops Research, 2004, 88: 1-8.

[31] Sinclair T R, Cassman K G. Agronomic UFOs. Field Crops Research, 2004, 88: 9-10.

[32] Dobermann A. A critical assessment of the system of rice intensification (SRI). Agricultural Systems, 2004, 79: 261-281.

[33] Barrett C B, Moser C M, McHugh O V, et al. Better technology, better plots, or better farmers? Identifying changes in productivity and risk among Malagasy rice farmers. American Journal of Agricultural Economics, 2004, 86: 869-888.

[34] Latif M A, Islam M R, Ali M Y, et al. Validation of the system of rice intensification (SRI) in

Bangladesh. Field Crops Research, 2005, 93: 281-292.

[35] Tsujimoto Y, Horie T, Randriamihary H, et al. Soil management: the key factors for higher productivity in the fields utilizing the system of rice intensification (SRI) in the central highland of Madagascar. Agricultural Systems, 2009, 100: 61-71.

[36] 梁永超, 胡锋, 杨茂成, 等. 水稻覆膜旱作高产节水机理研究. 中国农业科学, 1999, 32(1): 26-32.

[37] Fan M S, Liu X J, Jiang R F, et al. Crop yields, internal nutrient efficiency, and changes in soil properties in rice-wheat rotations under non-flooded mulching cultivation. Plant and Soil, 2005, 277: 265-276.

[38] Liu X, Wu L, Pang L, et al. Effects of plastic film mulching cultivation under non-flooded condition on rice quality. Journal of the Science of Food and Agriculture, 2007, 87: 334-339.

[39] 黄义德, 张自立, 魏凤珍, 等. 水稻覆膜旱作的生态生理效应. 应用生态学报, 1999, 10(3): 305-308.

[40] 刘天学, 纪秀娥. 焚烧秸秆对土壤有机质和微生物的影响研究. 土壤, 2003, 35(4): 347-348.

[41] Miura Y, Kanna T. Emissions of trace gases (CO_2, CO, CH_4, and N_2O) resulting from rice straw burning. Soil Science and Plant Nutrition, 1997, 43: 849-854.

[42] Fan M S, Lu S H, Jiang R F, et al. Long-term non-flooded mulching cultivation influences rice productivity and soil organic carbon. Soil Use and Management, 2012, 28: 544-550.

[43] Liu X J, Ai Y W, Zhang F S, et al. Crop production, nitrogen recovery and water use efficiency in rice-wheat rotations as affected by non-flooded mulching cultivation (NFMC). Nutrient Cycling Agroecosystem, 2005, 71: 289-299.

[44] Xu G W, Zhang Z C, Zhang J H, et al. Much improved water use efficiency of rice under non-flooded mulching cultivation. Journal of Integrative Plant Biology, 2007, 49: 1527-1534.

[45] Zhang Z C, Xue Y G, Wang Z Q, et al. The relationship of grain filling with abscisic acid and ethylene under non-flooded mulching cultivation. Journal of Agricultural Science, 2009, 147: 423-436.

[46] Hunter M N, Jabrun P L M, Byth D E. Response of nine soybean line to soil moisture conditions close to saturation. Australian Journal of Experimental Agriculture and Animal Husbandry, 1980, 20: 339-345.

[47] Weligamage P, Godaliyadda G G A, Jinapala K. Proceedings of the national conference on water, food security and climate change in Sri Lanka, BMICH, Colombo. Colombo, Sri Lanka: International Water Management Institute, 2009: 172-182.

[48] Ghulamahdi M, Melati M, Sagala D. Production of soybean varieties under saturated soil culture on tidal swamps. Journal of Agronomy in Indonesia, 2009, 37(3): 226-232.

[49] 王怡红. 南方水稻垄作栽培高产形成的初步研究. 扬州: 扬州大学硕士学位论文, 2008.

[50] 陈杨, 扈婷, 郑华斌, 等. 水稻垄作栽培技术研究进展. 作物研究, 2011, 25(6): 616-620.

[51] Tuong T P, Bouman B A M, Mortimer M. More rice, less water-integrated approaches for increasing water productivity in irrigated rice-based systems in Asia. Plant Production Science, 2005, 8: 231-241.

[52] Zhang H, Zhang S F, Zhang J H, et al. Postanthesis moderate wetting drying improves both quality and quantity of rice yield. Agronomy Journal, 2008, 100: 726-734.

[53] Zhang H, Li H, Yuan L M, et al. Post-anthesis alternate wetting and moderate soil drying enhances activities of key enzymes in sucrose-to-starch conversion in inferior spikelets of rice. Journal of Experimental Botany, 2012, 63: 215-227.

[54] 褚光, 展明飞, 朱宽宇, 等. 干湿交替灌溉对水稻产量与水分利用效率的影响. 作物学报, 2016, 42: 1034-1044.

[55] Bouman B, Humphreys E, Tuong T, et al. Rice and water. Advances in Agronomy, 2007, 92: 187-237.

[56] Garg K K, Das B S, Safeeq M, et al. Measurement and modeling of soil water regime in a lowland paddy field showing preferential transport. Agricultural Water Management, 2009, 96: 1705-1714.

[57] Won J G, Choi J S, Lee S P, et al. Water saving by shallow intermittent irrigation and growth of rice. Plant Production Science, 2005, 8: 487-492.

[58] Cabangon R, Castillo E, Bao L, et al. Impact of alternate wetting and drying irrigation on rice growth and resource-use efficiency. *In*: Barker R, Loeve R, Li Y H. Proceedings of an International Workshop. Colombo: International Water Management Institute, 2001: 55-79.

[59] Yang J C, Liu K, Wang Z Q, et al. Water-saving and high-yielding irrigation for lowland rice by controlling limiting values of soil water potential. Journal of Integrative Plant Biology, 2007, 49: 1445-1454.

[60] Wang Z Q, Xu Y J, Chen T T, et al. Abscisic acid and the key enzymes and genes in sucrose-to-starch conversion in rice spikelets in response to soil drying during grain filling. Planta, 2015, 241: 1091-1107.

[61] Chen T T, Xu G W, Wang Z Q, et al. Expression of proteins in superior and inferior spikelets of rice during grain filling under different irrigation regimes. Proteomics, 2016, 16: 102-121.

[62] 朱庆森, 邱泽森, 姜长鉴, 等. 水稻各生育期不同土壤水势对产量的影响. 中国农业科学, 1994, 27(6): 15-22.

[63] 张自常, 李鸿伟, 曹转勤, 等. 施氮量和灌溉方式的交互作用对水稻产量和品质影响. 作物学报, 2013, 39(1): 84-92.

[64] 徐国伟, 王贺正, 翟志华, 等. 不同水氮耦合对水稻根系形态生理、产量与氮素利用的影响. 农业工程学报, 2015, 31(10): 132-141.

[65] 孙永健, 孙园园, 刘树金, 等. 水分管理和氮肥运筹对水稻养分吸收、转运及分配的影响. 作物学报, 2011, 37(12): 2221-2232.

[66] 孙永健, 马均, 孙园园, 等. 水氮管理模式对杂交籼稻冈优 527 群体质量和产量的影响. 中国农业科学, 2014, 47(10): 2047-2061.

[67] Wang Z Q, Zhang W Y, Beebout S S, et al. Grain yield, water and nitrogen use efficiencies of rice as influenced by irrigation regimes and their interaction with nitrogen rates. Field Crops Research, 2016, 193: 54-69.

[68] 张明炷, 李远华, 崔远来, 等. 非充分灌溉条件下水稻生长发育及生理机制研究. 灌溉排水, 1994, 13(4): 6-10.

[69] 杨建昌, 展明飞, 朱宽宇. 水稻绿色性状形成的生理基础. 生命科学, 2018, 30: 1137-1145.

[70] Yang J C, Zhang J H, Wang Z Q, et al. Remobilization of carbon reserves in response to water-deficit during grain filling of rice. Field Crops Research, 2001, 71: 47-55.

[71] Yang J C, Zhang J H, Wang Z Q, et al. Postanthesis water deficits enhance grain filling in two-line hybrid rice. Crop Science, 2003, 43: 2099-2108.

[72] Xue Y G, Duan H, Liu L J, et al. An improved crop management increases grain yield and nitrogen and water use efficiency in rice. Crop Science, 2013, 53: 271-284.

[73] Kobata T, Palta J A, Turner N C. Rate of development of postanthesis water deficits and grain filling of spring wheat. Crop Science, 1992, 32: 1238-1242.

[74] Pheloung P C, Siddique K H M. Contribution of stem dry matter to grain yield in wheat cultivars. Australian Journal of Plant Physiology, 1991, 18: 53-64.

[75] Okamura M, Arai-Sanoh Y, Yoshida H, et al. Characterization of high-yielding rice cultivars with different grain-filling properties to clarify limiting factors for improving grain yield. Field Crops Research, 2018, 219: 139-147.

[76] Gebbing T, Schnyder H. Pre-anthesis reserve utilization for protein and carbohydrate synthesis in grains of wheat. Plant Physiology, 1999, 121: 871-878.

[77] Li G H, Pan J F, Cui K H, et al. Limitation of unloading in the developing grains is a possible cause responsible for low stem non-structural carbohydrate translocation and poor grain yield formation in rice through verification of recombinant inbred lines. Frontiers in Plant Science, 2017, 8: DOI: 10.3389/fpls.2017.0136(e1369).

[78] 杨建昌. 亚种间杂交稻籽粒充实特征及其生理基础研究. 北京: 中国农业大学博士学位论文, 1996.

[79] Yang J C, Zhang J H, Wang Z Q, et al. Activities of starch hydrolytic enzymes and sucrose-phosphate synthase in the stems of rice subjected to water stress during grain filling. Journal of Experimental Botany, 2001, 364: 2169-2179.

[80] Yang J C, Zhang J H, Wang Z Q, et al. Activities of enzymes involved in source-to-starch metabolism in rice grains subjected to water stress during filling. Field Crops Research, 2003, 81: 69-81.

[81] Yoshida S. Physiological aspects of grain yield. Annual Review of Plant Physiology, 1972, 23: 437-464.

[82] Wardlaw I F, Willenbrink J. Carbohydrate storage and mobilization by the culm of wheat between heading and grain maturity: the relation to sucrose synthase and sucrose-phosphate synthase. Australian Journal of Plant Physiology, 1994, 21: 255-271.

[83] Boyer J S, McPherson H G. Physiology of water deficits in cereal crops. Advance in Agronomy, 1975, 27: 1-23.

[84] Tang T, Xie H, Wang Y, et al. The effect of sucrose and abscisic acid interaction on sucrose synthase and its relationship to grain filling of rice (*Oryza sativa* L.). Journal of Experimental Botany, 2009, 60: 2641-2652.

[85] 王霞, 侯平, 尹林克. 植物对干旱胁迫的适应机理. 干旱区研究, 2001, 18(2): 42-46.

[86] 陈晓远, 凌木生, 高志红. 水分胁迫对水稻叶片可溶性糖和游离脯氨酸含量的影响. 河南农业科学, 2006, 12: 26-30.

[87] 付光玺, 朱伟, 杨露露, 等. 节水灌溉对水稻抗逆生理性状的影响. 中国农学通报, 2009, 25(2): 105-108.

[88] 张自常, 李鸿伟, 陈婷婷, 等. 畦沟灌溉和干湿交替灌溉对水稻产量与品质的影响. 中国农业科学, 2011, 44: 4988-4998.

[89] 徐芬芬, 曾晓春, 石庆华. 干湿交替灌溉方式下水稻节水增产机理研究. 中国农学通报, 2009, 24(3): 72-75.

[90] Argueso C T, Ferreira F J, Kieber J J. Environmental perception avenues: the interaction of cytokinin and environmental response pathways. Plant Cell and Environment, 2009, 32: 1147-1160.

[91] Yang J C, Zhang J H, Wang Z Q, et al. Hormonal changes in the grains of rice subjected to water stress during grain filling. Plant Physiology, 2001, 127: 315-323.

[92] Zhang H, Chen T T, Wang Z Q, et al. Involvement of cytokinins in the grain filling of rice under alternate wetting and drying irrigation. Journal of Experimental Botany, 2010, 61:

3719-3733.

[93] Morgan J M. Possible role of abscisic acid in reducing seed set in water-stressed wheat plants. Nature, 1980, 285: 655-657.

[94] Cheng C Y, Lur H S. Ethylene may be involved in abortion of the maize caryopsis. Physiologia Plantarum, 1996, 98: 245-252.

[95] Saini H S, Aspinall D A. Sterility in wheat (*Triticum aestivum* L.) induced by water deficit or high temperature: possible mediation by abscisic acid. Australian Journal of Plant Physiology, 1982, 9: 529-537.

[96] Sharp R E. Interaction with ethylene: changing views on the role of abscisic acid in root and shoot growth responses to water stress. Plant, Cell and Environment, 2002, 25: 211-222.

[97] Yang J C, Zhang J H, Ye Y X, et al. Involvement of abscisic acid and ethylene in the responses of rice grains to water stress during filling. Plant, Cell and Environment, 2004, 27: 1055-1064.

[98] Yang J C, Zhang J H. Grain filling of cereals under soil drying. New Phytologist, 2006, 169: 223-236.

[99] Yang J C, Zhang J H, Wang Z Q, et al. Post-anthesis development of inferior and superior spikelets in rice in relation to abscisic acid and ethylene. Journal of Experimental Botany, 2006, 57: 149-160.

[100] Jang S J, Wi S J, Choi Y J, et al. Increased polyamine biosynthesis enhances stress tolerance by preventing the accumulation of reactive oxygen species: T-DNA mutational analysis of *Oryza sativa* lysine decarboxylase-like protein 1. Molecules and Cells, 2012, 34: 251-262.

[101] Torrigiani P, Bressanin D, Ruiz K B, et al. Spermidine application to young developing peach fruits leads to a slowing down of ripening by impairing ripening-related ethylene and auxin metabolism and signaling. Physiologia Plantarum, 2012, 146: 86-98.

[102] Feng H Y, Wang Z M, Kong F N, et al. Roles of carbohydrate supply and ethylene, polyamines in maize kernel set. Journal of Integrative Plant Biology, 2011, 53: 388-398.

[103] Wang Z Q, Xu Y J, Wang J C, et al. Polyamine and ethylene interactions in grain filling of superior and inferior spikelets of rice. Plant Growth Regulation, 2012, 66: 215-228.

[104] Chen T T, Xu Y J, Wang J C, et al. Polyamines and ethylene interact in rice grains in response to soil drying during grain filling. Journal of Experimental Botany, 2013, 64: 2523-2538.

[105] Fitter A. Characteristics and functions of root systems. *In*: Waisel Y, Eshel A, Kafkafi U. Plant Roots, the Hidden Half. New York: Marcel Dekker Inc, 2002: 15-32.

[106] Fitter A H. Roots as dynamic systems: the developmental ecology of roots and root systems. *In*: Press M C, Scholes J D, Barker M G. Plant Physiological Ecology. London: Blackwell Scientific, 1999: 115-131.

[107] Zhang H, Xue Y G, Wang Z Q, et al. Morphological and physiological traits of roots and their relationships with shoot growth in "super" rice. Field Crops Research, 2009, 113(1): 31-40.

[108] Ramasamy S, ten Berge H F M, Purushothaman S. Yield formation in rice in response to drainage and nitrogen application. Field Crops Research, 1997, 51: 65-82.

[109] 程大旺. 水稻节水高效栽培的生理生态效应及对产量与品质的影响. 杭州: 浙江大学硕士学位论文, 2001.

[110] 贾宏伟, 王晓红, 陈来华. 水稻节水灌溉研究综述. 浙江水利科技, 2007, 151(3): 19-25.

[111] 张荣萍, 马均, 王贺正, 等. 不同灌水方式对水稻生育特性及水分利用率的影响. 中国农学通报, 2005, 21(9): 144-150.

[112] Tsugeki R, Fedoroff N V. Genetic ablation of root cap cells in Arabidopsis. Proceedings of the National Academy of Sciences of the United States of America, 1999, 96: 12941-12946.

[113] Sievers A, Braun M, Monshausen G B. The root cap: structure and function. *In*: Waisel Y, Eshel A, Kafkafi U. Plant Roots, the Hidden Half. New York: Marcel Dekker Inc, 2002: 33-47.

[114] Olsen G M, Mirza J I, Maher E P. Ultrastructure and movements cell organelles in the root cap of agravitropic mutants and normal seedlings of *Arabidopsis thaliana*. Physiologia Plantarum, 1984, 60: 523-531.

[115] Hawes M C, Gunawardena U, Miyasaka S. The role of root border cells in plant defense. Trends in Plant Sciences, 2000, 5: 128-133.

[116] Yang J C, Zhang H, Zhang J H. Root morphology and physiology in relation to the yield formation of rice. Journal of Integrative Agriculture, 2012, 11: 920-926.

[117] 张耗, 杨建昌, 张建华. 水稻根系形态生理与产量形成的关系及其栽培技术. 北京: 知识产权出版社, 2015.

[118] 陶进, 钱希旸, 剧成欣, 等. 不同年代中粳水稻品种的米质及其对氮肥的响应. 作物学报, 2016, 42: 1359-1369.

[119] 郑家国, 任光俊, 陆贤军, 等. 花后水分亏缺对水稻产量和品质的影响. 中国水稻科学, 2003, 17: 239-243.

[120] 颜龙安, 李季能, 钟海明. 优质稻米生产技术. 北京: 中国农业出版社, 1999.

[121] 邓定武, 谭正之, 龙兴汉. 灌溉对杂交水稻产量和稻米品质的影响. 作物研究, 1990, 4(2): 7-9.

[122] 蔡一霞, 朱庆森, 王志琴, 等. 结实期土壤水分对稻米品质的影响. 作物学报, 2002, 28: 601-608.

[123] 蔡一霞, 王维, 张祖建, 等. 水旱种植下多个品种蒸煮品质和稻米 RVA 谱的比较性研究. 作物学报, 2003, 29: 508-613.

[124] 陶进. 干湿交替灌溉对水稻农艺生理性状与米质的影响. 扬州: 扬州大学硕士学位论文, 2017.

[125] Hu H, Wang J, Fang W, et al. Cadmium accumulation in different rice cultivars and screening for pollution-safe cultivars of rice. Science of the Total Environment, 2006, 370: 302-309.

[126] Zhao F J, McGrath S P, Meharg A A. Arsenic as a food chain contaminant: mechanism of plant uptake and metabolism and mitigation strategies. Annual Review of Plant Biology, 2010, 61: 535-559.

[127] Linquist B A, Anders M M, Adviento-Borbe M A A, et al. Reducing greenhouse gas emissions, water use, and grain arsenic levels in rice systems. Global Change Biology, 2015, 21: 407-417.

[128] Yang J C, Zhou Q, Zhang J H. Moderate wetting and drying increases rice yield and reduces water use, grain arsenic level, and methane emission. The Crop Journal, 2017, 5: 151-153.

[129] 纪雄辉, 梁永超, 鲁艳红, 等. 污染稻田水分管理对水稻吸收积累镉的影响及其作用机理. 生态学报, 2007, 27: 3930-3939.

[130] 张丽娜, 宗良纲, 付世景, 等. 水分管理方式对水稻在 Cd 污染土壤上生长及其吸收 Cd 的影响. 安全与环境学报, 2006, 6(5): 51-54.

[131] 黄东芬, 奚岭林, 王志琴, 等. 结实期灌溉方式对水稻品质和不同器官镉浓度与分配的影响. 作物学报, 2008, 34: 456-464.

[132] Yang J C, Huang D F, Duan H, et al. Alternate wetting and moderate soil drying increases grain yield and reduces cadmium accumulation in rice grains. Journal of the Science of Food and Agriculture, 2009, 89: 1728-1736.

[133] Linquist B A, van Groenigen K J, Adviento-Borbe M A, et al, An agronomic assessment of greenhouse gas emissions from major cereal crops. Global Change Biology, 2012, 18: 194-209.

[134] Aulakh M S, Wassmann R, Rennenberg H. Methane emissions from rice fields -quantification, mechanisms, role of management, and mitigation options. Advance in Agronomy, 2001, 70: 193-260.

[135] Yan X, Yagi K, Akiyama H, et al. Statistical analysis of the major variables controlling methane emission from rice fields. Global Change Biology, 2005, 11: 1131-1141.

[136] Li X, Ma J, Yao Y, et al. Methane and nitrous oxide emissions from irrigated lowland rice paddies after wheat straw application and midseason aeration. Nutrient Cycling in Agroecosystems, 2014, 100: 65-76.

[137] Kato S, Hashimoto K, Watanabe K. Methanogenesis facilitated by electric syntrophy via (semi) conductive iron-oxide minerals. Environmental Microbiology, 2012, 14: 1646-1654.

[138] Zhou S, Xu J, Yang G, et al. Methanogenesis affected by the co-occurrence of iron (III) oxides and humic substances. FEMS Microbiology Ecology, 2014, 88: 107-120.

[139] Huang S H, Pant H K, Lu J. Effects of water regimes on nitrous oxide emission from soils. Ecological Engineering, 2007, 31: 9-15.

[140] Chu G, Wang Z Q, Zhang H, et al. Alternate wetting and moderate drying increases rice yield and reduces methane emission in paddy field with wheat straw residue incorporation. Food and Energy Security, 2015, 4: 238-254.

[141] Wang Z Q, Gu D J, Beebout S S, et al. Effect of irrigation regime on grain yield, water productivity, and methane emissions in dry direct-seeded rice grown in raised beds with wheat straw incorporation. The Crop Journal, 2018, 6: 495-508.

第 2 章　水稻旱育壮秧水分管理

水稻旱育壮秧水分管理（water management for dry-raising strong rice seedling）是指水稻秧苗在肥沃的苗床上生长，在整个秧苗期不建立水层，根据秧苗在不同叶龄期对土壤水分的敏感性及秧苗的形态生理素质，确定需要补水的土壤水势或水分指标，培育旱壮秧；在大田生长期根据旱秧的需水特性，进行无水层灌溉或间隙灌溉的一种水分管理技术。

水稻育秧栽培技术在我国已有 1800 多年的历史。它具有作业集中、便于精细管理、节省种子、增加复种指数等优点，在我国几千年的稻作历史上始终占有重要地位[1, 2]。传统的育秧方式一般采用水育秧。水育秧的特点是在整个秧苗生长期间苗床灌有水层。这种育秧方式的缺点是土壤通气状况差，播种后扎根立苗慢，浮芽、倒苗现象普遍，气候不良时坏芽、烂种、烂秧严重[1-3]。为改变这种状况，20 世纪 50 年代中期开始推广陈永康"广合式"秧田，进行通气湿润育秧，即从播种到秧苗第 3 叶抽出，苗床保持湿润，3 叶期以后建立水层[1-3]。湿润育秧较好地解决了根系生长对氧气的需求问题，播种后扎根立苗较快，避免了浮芽、倒苗，对防止烂种、烂秧和培育壮秧有较好的作用。但该法只是在水育秧的基础上做了一些改进，仍存在许多问题，如秧苗根系不发达、秧苗的抗逆性较差、移栽后返青活棵慢、植伤重等[2-5]。自 80 年代初，我国从日本引进了水稻旱育秧技术[3]。旱育秧（dry-raised seedling）利用肥沃、松软、深厚的苗床育苗，主要依靠土壤底墒和适当的补水供给秧苗生长所需的水分，能有效地控制秧苗徒长，促使地上部矮壮，根系发达，作物抗逆性增强[6-8]。水稻旱育秧技术不仅具有省工、省肥、省地、省时、省水、高产、低投入、高产出等众多优点，而且可提高作物抗病虫能力，减少农药和化肥的施用，具有良好的经济和生态效益[7-11]。水稻旱育秧不仅可用于人工手栽秧，而且可用于抛秧、机插秧等各种栽秧方式[12-14]，目前，水稻旱育秧技术已在我国各地推广应用。

培育旱壮秧需要掌握诸多技术要领，包括苗床选择、苗床培肥、精细播种、水分管理和防治病虫害等，其中苗床培肥和水分管理是培育旱壮秧的两项最重要的关键技术。有关旱育秧的苗床选择、苗床培肥、精细播种等技术要点已有较多文献做了介绍，并为大多数稻农所掌握[1-8]。但对于培育旱壮秧的水分管理技术，特别是需要补水的指标，目前仍多为经验性判断，如早晨秧苗吐水不浇水，中午不卷叶不浇水，苗床不发白或不开裂不浇水等，缺乏精准的诊断和浇水定量指标，以致旱育秧苗素质差，甚至造成秧苗立枯、黄枯或青枯死苗[15-17]。因此，掌握水稻旱育秧水分管理技术，对于培育旱壮秧、发挥旱育壮秧的增产优势具有重要作用。

2.1 旱育壮秧指标与需要补水的土壤水分指标

2.1.1 旱育壮秧指标

通常，人们用旱育秧某一时期的分蘖发生率（有分蘖的株数占调查总株数的百分率）、地上部干重或移栽后 2～5 天的新生根重等作为旱育壮秧的指标[6-10]。但作者观察到，这些指标值虽然与产量呈显著或极显著正相关，但相关值较小（图 2-1b～图 2-1d）。作者以汕优 63（杂交籼稻）、扬稻 6 号（常规籼稻）和镇稻 88（常规粳稻）为材料进行秧苗旱育，将播种后 20 天旱育秧的地上部干重和根干重及移栽后 2 天的新根干重之和（播后 20 天地上部干重+播后 20 天根干重+移栽后 2 天新根干重）作为指标，发现该指标值与产量呈现出非常好的线性关系，相关系数 $r=0.99^{**}$（图 2-1a），说明用旱育秧某一时期的地上部干重、根干重及移栽后的新根重作为旱育壮秧的综合指标，能更好地评价秧苗素质，更能反映秧苗移栽后的产量形成能力。

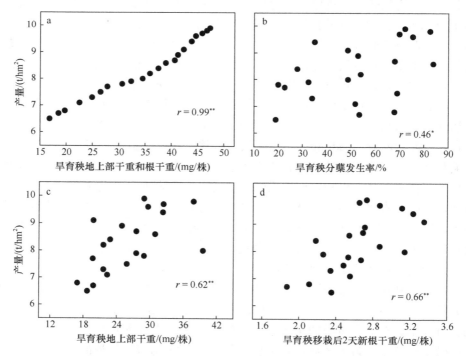

图 2-1 旱育秧地上部干重和根干重（a）、分蘖发生率（b）、地上部干重（c）
及移栽后新根干重（d）与产量的关系

a. 播后 20 天地上部干重+播后 20 天根干重+移栽后 2 天新根干重；b 和 c. 播后 20 天分蘖发生率和地上部干重；
*，**分别表示在 $P=0.05$ 和 $P=0.01$ 水平上相关显著

2.1.2　旱育壮秧需要补水的土壤水分指标

为明确培育旱壮秧的土壤水分指标，作者以汕优 63 和镇稻 88 为材料，在旱育秧不同叶龄期设置 0kPa、–5kPa、–10kPa、–15kPa、–20kPa 和–25kPa 6 个土壤水势处理，观察土壤水分对旱育壮秧指标值（播后 20 天地上部干重+播后 20 天根干重+移栽后 2 天新根干重）的影响。结果表明：自播种至秧苗叶龄 1.49（<1.5），土壤水势在 0～–25kPa，旱育壮秧指标值随土壤水势的降低而减小，但在土壤水势 0kPa 与–5kPa 之间无显著差异（图 2-2a、图 2-2e）；秧苗叶龄为 1.5～2.4，旱育壮秧指标值出现最大值时的土壤水势，汕优 63 为–10～–15kPa，镇稻 88 为–10kPa（图 2-2b，图 2-2f）；秧苗叶龄为 2.5～5.0，旱育壮秧指标值出现最大值时的土壤水势，汕优 63 为–15～–20kPa，镇稻 88 为–15kPa（图 2-2c，图 2-2g）；秧苗叶龄为 5.0 以后（>5.0），当土壤水势为–20～–25kPa 时，汕优 63 的壮秧指标值最大；镇稻 88 在土壤水势为–20kPa 时壮秧指标值最大（图 2-2d，图 2-2h）。说明旱育秧对土壤水分的响应在不同生长阶段有差异，并随秧龄增加对土壤水分的敏感性降低；在每个生长阶段，旱育秧均有一个适宜土壤水分指标值，且在品种间有一定差异。总体而言，籼型杂交稻品种旱育壮秧需要补水的土壤水分指标值要低于常规普通粳稻品种。

在图 2-2 结果的基础上，确定了旱育壮秧在不同叶龄期需要补水的土壤水势（水分）指标及灌溉水量（表 2-1）。表 2-1 列出了土壤水势和土壤容积含水量两种指标，在实际应用时，选择其中一种即可。土壤水势可采用土壤水分张力计测定，土壤容积含水量可用土壤水分速测仪测定。因土壤水势受土壤类型的局限性小，不论是砂土还是黏土，只要土壤水势一样，植物根利用土壤水分的有效性就一样（参见表 1-1），故土壤水势指标可适用于不同类型的土壤。如用土壤容积含水量作指标，则应根据土壤类型选择补水的指标。例如，当旱育秧的叶龄为 2.5～5.0 时，旱育秧需要补水的土壤水势指标：砂土、壤土和黏土均为–15～–20kPa，土壤容积含水量则分别为 85%～90%、82%～87%和 80%～85%；当苗床土壤水势或土壤容积含水量达到上述指标，于傍晚给苗床浇水 8～15mm。常规粳稻品种取灌溉指标的上限值（大值），常规籼稻品种取中间值，杂交稻品种取下限值（小值）；砂土地取灌溉水量的上限值（大值），黏土地取下限值（小值），壤土地取中间值（表 2-1）。

表 2-1 中的土壤水分指标也适用于在育秧盘中生长的秧苗，可用土壤水分速测仪测定育苗盘中营养土或育秧基质的含水量，参照壤土的含水量指标对秧苗进行水分管理，浇水量为壤土浇水量的 50%左右。例如，当育苗盘中的秧苗在 1.5～2.4 叶期且育苗盘中营养土或育苗基质的容积含水量为 90%时，育苗基质浇水 2～3mm，营养土浇水 3～4mm。

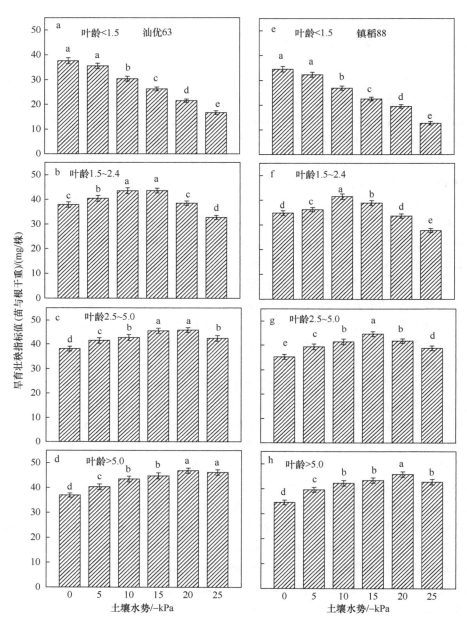

图 2-2　不同叶龄期土壤水势对水稻汕优 63（a～d）和镇稻 88（e～h）旱育壮秧指标值的影响

旱育壮秧指标值=播后 20 天地上部干重+播后 20 天根干重+移栽后 2 天新根干重；

不同字母表示在 P=0.05 水平上差异显著，同品种、同叶龄期内比较

表 2-1 水稻旱育壮秧不同叶龄期需要补水的土壤水分指标和灌溉水量

叶龄期	土壤水势/kPa	土壤容积含水量/%			灌溉水量/mm
		砂土	壤土	黏土	
<1.5	0~−5	98~100	95~100	95~98	30~40
1.5~2.4	−10~−15	90~95	87~92	85~90	5~10
2.5~5.0	−15~−20	85~90	82~87	80~85	8~15
>5.0	−20~−25	80~85	77~82	75~80	8~15

注：秧苗叶龄<1.5，主要在播种前浇水，其余时期当苗床土壤水势或土壤容积含水量达到上述指标，于傍晚给苗床浇水；常规粳稻品种取土壤水势或土壤容积含水量的上限值（大值），常规籼稻品种取中间值，杂交稻品种取下限值（小值）；砂土地取灌溉水量的上限值（大值），黏土地取下限值（小值），壤土地取中间值

2.2 旱育壮秧的形态生理特征

按照表 2-1 对水稻旱育秧进行水分管理，培育的秧苗健壮，抗逆性强，移栽后发根力强。据王维[18]对秧龄为 25 天的旱育壮秧的形态生理特征测定，虽然旱育壮秧的苗高与湿润育秧秧苗（下文简称湿育秧苗）的苗高无显著差异，但旱育壮秧的地上部干重和根干重等均显著高于湿育秧苗（表 2-2），如旱育壮秧的总根数、根干重和地上部干重分别比湿育秧苗高出 15.3%~36.5%、8.4%~14.5% 和 17.6%~28.2%；旱育壮秧的单株茎蘖数和分蘖发生率分别较湿育秧苗高出 9.0%~48.8% 和 8.1~27.5 个百分点（表 2-2）。

表 2-2 水稻旱育壮秧播种后 25 天的形态特征

品种	秧苗类型	叶龄	总根数/(条/株)	白根数/(条/株)	根干重/(mg/株)	茎蘖数/(个/株)	分蘖发生率/%	苗高/cm	地上部干重/mg/株
汕优 63	湿育秧苗	4.14	13.7 b	6.68 c	12.4 b	1.68 b	52.5 b	14.3 a	27.8 b
	旱育壮秧	4.52	15.8 a	11.2 a	14.2 a	2.50 a	80.0 a	13.7 a	32.7 a
镇稻 88	湿育秧苗	3.81	10.4 c	5.91 d	7.70 d	1.00 d	0.00 d	13.4 a	25.9 c
	旱育壮秧	4.27	14.2 b	8.65 b	8.35 c	1.09 c	8.10 c	12.6 a	33.2 a

注：表中部分数据引自参考文献[18]；不同字母表示在 P=0.05 水平上差异显著，同栏内比较

与秧苗的形态特征相类似，旱育壮秧的一些生理性状也明显好于湿育秧苗（表 2-3）。叶片的叶绿素含量、可溶性蛋白质含量和光合速率，旱育壮秧分别比湿育秧苗高出 1.8%~5.8%、6.5%~9.0% 和 14.2%~14.8%；茎与叶鞘中蔗糖含量、可溶性总糖含量和淀粉含量，旱育壮秧分别比湿育秧苗高出 9.2%~18.3%、23.7~25.1% 和 32.5%~44.1%（表 2-3）。

表 2-3   水稻旱育壮秧播种后 25 天的地上部生理特征

品种	秧苗类型	叶片			茎与叶鞘中含量		
		叶绿素含量/ （mg/g 鲜重）	可溶性蛋白质含量/ （µg/g 鲜重）	光合速率/ [µmol/（m²·s）]	蔗糖/%	可溶性总糖/%	淀粉/%
汕优 63	湿育秧苗	2.82 d	42.1 b	21.8 b	3.93 b	6.93 d	4.09 c
	旱育壮秧	2.87 c	45.9 a	24.9 a	4.65 a	8.67 b	5.42 b
镇稻 88	湿育秧苗	3.10 b	36.8 d	22.3 b	2.83 d	7.96 c	4.40 c
	旱育壮秧	3.28 a	39.2 c	25.6 a	3.09 c	9.85 a	6.34 a

注：表中部分数据引自参考文献[18]；不同字母表示在 $P=0.05$ 水平上差异显著，同栏内比较

虽然根系中丙二醛含量在旱育壮秧与湿育秧苗之间无显著差异，但旱育壮秧根系中一些抗氧化酶活性和根系氧化力等显著高于湿育秧苗（表 2-4）。例如，超氧化物歧化酶活性、根系氧化力和硝酸还原酶活性，旱育壮秧分别比湿育秧苗高出 19.3%～28.8%、38.9%～78.9%和 106%～308%（表 2-4）。

表 2-4   水稻旱育壮秧播种后 25 天的根系生理特征

品种	秧苗类型	丙二醛含量/（µmol/g 鲜重）	过氧化物酶活/ [U/（g 鲜重·h）]	超氧化物歧化酶活性/ [U/（g 鲜重·h）]
汕优 63	湿育秧苗	1.89 a	253 b	798 b
	旱育壮秧	1.90 a	264 b	1028 a
镇稻 88	湿育秧苗	1.99 a	318 a	644 c
	旱育壮秧	2.08 a	328 a	768 b
品种	秧苗类型	根系氧化力/[µg α-萘胺/ （g 鲜重·h）]	硝酸还原酶活性/ [NO²⁻ µmol/（g 鲜重·h）]	过氧化氢酶活性/ [mg H₂O₂/（g 鲜重·h）]
汕优 63	湿育秧苗	126 c	0.65 c	642 c
	旱育壮秧	175 b	1.34 b	1132 a
镇稻 88	湿育秧苗	123 c	0.52 c	788 b
	旱育壮秧	220 a	2.12 a	1349 a

注：表中部分数据引自参考文献[18]；不同字母表示在 $P=0.05$ 水平上差异显著，同栏内比较

超氧化物歧化酶、过氧化物酶和过氧化氢酶是植物体内抗氧化酶，它们能使体内自由基处于较低水平，防止膜脂过氧化[19-22]；旱育壮秧根系具有较高的抗氧化酶活性，说明其抗氧化能力较强。硝酸还原酶是一个诱导酶，其活性的高低标志着同化硝态氮（NO_3^-）能力的大小[23]。旱育壮秧根系硝酸还原酶活性是湿育秧苗的 2～4 倍，表明其利用硝态氮能力较强，具有较高的氮同化能力。研究还表明，与湿育秧苗相比，旱育壮秧具有根毛较多，根尖细胞体积较小、排列更紧密的特点[10, 18]。

2.3　旱育壮秧移栽后发根力、对土壤水分响应及产量表现

2.3.1　发根力

发根力是指新根的发生情况，通常用新根的条数和鲜重或干重表示。王维[18]通过剪根和水培试验，比较分析了旱育壮秧与湿育秧苗移栽后 2 天的新根发生情况，结果列于表 2-5。由表可知，新根条数和平均根长，旱育壮秧分别比湿育秧苗高出 104%～127%和 55%～67%；新根鲜重和根干重，旱育壮秧分别比湿育秧苗高出 76%～171%和 79%～227%（表 2-5）。

表 2-5　水稻旱育秧移栽后 2 天新根发生状况（水培试验）

品种	秧苗类型	发根数/（条/株）	平均根长/cm	最长根长/cm	根鲜重/（mg/株）	根干重/（mg/株）	比根重/（mg/cm）
汕优 63	湿育秧苗	9.50 c	0.76 b	1.78 b	41.4 b	2.41 b	54.5 b
	旱育壮秧	21.6 a	1.18 a	2.89 a	72.9 a	4.32 a	61.8 a
镇稻 88	湿育秧苗	8.87 c	0.52 c	1.08 c	15.2 c	1.33 c	29.2 d
	旱育壮秧	18.1 b	0.87 b	2.66 a	41.2 b	4.35 a	40.2 c

注：表中部分数据引自参考文献[18]；比根重=根鲜重/平均根长；不同字母表示在 $P=0.05$ 水平上差异显著，同栏内比较

旱育壮秧移栽后新根发生多，发生快，这一发根特点与其苗期的生长环境密切相关。一方面，旱育壮秧苗期在土壤旱环境下生长，土壤水分影响其根的分化，控制了部分根的发生，增加了潜伏根的数量[24]，另一方面，旱育壮秧细胞质浓度较高，营养物质丰富，植株一直处于"高能"状态。根据"激发效应（priming effect）"原理[20]，当旱育壮秧移栽后土壤水分环境得到改善，已分化而未伸长的根原基便迅速伸长形成新根，形成了发根的"爆发力"，由于新根发生多，发生快，植株从土壤中快速地吸取养分和水分，促进扎根立苗，返青期大大缩短甚至没有返青期。这是旱育壮秧移栽后抗植伤能力强、早发快长的重要机制。

2.3.2　对土壤水分的响应

为比较分析旱育壮秧与湿育秧苗移栽后对土壤水分响应的特点，作者以汕优63、扬稻 6 号和镇稻 88 为材料，种植于有遮雨设施的土培池，分别于有效分蘖期[移栽后 5 天至有效分蘖临界叶龄期（主茎总叶数–伸长节间数的叶龄期）][25]、分蘖后期和拔节期（有效分蘖临界叶龄期至枝梗分化期）、穗发育期[枝梗分化期至抽穗（10%的植株穗顶伸出剑叶叶鞘）]、抽穗开花期（抽穗至抽穗后 7 天）、灌浆前期（抽穗后 8 天至抽穗后 20 天）和灌浆后期（抽穗后 21 天至收获）设置 5种土壤水势处理：0kPa、–10kPa、–20kPa、–30kPa 和–40kPa，观察不同土壤水势对产量的影响，结果如图 2-3 所示。由图可知，无论在何生育期还是何种土壤水

势下，产量均表现为旱育壮秧高于湿育秧苗；而且，随着土壤水势的降低，旱育壮秧的产量与湿育秧苗的产量差异增大（图 2-3a～图 2-3f）。例如，在有效分蘖期，当土壤水势为 0kPa、–10kPa、–20kPa、–30kPa 和–40kPa 时，旱育壮秧的产量分别为 9.06 t/hm²、9.23 t/hm²、8.74 t/hm²、8.01 t/hm² 和 7.52 t/hm²，分别较湿育秧苗的产量高出 2.14%、9.23%、11.05%、19.19%和 26.39%（图 2-3a）；在灌浆前期，当土壤水势为 0kPa、–10kPa、–20kPa、–30kPa 和–40kPa 时，旱育壮秧的产量分别为 9.15 t/hm²、9.65 t/hm²、9.37 t/hm²、8.97 t/hm² 和 8.14 t/hm²，分别较湿育秧苗的产量高出 5.71%、6.39%、8.08%、9.93%和 11.2%（图 2-3e）。说明旱育壮秧在移栽后的大田期具有适应较低土壤水分状况的能力，在较低的土壤水分状况下，较湿育秧苗更具产量优势。

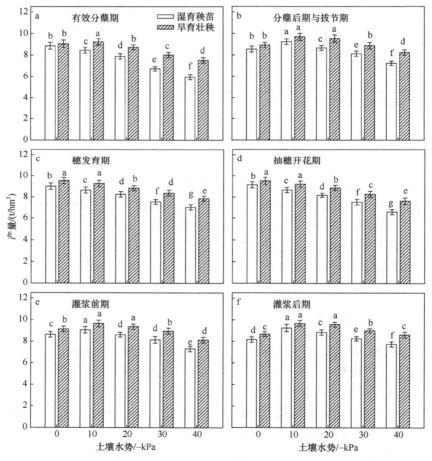

图 2-3　大田期不同生育阶段土壤水势对水稻旱育壮秧产量的影响

图中数据为 3 个水稻品种汕优 63、扬稻 6 号和镇稻 88 的平均值；不同字母表示在 P=0.05 水平上差异显著，相同生育期内比较

2.3.3　大田期无水层灌溉对旱育壮秧生长和产量的影响

为进一步验证旱育壮秧对土壤水分响应的特点，作者以汕优 63 和镇稻 88 为材料，在秧苗移栽后的大田期设置常规灌溉和无水层灌溉两种方式。常规灌溉为农民习惯使用的水层灌溉，即分蘖末、拔节初排水搁田，收割前一周断水，其余时期田间保持浅水层。无水层灌溉，自移栽后 5 天至收获，离地表 15～20cm 处的土壤水势保持在 0～−15kPa，即田间自然落干至土壤水势为−15kPa 时，灌水至田间湿润（土壤水势为 0kPa），自然落干至土壤水势为−15kPa 时再灌水至田间湿润，依此循环。观察两种灌溉方式对旱育壮秧移栽后分蘖发生、根系活性、叶片光合速率、产量及其构成因素的影响。

秧苗类型和灌溉方式对产量的影响有极显著的交互作用（$F=25.8^{**}$）。与常规灌溉相比，湿育秧苗在无水层灌溉条件下产量显著降低，减产率为 6.9%～13.8%；旱育壮秧在无水层灌溉条件下的产量则显著增加，增产率为 3.4%～4.3%（表 2-6）。在相同灌溉方式下，旱育壮秧的产量高于湿育秧苗的产量，在无水层灌溉条件下两类秧苗的产量差异尤为明显，再次证明旱育壮秧移栽后具有较强的适应低土壤水分状况的能力。湿育秧苗在无水层灌溉条件下的减产率，或旱育壮秧在无水层灌溉条件下的增产率，表现为汕优 63（杂交籼稻）>扬稻 6 号（常规籼稻）>镇稻 88（常规粳稻），这可能与品种对土壤水分响应的敏感性或抗旱性有关。在总体上，品种的抗旱性依次为杂交籼稻>常规籼稻>常规粳稻[26-28]。

表 2-6　秧苗类型和大田期灌溉方式对水稻产量及其构成因素的影响（大田试验）

品种	秧苗类型	灌溉方式	穗数/（万个/hm²）	每穗颖花数	结实率/%	千粒重/g	产量/（t/hm²）
镇稻 88	湿育秧苗	常规灌溉	306 b	125 a	85.3 b	27.2 a	8.87 b
		无水层灌溉	293 c	121 b	81.4 d	26.5 b	7.65 c
	旱育壮秧	常规灌溉	316 a	126 a	83.5 c	27.4 a	9.14 b
		无水层灌溉	318 a	125 a	87.7 a	27.1 b	9.45 a
扬稻 6 号	湿育秧苗	常规灌溉	262 b	146 a	88.5 a	27.1 b	9.17 b
		无水层灌溉	261 b	140 b	84.5 d	26.4 b	8.15 c
	旱育壮秧	常规灌溉	270 a	147 a	86.0 c	27.3 a	9.32 b
		无水层灌溉	269 a	148 a	90.4 a	26.9 a	9.68 a
汕优 63	湿育秧苗	常规灌溉	253 b	160 a	82.3 b	27.8 a	9.26 b
		无水层灌溉	254 b	155 b	80.8 c	27.1 b	8.62 c
	旱育壮秧	常规灌溉	263 a	162 a	80.5 c	27.9 a	9.57 b
		无水层灌溉	261 a	163 a	84.7 a	27.7 a	9.98 a

注：不同字母表示在 $P=0.05$ 水平上差异显著，同栏、同品种内比较

从产量构成因素分析，湿育秧苗在无水层灌溉条件下的每穗颖花数、结实率和千粒重均较常规灌溉显著降低，镇稻 88 的单位面积穗数也显著降低，导致产量减少（表 2-6）。旱育壮秧在无水层灌溉条件下的产量较常规灌溉增加主要在于结实率显著提高。无论是常规灌溉还是无水层灌溉，旱育壮秧的单位面积穗数均显著多于湿育秧苗（表 2-6）。

旱育壮秧移栽后有效穗数多，主要在于分蘖发生早。由表 2-7 可知，在有效分蘖临界叶龄期，无论是常规灌溉还是无水层灌溉，旱育壮秧的茎蘖数均显著多于湿育秧苗。在该叶龄期，旱育壮秧的茎蘖数为最终成穗数的 100%~106%，湿育秧苗的茎蘖数为最终成穗数的 92%~95%（表 2-7）。旱育壮秧在常规灌溉条件下拔节期茎蘖数多，但最终的茎蘖成穗率（成熟期有效穗数占拔节期茎蘖数的百分率）较低（表 2-7）。这是旱育壮秧在常规灌溉条件下产量低于无水层灌溉产量的一个重要原因。

表 2-7　秧苗类型和大田期灌溉方式对水稻分蘖和茎蘖成穗率的影响（大田试验）

品种	秧苗类型	灌溉方式	茎蘖数/（个/m²）		茎蘖成穗率/%
			有效分蘖临界叶龄期	拔节期	
镇稻 88	湿育秧苗	常规灌溉	288 b	455 b	67.2 c
		无水层灌溉	273 c	399 d	73.5 b
	旱育壮秧	常规灌溉	336 a	474 a	66.7 c
		无水层灌溉	330 a	421 c	75.6 a
扬稻 6 号	湿育秧苗	常规灌溉	248 b	377 b	69.5 b
		无水层灌溉	237 c	354 d	73.7 a
	旱育壮秧	常规灌溉	273 a	395 a	68.3 b
		无水层灌溉	269 a	361 c	74.5 a
汕优 63	湿育秧苗	常规灌溉	241 b	386 b	65.6 b
		无水层灌溉	234 c	355 d	71.6 a
	旱育壮秧	常规灌溉	275 a	405 a	64.9 b
		无水层灌溉	271 a	364 c	71.8 a

注：茎蘖成穗率（%）=成熟期穗数/拔节期茎蘖数×100；不同字母表示在 $P=0.05$ 水平上差异显著，同栏、同品种内比较

在生产实践中经常会发生旱育秧移栽后无效分蘖过多、成穗率低等问题[13, 29, 30]。但表 2-7 显示，旱育壮秧移栽后采用无水层灌溉技术，可以有效控制无效分蘖，提高茎蘖成穗率，进而可以进一步发挥旱育壮秧的优势，提高产量。说明旱育壮秧移栽后采用节水灌溉技术，更有利于获得高产。

旱育壮秧移栽后分蘖发生早，在有效分蘖期临界叶龄期的茎蘖数达到或超过

最终成穗数，除了与移栽后新根发生早、发生快有关外，还与有效分蘖期根系活性强、叶片光合速率高有密切关系。数据显示（表 2-8），在有效分蘖期，旱育壮秧在常规灌溉和无水层灌溉条件下的单株根系氧化力要比湿育秧苗高出 33.1%～35.7%，叶片光合速率要比湿育秧苗高出 24.7%～33.1%。相关分析表明，有效分蘖期单株根系氧化力和叶片光合速率与有效分蘖临界叶龄期茎蘖数呈极显著正相关（图 2-4a，图 2-4b）。

表 2-8　秧苗类型和大田期灌溉方式对水稻根系氧化力和叶片光合速率的影响（大田试验）

品种	秧苗类型	灌溉方式	根系氧化力/[mg α-萘胺/(株·h)]		叶片光合速率/[μmol/（m²·s）]	
			有效分蘖期	灌浆期	有效分蘖期	灌浆期
镇稻 88	湿育秧苗	常规灌溉	2.44 b	1.89 b	21.4 b	17.5 b
		无水层灌溉	2.15 c	1.05 d	17.5 c	14.3 c
	旱育壮秧	常规灌溉	3.16 a	1.76 c	24.6 a	17.1 b
		无水层灌溉	3.07 a	2.55 a	23.9 a	19.8 a
扬稻 6 号	湿育秧苗	常规灌溉	2.51 b	1.91 b	18.8 b	18.6 b
		无水层灌溉	1.72 c	1.13 d	15.4 c	14.2 c
	旱育壮秧	常规灌溉	2.86 a	1.69 c	22.3 a	17.9 b
		无水层灌溉	2.77 a	2.64 a	21.8 a	20.8 a
汕优 63	湿育秧苗	常规灌溉	2.11 b	1.84 b	17.6 b	15.7 b
		无水层灌溉	1.69 c	1.11 d	14.3 c	11.9 c
	旱育壮秧	常规灌溉	2.59 a	1.48 c	21.1 a	14.8 b
		无水层灌溉	2.56 a	2.43 a	20.7 a	17.6 a

注：有效分蘖期的根系氧化力和叶片光合速率为移栽后 10 天、16 天和 20 天 3 次测定的平均值，灌浆期的根系氧化力和叶片光合速率为抽穗后 9 天、22 天和 30 天 3 次测定的平均值，叶片光合速率为植株最上部展开叶测定值；不同字母表示在 $P=0.05$ 水平上差异显著，同栏、同品种内比较

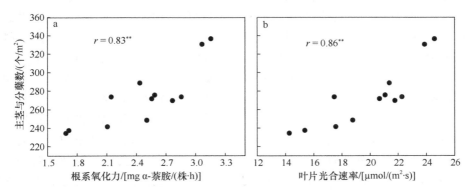

图 2-4　水稻有效分蘖期单株根系氧化力（a）及叶片光合速率（b）
与有效分蘖临界叶龄期茎蘖数的关系
**表示在 $P=0.01$ 水平上相关显著

旱育壮秧在大田期无水层灌溉条件下的结实率高，灌浆期根系活性高、叶片光合能力强是一个重要的生理机制。与湿育秧苗相比，旱育壮秧灌浆期的平均单株根系氧化力和叶片光合速率分别要高出32.5%～46.6%和16.6%～17.9%（表2-8）。灌浆期的单株根系氧化力、叶片光合速率与结实率呈极显著的线性相关关系（图2-5a，图2-5b）。说明旱育壮秧的生长优势可以从秧苗一直延续到移栽后的灌浆期，这种优势在无水层灌溉条件下更加明显。

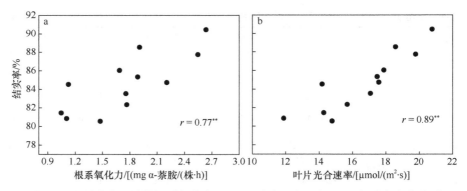

图2-5 水稻灌浆期单株根系氧化力（a）及叶片光合速率（b）与结实率的关系

**表示在 $P=0.01$ 水平上相关显著

2.3.4 灌溉水量和灌溉水生产力

在秧田期，旱育壮秧的用水量为58～63mm，较湿润育苗的用水量（245mm）减少了74.3%～76.3%（表2-9）。在大田期，无水层灌溉的用水量平均为315mm，较常规灌溉的平均用水量（580mm）降低了45.7%（表2-9）。旱育壮秧的秧田期用水量和大田期无水层灌溉的总用水量平均为375mm，较湿育秧苗的秧田期用水量与大田期常规灌溉的总用水量（825mm）降低了54.5%（表2-9）。3个供试品种的平均灌溉水生产力（产量/秧田期和大田期用水量），旱育壮秧+无水层灌溉处理组合分别较湿育秧苗+常规灌溉、湿育秧苗+无水层灌溉及旱育壮秧+常规灌溉处理组合增加了135%、77.9%和76.3%（表2-9）。说明培育旱壮秧配合大田期无水层灌溉可以取得十分明显的节水、高产与水分高效利用的效果。

综上，结合苗床培肥等技术，根据秧苗不同叶龄期的需水特性和需水指标进行水分管理，可以培育出旱壮秧。与湿育秧苗相比，旱育壮秧在秧田期的地上部干重和根干重高，分蘖数多，根系抗氧化能力和氮同化能力强；移栽后新根发生爆发力强，对低土壤水分状况的适应性强；旱育壮秧配合大田期无水层灌溉，根系活性和叶片光合速率高，有效穗数多，结实率高，不仅可以较大幅度地减少灌溉水量和提高水分利用效率，而且可以非常显著地增加籽粒产量。在推广应用旱育壮秧的同时在移栽后采用节水栽培技术，可望取得较高的产量和较好的经济效益。

表 2-9　秧苗类型和大田期灌溉方式对水稻灌溉水量和灌溉水生产力的影响（大田试验）

品种	秧苗类型	灌溉方式	灌溉水量/mm			灌溉水生产力/（kg/m³）
			秧田期	大田期	总量	
镇稻 88	湿育秧苗	常规灌溉	245 a	584 a	829 a	1.07 c
		无水层灌溉	245 a	316 b	561 c	1.36 b
	旱育壮秧	常规灌溉	63 b	584 a	647 b	1.42 b
		无水层灌溉	63 b	316 b	379 d	2.49 a
扬稻 6 号	湿育秧苗	常规灌溉	245 a	565 a	810 a	1.13 c
		无水层灌溉	245 a	312 b	557 c	1.46 b
	旱育壮秧	常规灌溉	60 b	565 a	625 b	1.49 b
		无水层灌溉	60 b	312 b	372 d	2.60 a
汕优 63	湿育秧苗	常规灌溉	245 a	590 a	835 a	1.11 c
		无水层灌溉	245 a	318 b	563 c	1.53 b
	旱育壮秧	常规灌溉	58 b	590 a	648 b	1.48 b
		无水层灌溉	58 b	318 b	376 d	2.65 a

注：灌溉水生产力=产量/灌溉水量；不同字母表示在 $P=0.05$ 水平上差异显著，同栏、同品种内比较

参 考 文 献

[1] 林文雄, 郑履端, 潘增铣. 水稻旱育秧高产栽培原理与技术. 福建: 福建科学技术出版社, 1999: 1-12.

[2] 毛仕昌, 余向芳, 熊仕文. 水稻旱育秧高产栽培集成技术探究. 四川农业科技, 2018, 2: 24-26.

[3] 江苏省作物栽培技术指导站. 水稻旱育稀植新技术. 南京: 江苏科学技术出版社, 1997: 1-14.

[4] 王玉龙, 江元伦. 水稻旱育秧高产栽培技术. 现代农业科技, 2013, 23: 47-48.

[5] 赵言文, 丁艳锋, 陈留根, 等. 水稻旱育秧苗抗旱生理特性研究. 中国农业科学, 2001, 34(3): 283-291.

[6] 徐润兰. 水稻肥床旱育带蘗壮秧技术浅析. 中国农业信息, 2017, 4: 54-56.

[7] 王勋. 水稻旱育秧栽培技术研究. 农业与技术, 2018, 38(19): 120-121.

[8] 王泽华. 水稻旱育秧简易实用技术. 四川农业科技, 2009, 3: 38-39.

[9] 陈汉平. 水稻旱育秧与带蘗膜秧稀植栽培生长优势比较试验. 现代农业科技, 2018, 6: 15-16.

[10] 卢润阳, 彭丽莎, 唐湘如, 等. 早稻旱育秧形态、组织结构与生理特性. 作物学报, 1997, 23(3): 360-369.

[11] 张志兴, 林芸青, 戴沛良, 等. 水稻旱育壮秧的根际生态学分析. 中国生态农业学报, 2015, 23(12): 1552-1561.

[12] 宋云生, 张洪程, 郭保卫, 等. 水稻钵苗机插旱育秧配套技术及综合探讨. 作物杂志, 2014,

5: 99-103.

[13] 杨建昌, 王维, 王志琴, 等. 水稻旱秧大田期需水特性与节水灌溉指标研究. 中国农业科学, 2000, 33(2): 34-42.

[14] 吴建富, 潘晓华, 石庆华. 免耕抛秧稻的立苗特性与立苗技术研究. 作物学报, 2009, 35(5): 930-939.

[15] 周林, 宋资兰, 罗勇, 等. 中稻旱育秧重要技术问题探讨. 现代农业科技, 2016, 9: 57-59.

[16] 高同春, 叶钟音, 王梅. 等. 水稻旱育秧苗立枯病致病镰刀菌分离、鉴定及致病性测定. 中国水稻科学, 2001, 15(4): 320-322.

[17] 王强盛, 丁艳锋, 王绍华, 等. 苗床持续饱和水分对水稻旱育秧苗的生理影响. 作物学报, 2004, 30(3): 210-214.

[18] 王维. 水稻旱育秧需水特性与节水灌溉指标研究. 扬州: 扬州大学硕士学位论文, 2000.

[19] Hsiao T C. Plant responses to water stress. Annual Review of Plant Physiology, 1973, 24: 519-570.

[20] Levitt J. Responses of Plant to Environment Stress. 2nd ed. Vol II. Pittsburgh: Academic Press, 1980: 53-568.

[21] Michelet B, Boutry M. The plasma membrane H^+-ATPase, a highly regulated enzyme with multiple physiological functions. Plant Physiology, 1995, 108: 1-6.

[22] Zhang J X, Kirkham M B. Drought stress-induced changes in activities of superoxide dismutase, catalase, and peroxidase in wheat species. Plant and Cell Physiology, 1994, 35: 785-791.

[23] Bassirirad H, Caldwell M M. Root growth, osmotic adjustment and NO_3-uptake during and after a period of drought in *Artemisa tridentata*. Australian Journal of Plant Physiology, 1992, 19(5): 493-500.

[24] 赵言文, 丁艳峰, 黄丕生, 等. 水稻苗床土壤水分与秧苗根系建成的关系. 江苏农业学报, 1998, 14(3): 141-144.

[25] 凌启鸿, 等. 水稻精确定量栽培理论与技术. 北京: 中国农业出版社, 2007: 42-185.

[26] 朱庆森, 黄丕生, 吴永祥, 等. 水稻节水栽培研究论文集. 北京: 中国农业科技出版社, 1995: 1-81.

[27] Yang J C, Liu K, Wang Z Q, et al. Water-saving and high-yielding irrigation for lowland rice by controlling limiting values of soil water potential. Journal of Integrative Plant Biology, 2007, 49: 1445-1454.

[28] Yang J C, Zhang J H, Liu K, et al. Involvement of polyamines in the drought resistance of rice. Journal of Experimental Botany, 2007, 58: 1545-1555.

[29] 吴永祥, 王振中, 黄祥熙, 等. 水稻旱秧的生长和生理优势. 江苏农业科学, 1996, 5: 8-10.

[30] 杨建昌, 刘立军, 王志琴, 等. 本田期土壤水分对旱育秧水稻产量形成的影响. 江苏农学院学报, 1998, 19(1): 41-44.

第3章　移栽水稻轻干湿交替灌溉

移栽水稻，简称移栽稻，是指水稻在进行育苗以后再移栽到大田栽培的一种稻作方式。水稻育秧移栽仍是我国目前主要的栽培方式。水稻干湿交替灌溉（alternate wetting and drying）是指水稻在移栽返青活棵以后，田间灌水层与土壤自然落干交替进行的一种灌溉方式[1-3]。轻干湿交替灌溉（alternate wetting and moderate drying），是指在干湿交替灌溉中，土壤落干程度较轻，在落干期叶片光合速率较常规灌溉不显著降低，复水后光合作用显著增强，不仅可以减少灌溉水量，而且可以显著增产的一种灌溉技术。

干湿交替灌溉作为一种新的水稻节水灌溉技术已在中国、印度、菲律宾、孟加拉国、越南等多个国家推广应用，具有显著的节水效果[4-6]，但对于该技术能否较传统的常规灌溉技术（下文简称常规灌溉）显著增产，研究结果不一。作者对发表的126篇相关文献的数据分析表明，与常规灌溉相比，所有文献均报道干湿交替灌溉可以节约用水，灌溉水量可减少16.8%～58.9%；43.7%的文献报道可以增产，增产率为5.4%～17.6%；30.1%的文献报道减产，减产率为7.5%～35.7%；26.2%的文献报道增产或减产不显著，增产率为−2.8%～4.7%。这可能与各地的气候条件、土壤理化性质、土壤落干程度等有关[7-9]。作者等研究表明，在同一地区、同一年度并用同一品种，采用干湿交替灌溉技术能否增产取决于土壤落干程度。采用轻干湿交替灌溉技术，可较常规灌溉增产6.4%～11.7%，灌溉水生产力（产量/灌溉水量）提高53%～64%（表3-1）；采用重干湿交替灌溉，即土壤落干程度较重，在落干期叶片的光合作用受到明显抑制，虽灌溉水生产力较常规灌溉提高了26%～46%，但产量降低了21.4%～35.1%（表3-1）。说明土壤落干的程度是干湿交替灌溉技术能否增产的关键。因此，建立高产、节水的轻干湿交替灌溉技术，其核心是要明确土壤轻度落干的指标。

3.1　移栽水稻轻干湿交替灌溉的指标

3.1.1　各生育期土壤水分与产量的关系

作者以籼稻品种扬稻6号和粳稻品种武运粳24号为材料，分别在分蘖早期（移栽后8天至移栽后15天）、分蘖中期（移栽后16天至有效分蘖临界叶龄期）、分蘖后期（有效分蘖临界叶龄期至拔节）、拔节穗分化期（拔节至孕穗）、孕穗抽穗期（孕穗至穗全部抽出）、灌浆前中期（穗全部抽出至抽穗后 20 天）和灌浆后期（抽穗后 21 天至收割），在有遮雨设施的大田或土培池设置不同土壤水分[土壤容积含水量（本章下文简称土壤含水量）、土壤埋水深度、土壤水势]处理，观察土壤水分与产量的关系。

表 3-1　干湿交替灌溉对水稻产量、灌溉水量和灌溉水生产力的影响

品种	灌溉方式	产量/（t/hm²）	灌溉水量		灌溉水生产力	
			mm	%	kg/m³	%
扬辐粳 8 号	常规灌溉	8.14 b	926 a	100	0.88 c	100
	轻干湿交替灌溉	8.96 a	665 b	72	1.35 a	153
	重干湿交替灌溉	5.28 c	476 c	51	1.11 b	126
扬稻 6 号	常规灌溉	8.52 b	935 a	100	0.89 c	100
	轻干湿交替灌溉	9.52 a	678 b	73	1.40 a	157
	重干湿交替灌溉	6.09 c	469 c	50	1.30 a	146
扬粳 4038	常规灌溉	9.27 b	869 a	100	1.07 c	100
	轻干湿交替灌溉	9.86 a	657 b	76	1.76 a	164
	重干湿交替灌溉	7.29 c	483 c	56	1.51 b	141

注：表中数据引自参考文献[7]和[8]；常规灌溉：生育中期搁田，其余时间水层灌溉；轻干湿交替灌溉：从浅水层自然落干至离地表 15～20cm 处土壤水势为−10～−15kPa 时再灌水；重干湿交替灌溉：从浅水层自然落干至离地表 15～20cm 处土壤水势为−25～−30kPa 时再灌水；灌溉水生产力=产量/灌溉水量；不同字母表示在 $P=0.05$ 水平上差异显著，同栏、同品种内比较

结果表明，土壤水分（X）与产量（Y）的关系均呈如图 3-1 所示的开口向下的抛物线关系：$Y=y_0+aX+bX^2$（公式中 y_0 为矫正值，a 和 b 为方程参数）。对方程求导，可获得各生育期最适的土壤水分（X_{opt}，获得最高产量时的土壤含水量、土壤埋水深度、土壤水势）。各生育期土壤水分与产量的回归方程和最适土壤水分列于表 3-2 和表 3-3。从表可知，不同生育期水稻对土壤水分的响应存在差异，获得最高产量时的最适土壤水分指标不同。在各生育期中，分蘖早期和孕穗抽穗期对土壤响应较为敏感，获得最高产量时的土壤落干程度较轻，即土壤含水量和土壤水势较高，土壤埋水深度较浅；分蘖后期、拔节穗分化期和灌浆后期对土壤水分响应较为钝感，或土壤落干的程度可较重，即土壤含水量和土壤水势较低，土壤埋水深度较深；分蘖中期和灌浆前中期获得最高产量时的土壤落干程度，较分蘖早期和孕穗抽穗期重，较分蘖后期、拔节穗分化期和灌浆后期轻（表 3-2，表 3-3）。

在相同生育期，以砂土获得最高产量时的土壤水分最高，其次为壤土，黏土的土壤水分最低（表 3-2，表 3-3）。研究还发现，与保持水层（土壤水势为 0kPa）相比，全生育期采用重干湿交替灌溉（土壤自然落干到土壤水势为−25～−30kPa 时再灌水）后，杂交籼稻、杂交粳稻、常规籼稻和常规粳稻的减产率分别为 4.15%、

8.25%、8.21% 和 10.25%（图 3-2）。表明在上述 4 类品种中，常规粳稻对土壤水分响应最为敏感，或抗旱性最弱，其次为常规籼稻和杂交粳稻，杂交籼稻适应低土壤水分状况的能力最强。

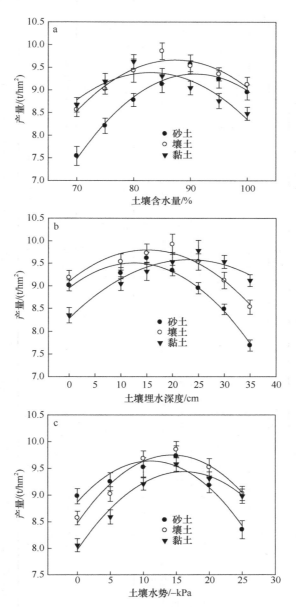

图 3-1　水稻分蘖中期土壤含水量（a）、土壤埋水深度（b）和土壤水势（c）与产量的关系

图中数据为扬稻 6 号和武运粳 24 号两个品种的平均值

表 3-2 移栽水稻生育前中期土壤水分 (X) 与产量 (Y) 的关系及最适土壤水分 (X_opt) 指标

生育期	土壤类型	土壤含水量/%			土壤埋水深度/离地表 cm			离地表 15~20cm 处土壤水势/-kPa		
		回归方程	R^2	X_{opt}	回归方程	R^2	X_{opt}	回归方程	R^2	X_{opt}
分蘖早期 (移栽后 8 天至移栽后 15 天)	砂土	$Y=-28.15+0.789X-0.0041X^2$	0.95^{**}	96.2	$Y=9.01+0.085X-0.0041X^2$	0.98^{**}	10.4	$Y=9.03+0.076X-0.0044X^2$	0.96^{**}	8.63
	壤土	$Y=-35.04+0.967X-0.0052X^2$	0.92^{**}	93.0	$Y=9.15+0.092X-0.0033X^2$	0.89^{**}	13.9	$Y=9.17+0.073X-0.0040X^2$	0.87^{**}	9.12
	黏土	$Y=-26.54+0.834X-0.0048X^2$	0.91^{**}	86.9	$Y=8.93+0.10X-0.0026X^2$	0.86^{**}	19.2	$Y=8.75+0.115X-0.0048X^2$	0.92^{**}	12.0
分蘖中期 (移栽后 16 天至有效分蘖临界叶龄期)	砂土	$Y=-26.46+0.789X-0.0043X^2$	0.98^{**}	91.7	$Y=8.95+0.088X-0.0035X^2$	0.97^{**}	12.6	$Y=8.87+0.139X-0.0063X^2$	0.96^{**}	11.1
	壤土	$Y=-19.08+0.659X-0.0038X^2$	0.93^{**}	86.7	$Y=9.10+0.092X-0.0030X^2$	0.93^{**}	15.3	$Y=8.48+0.177X-0.0062X^2$	0.95^{**}	14.3
	黏土	$Y=-15.32+0.595X-0.0036X^2$	0.85^{**}	82.6	$Y=8.28+0.112X-0.0024X^2$	0.97^{**}	23.3	$Y=7.98+0.181X-0.0056X^2$	0.96^{**}	16.2
分蘖后期 (有效分蘖临界叶龄期至拔节)	砂土	$Y=-23.66+0.76X-0.0043X^2$	0.99^{**}	88.4	$Y=8.35+0.133X-0.0035X^2$	0.94^{**}	19.0	$Y=8.79+0.085X-0.0023X^2$	0.81^{**}	18.5
	壤土	$Y=-15.88+0.609X-0.0036X^2$	0.95^{**}	84.6	$Y=8.40+0.123X-0.0025X^2$	0.89^{**}	24.6	$Y=8.87+0.098X-0.0025X^2$	0.87^{**}	19.6
	黏土	$Y=-0.80+0.446X-0.0028X^2$	0.82^{**}	79.6	$Y=8.39+0.084X-0.0014X^2$	0.88^{**}	30.0	$Y=8.42+0.102X-0.0023X^2$	0.91^{**}	22.2
拔节穗分化期 (拔节至孕穗)	砂土	$Y=-27.50+0.818X-0.0045X^2$	0.93^{**}	90.9	$Y=9.02+0.075X-0.0037X^2$	0.99^{**}	10.1	$Y=9.03+0.084X-0.0047X^2$	0.98^{**}	8.94
	壤土	$Y=-28.70+0.897X-0.0052X^2$	0.94^{**}	86.3	$Y=9.16+0.087X-0.0031X^2$	0.95^{**}	14.2	$Y=9.28+0.081X-0.0044X^2$	0.93^{**}	9.21
	黏土	$Y=-19.86+0.72X-0.0044X^2$	0.92^{**}	81.8	$Y=8.39+0.111X-0.0029X^2$	0.85^{**}	19.1	$Y=8.77+0.114X-0.0045X^2$	0.92^{**}	12.7

注: 表中数据为扬稻 6 号和武运粳 24 号两个品种的平均值; Y: 产量 (t/hm²); X: 土壤水分 (土壤容积含水量、土壤埋水深度、土壤水势); R^2: 回归方程决定系数; X_{opt}: 可获得最高产量的土壤水分

**表示在 $P=0.01$ 水平上相关显著。

表 3-3　移栽水稻生育中后期土壤水分 (X) 与产量 (Y) 的关系及最适土壤水分 (X_{opt}) 指标

生育期	土壤类型	土壤含水量/%			土壤埋水深度/离地表 cm			离地表 15~20cm 处土壤水势/-kPa		
		回归方程	R^2	X_{opt}	回归方程	R^2	X_{opt}	回归方程	R^2	X_{opt}
孕穗抽穗期（孕穗至穗全部抽出）	砂土	$Y=-22.84+0.658X-0.0033X^2$	0.98^{**}	99.7	$Y=9.16+0.058X-0.0039X^2$	0.94^{**}	7.41	$Y=9.34+0.031X-0.0046X^2$	0.98^{**}	3.37
	壤土	$Y=-22.14+0.657X-0.0034X^2$	0.97^{**}	96.6	$Y=9.11+0.093X-0.0050X^2$	0.98^{**}	9.30	$Y=9.53+0.044X-0.0048X^2$	0.97^{**}	4.54
	黏土	$Y=-16.79+0.553X-0.0029X^2$	0.96^{**}	95.3	$Y=8.78+0.104X-0.0045X^2$	0.97^{**}	11.6	$Y=9.08+0.107X-0.0065X^2$	0.98^{**}	8.23
灌浆前中期（穗全部抽出至抽穗后 20 天）	砂土	$Y=-27.53+0.776X-0.0041X^2$	0.96^{**}	94.6	$Y=9.05+0.081X-0.0039X^2$	0.98^{**}	10.4	$Y=9.18+0.058X-0.0035X^2$	0.95^{**}	8.29
	壤土	$Y=-45.62+1.221X-0.0067X^2$	0.94^{**}	91.1	$Y=9.10+0.102X-0.0041X^2$	0.97^{**}	12.5	$Y=9.22+0.097X-0.0049X^2$	0.92^{**}	9.89
	黏土	$Y=-32.03+0.669X-0.0056X^2$	0.95^{**}	86.3	$Y=8.35+0.122X-0.0034X^2$	0.88^{**}	17.9	$Y=8.77+0.129X-0.0052X^2$	0.92^{**}	12.4
灌浆后期（抽穗后 21 天至收割）	砂土	$Y=-36.6+1.024X-0.0057X^2$	0.99^{**}	89.8	$Y=8.62+0.133X-0.0059X^2$	0.98^{**}	11.3	$Y=8.79+0.102X-0.0040X^2$	0.94^{**}	12.8
	壤土	$Y=-24.27+0.809X-0.0048X^2$	0.97^{**}	84.3	$Y=8.95+0.108X-0.0035X^2$	0.91^{**}	15.4	$Y=9.01+0.097X-0.0034X^2$	0.88^{**}	14.3
	黏土	$Y=-19.55+0.723X-0.0045X^2$	0.91^{**}	80.3	$Y=8.19+0.116X-0.0027X^2$	0.85^{**}	21.5	$Y=8.42+0.142X-0.0045X^2$	0.91^{**}	15.8

注：表中数据为扬稻 6 号和武运粳 24 号两个品种的平均值；Y：产量（t/hm²）；X：土壤水分（土壤容积含水量、土壤埋水深度、土壤水势）；R^2：回归方程决定系数；X_{opt}：可求得最高产量的最适的土壤水分

$**$ 表示在 $P=0.01$ 水平上相关显著；

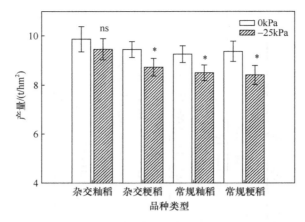

图 3-2　重干湿交替灌溉对不同类型水稻品种产量的影响

杂交籼稻为汕优 63、II 优 084 和扬两优 6 号 3 个品种的平均值；杂交粳稻为六优 1 号、六优 53 和陵香优 18 号 3 个品种的平均值；籼稻为扬稻 4 号、扬稻 6 号和扬辐籼 6 号 3 个品种的平均值；粳稻为连粳 7 号、淮稻 5 号和武运粳 24 号 3 个品种的平均值；0kPa：保持水层（对照）；–25kPa：重干湿交替灌溉，当土壤自然落干至土壤水势为–25kPa 时复水；ns：与对照差异不显著；*：与对照差异显著

3.1.2　轻干湿交替灌溉的指标

　　根据以上研究结果，确定了移栽水稻采用轻干湿交替灌溉的土壤落干指标并列于表 3-4，包括土壤含水量、土壤埋水深度、土壤水势 3 种灌溉指标，在实际应用中可根据条件选择其中一种。

表 3-4　移栽水稻轻干湿交替灌溉土壤落干指标

生育期	土壤类型	土壤水分指标		
		土壤含水量/%	土壤埋水深度/cm	土壤水势/–kPa
移栽活棵期 （移栽至移栽后 7 天）	砂土	100	0～5	0
	壤土	100	0～5	0
	黏土	100	0～10	0
分蘖前期 （移栽后 8 天至移栽后 15 天）	砂土	93～98	5～10	5～10
	壤土	90～95	10～15	5～10
	黏土	87～92	15～20	10～15
分蘖中期 （移栽后 16 天至有效分 蘖临界叶龄期）	砂土	87～92	10～15	10～15
	壤土	83～88	15～20	10～15
	黏土	80～85	20～25	15～20
分蘖后期 （有效分蘖临界叶龄期至 拔节始期）	砂土	85～90	20～25	15～20
	壤土	80～85	25～30	15～20
	黏土	75～80	30～35	20～25

续表

生育期	土壤类型	土壤水分指标		
		土壤含水量/%	土壤埋水深度/cm	土壤水势/-kPa
拔节穗分化期 （拔节至孕穗）	砂土	88～93	7～12	5～10
	壤土	83～88	12～17	5～10
	黏土	78～83	17～22	10～15
孕穗抽穗期 （孕穗至穗全部抽出）	砂土	95～100	5～10	5～10
	壤土	93～98	8～13	5～10
	黏土	91～96	10～15	7.5～12.5
灌浆前中期 （穗全部抽出至抽穗后 20 天）	砂土	90～95	9～14	5～10
	壤土	86～92	12～17	5～10
	黏土	82～87	15～20	10～15
灌浆后期 （抽穗后 21 天至收割）	砂土	85～90	10～15	10～15
	壤土	80～85	15～20	10～15
	黏土	75～80	20～25	15～20

注：土壤含水量为离地表 0～15cm 土层的土壤含水量，土壤埋水深度为离地表向下的深度，土壤水势为离地表 15～20cm 处的土水势；当土壤水分（土壤含水量、土壤埋水深度或土壤水势）达到表中指标值时，田间灌 1～2cm 水层，自然落干达到指标值时再灌水，再自然落干，依此循环；杂交籼稻取土壤含水量的小值、土壤埋水深度或土壤水势绝对值的大值，常规粳稻取土壤含水量的大值，土壤埋水深度或土壤水势绝对值的小值，常规籼稻和杂交粳稻取中间值

3.1.2.1　土壤含水量

土壤含水量是指测得的 0～15cm 土层的土壤含水量。当土壤含水量达到表 3-4 设定的指标值时，田间灌水层 1～2cm，自然落干至指标值时再灌水，再落干，依此循环。土壤含水量可用土壤水分速测仪测定。土壤水分测定仪有多种型号，如土壤水分速测仪 SU-LA、SU-LB、SU-LG、TRSI、TRS-II 等（图 3-3a），选择一种即可。利用土壤水分测定仪测定土壤含水量方法简单，精确可靠，但购买土壤水分测定仪需要一定的资金投入。

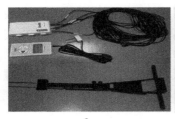
a
土壤水分测定仪

b
观测土壤埋水深度的PVC管

c
土壤水分张力计

图 3-3　用于测定土壤含水量的土壤水分测定仪（a）、观测土壤埋水深度的 PVC 管（b）和测定土壤水势的土壤水分张力计（c）（彩图请扫封底二维码）

3.1.2.2 土壤埋水深度

观察土壤埋水深度的方法是在田间安装聚氯乙烯（PVC）管监测土壤埋水深度，并以表 3-4 中的土壤埋水深度作为灌溉指标，具体方法如下。

1）选择内径为 19cm、外径为 20cm 的 PVC 管，PVC 管长度分别为 40cm、45cm 和 50cm，分别用于砂土、壤土和黏土土壤。

2）在 PVC 管上端离顶端 15cm 处开始钻孔，两孔间的距离纵向为 2～5cm，横向为 3cm，纵向相邻两排的孔交叉排列，孔径为 0.5cm（图 3-3b）。

3）为方便观测土壤埋水深度，用于砂土地 40cm 长的 PVC 管，自上端第一排孔开始，由上往下，分别在 5cm、8cm、10cm、12cm、15cm、20cm 和 25cm 处开孔，并在 PVC 管内侧的相应位置做标记。用于壤土地 45cm 长的 PVC 管，自上端第一排孔开始，由上往下，分别在 5cm、8cm、10cm、15cm、20cm、25cm 和 30cm 处开孔，并在 PVC 管内侧的相应位置做标记。用于黏土地 50cm 长的 PVC 管，自上端第一排孔开始，由上往下，分别在 5cm、10cm、15cm、20cm、25cm、30cm 和 35cm 处开孔，并在 PVC 管内侧的相应位置做标记。

4）在水稻播种或移栽前，在田间离田埂 1m 处挖一个洞，洞径 21cm，洞的深度砂土地 25cm，壤土地 30cm，黏土地 35cm。

5）将 PVC 管有钻孔一端插入洞中，不钻孔一端高出地面 15cm。

6）自土壤落干开始，每天观测 PVC 管中水的深度，当 PVC 管中的水深达到设定的指标值时，田间灌水层 1～2cm，自然落干至指标值时再灌水，再落干，依此循环。

用 PVC 管监测土壤埋水深度的优点是成本低，方法简单，使用方便。

3.1.2.3 土壤水势

土壤水势可采用土壤水分张力计（或称负压式土壤湿度计，图 3-3c）测定。使用方法为：在水稻播种或移栽前，在田间安装土壤水分张力计。在安装时，以一直径相当或者稍大于陶土管直径的钻孔器打孔到离地面 20cm 的深度（一般陶土头的长度为 5cm，张力计表上指示的水势值为离地表 15～20cm 深处的土壤水势值），倒入少许泥浆，垂直插入土壤水分张力计，使陶土管与土壤紧密接触，然后将周围填土捣实（可参照产品说明书使用）。每天上午 11:00～12:00 观察土壤水分张力计一次。当张力计表上的指针达到设定的指标值时，田间灌 1～2cm 水层，自然落干至指标值时再灌水，再落干，依此循环。

采用土壤水势作为灌溉指标的优点是观察便捷，测定土壤水分的准确性高；受土壤类型的局限性小。不足之处是使用土壤水分张力计需要一定的技术要求，购买土壤水分张力计也需要一定的成本（一般 1 支张力计 200～240 元）。

3.1.3　轻干湿交替灌溉对产量和灌溉水生产力的影响

以控制低限土壤水分（土壤含水量、土壤埋水深度或土壤水势）为核心内容的水稻轻干湿交替灌溉技术进行了多点多地的试验与示范，与常规灌溉（对照）相比，轻干湿交替灌溉技术的产量增加 7.77%～9.23%，灌溉水量减少了 23.7%～27.7%，灌溉水生产力（产量/灌溉水量）提高了 43.1%～51.0%（表 3-5）。在以土壤含水量、以土壤埋水深度和以土壤水势为指标的 3 种轻干湿交替灌溉方法之间，其产量、灌溉水量和灌溉水生产力的差异均很小（表 3-5）。说明在水稻生产上，土壤含水量、土壤埋水深度或土壤水势均可作为轻干湿交替灌溉的指标，可取得高产与水分高效利用的效果。

表 3-5　水稻轻干湿交替灌溉的产量、灌溉水量和灌溉水生产力

灌溉方法	样本数/个	产量/（t/hm²）	灌溉水量/mm	灌溉水生产力/（kg/m³）
常规灌溉（对照）	12	8.82±0.30	560±32	1.58±0.12
轻干湿交替（以土壤含水量为指标，方法 1）		9.61±0.42**	405±37**	2.37±0.18**
常规灌溉（对照）	15	8.75±0.27	570±41	1.53±0.11
轻干湿交替（以土壤埋水深度为指标，方法 2）		9.43±0.35**	435±35**	2.19±0.15**
常规灌溉（对照）	21	8.78±0.24	580±38	1.51±0.13
轻干湿交替（以土壤水势为指标，方法 3）		9.59±0.41**	420±26**	2.28±0.15**

注：在各类方法的试验与示范中，均含有砂土、壤土和黏土 3 种土壤类型；灌溉水生产力=产量/灌溉水量；**表示与对照在 $P=0.05$ 水平上差异显著

陶进[9]用土壤水势作为灌溉指标，在有遮雨设施的条件下观察了轻干湿交替灌溉对产量与灌溉水生产力的影响。结果表明，轻干湿交替灌溉的产量较常规灌溉的产量提高了 13.6%～15.9%，品种间的表现趋势一致，在年度间的重复性较好（表 3-6）。从产量构成因素分析，轻干湿交替灌溉同步提高了每穗粒数（颖花数）、结实率和千粒重，并显著提高了收获指数（表 3-6）。与常规灌溉相比，轻干湿交替灌溉的灌溉水量减少了 18%～23%，灌溉水生产力提高了 39%～45%（表 3-7）。再次表明轻干湿交替灌溉可以节约用水，协同提高产量和水分利用效率。

表 3-6　轻干湿交替灌溉对水稻产量及其构成因素的影响

年度	品种	灌溉方式	穗数/（个/m²）	每穗粒数	结实率/%	千粒重/g	产量/（t/hm²）	收获指数
2015	甬优 2640	常规灌溉	178 a	285 b	85.11 b	24.14 b	10.38 b	0.487 b
		轻干湿交替	177 a	292 a	90.17 a	25.39 a	11.84 a	0.510 a
	淮稻 5 号	常规灌溉	249 a	146 b	85.87 b	26.36 b	8.21 b	0.488 b
		轻干湿交替	247 a	155 a	89.34 a	27.17 a	9.33 a	0.521 a
2016	甬优 2640	常规灌溉	162 a	311 b	84.21 b	24.13 b	10.21 b	0.479 b
		轻干湿交替	160 a	324 b	89.49 a	24.97 a	11.62 a	0.518 a
	淮稻 5 号	常规灌溉	241 a	160 b	82.54 b	26.28 b	8.31 b	0.483 b
		轻干湿交替	244 a	170 a	87.06 a	27.06 a	9.63 a	0.511 a

注：表 3-6～表 3-17 引自参考文献[9]的部分数据；不同字母表示在 $P=0.05$ 水平上差异显著，同栏、同品种内比较

表 3-7　轻干湿交替灌溉对水稻灌溉水量及灌溉水生产力的影响

年度	品种	灌溉方式	灌溉水量		灌溉水生产力	
			mm	%	kg/m³	%
2015	甬优 2640	常规灌溉	892 a	100	1.16 b	100
		轻干湿交替	688 b	77	1.66 a	143
	淮稻 5 号	常规灌溉	814 a	100	1.01 b	100
		轻干湿交替	638 b	78	1.46 a	145
2016	甬优 2640	常规灌溉	624 a	100	1.63 b	100
		轻干湿交替	510 b	82	2.27 a	139
	淮稻 5 号	常规灌溉	624 a	100	1.33 b	100
		轻干湿交替	510 b	82	1.89 a	142

注：不同字母表示在 $P=0.05$ 水平上差异显著，同栏、同品种内比较

3.2　轻干湿交替灌溉对水稻农艺生理性状的影响

3.2.1　群体特征、物质生产和籽粒灌浆

3.2.1.1　茎蘖数和茎蘖成穗率

与常规灌溉相比，全生育期轻干湿交替灌溉显著降低了拔节期的茎蘖数，其余生育时期的茎蘖数在两灌溉方式间无显著差异（表 3-8）。但茎蘖成穗率（成熟期穗数/拔节期茎蘖数×100%），轻干湿交替灌溉显著高于常规灌溉，一般要高出 5～6 个百分点（表 3-8）。说明轻干湿交替灌溉可以有效控制无效分蘖的发生，减少冗余生长，进而减少水分养分的无效消耗[10, 11]。

表 3-8　轻干湿交替灌溉对水稻茎蘖数和茎蘖成穗率的影响

年度	品种	灌溉方式	茎蘖数/（个/m²）				茎蘖成穗率/%
			分蘖中期	拔节期	抽穗期	成熟期	
2015	甬优 2640	常规灌溉	134 a	222 a	192 a	178 a	80.18 b
		轻干湿交替	131 a	206 b	186 a	177 a	85.92 a
	淮稻 5 号	常规灌溉	185 a	352 a	291 a	249 a	70.74 b
		轻干湿交替	188 a	328 b	286 a	247 a	75.30 a
2016	甬优 2640	常规灌溉	125 a	205 a	187 a	162 a	79.51 b
		轻干湿交替	128 a	189 b	179 a	160 a	85.19 a
	淮稻 5 号	常规灌溉	189 a	347 a	280 a	241 a	69.45 b
		轻干湿交替	187 a	321 b	286 a	244 a	76.01 a

注：不同字母表示在 $P=0.05$ 水平上差异显著，同栏、同品种内比较

3.2.1.2　叶面积指数

与茎蘖数的变化相类似,拔节期的叶面积指数(LAI)常规灌溉显著高于轻干湿交替灌溉,分蘖中期和抽穗期的 LAI 在两灌溉方式间无显著差异,但在成熟期,轻干湿交替灌溉的 LAI 显著高于常规灌溉(表 3-9)。说明在抽穗至成熟期,轻干湿交替灌溉的水稻光合叶面积较大。不仅如此,抽穗期水稻的有效叶面积(有效分蘖的叶面积)和高效叶面积(有效分蘖的顶部 3 叶叶面积),轻干湿交替灌溉显著大于常规灌溉(表 3-9)。水稻抽穗期有效叶面积和高效叶面积大,有利于抽穗后的光合生产,是群体质量高的一种表现[12]。表明轻干湿交替灌溉有利于改善群体质量。

表 3-9　轻干湿交替灌溉对叶面积指数(LAI)的影响

年度	品种	灌溉方式	分蘖中期	拔节期	抽穗期			成熟期
					总 LAI	有效 LAI	高效 LAI	
2015	甬优 2640	常规灌溉	1.42 a	4.62 a	7.37 a	6.31 b	5.28 b	1.21 b
		轻干湿交替	1.39 a	4.14 b	7.24 a	6.68 a	5.81 a	1.73 a
	淮稻 5 号	常规灌溉	1.13 a	4.57 a	7.18 a	6.14 b	5.27 b	1.16 b
		轻干湿交替	1.11 a	4.05 b	7.06 a	6.55 a	5.70 a	1.62 a
2016	甬优 2640	常规灌溉	1.38 a	4.31 a	7.22 a	6.25 b	5.34 b	1.08 b
		轻干湿交替	1.41 a	3.88 b	7.06 a	6.61 a	5.73 a	1.65 a
	淮稻 5 号	常规灌溉	1.08 a	4.16 a	6.94 a	6.07 b	5.21 b	0.96 b
		轻干湿交替	0.98 a	3.63 b	7.02 a	6.52 a	5.68 a	1.47 a

注:不同字母表示在 $P=0.05$ 水平上差异显著,同栏、同品种内比较

3.2.1.3　叶片光合速率和蒸腾速率

在土壤落干期,叶片光合速率在轻干湿交替灌溉与常规灌溉之间无显著差异,但轻干湿交替灌溉复水后,光合速率显著高于常规灌溉(图 3-4a～图 3-4d)。在轻干湿交替灌溉的复水期,叶片蒸腾速率在两灌溉方式间无显著差异,但在轻干湿交替灌溉的土壤落干期,其叶片蒸腾速率显著低于常规灌溉(图 3-4e～图 3-4h)。因此叶片的水分利用效率(光合速率/蒸腾速率),轻干湿交替灌溉较常规灌溉高出 5.2%～35.6%,平均高出 15.7%。

3.2.1.4　株高、叶片着生角度和群体透光率

成熟期的植株高度在常规灌溉与轻干湿交替灌溉之间无显著差异(图 3-5a,图 3-5b)。与常规灌溉相比,轻干湿交替灌溉显著减少了抽穗期植株顶部 3 叶的叶片着生角度(叶片与茎的夹角),平均减少幅度为 28.5%(图 3-5c,图 3-5d)。抽穗期离地面 30cm、60cm 和 90cm 的群体透光率,轻干湿交替灌溉较常规灌溉增加

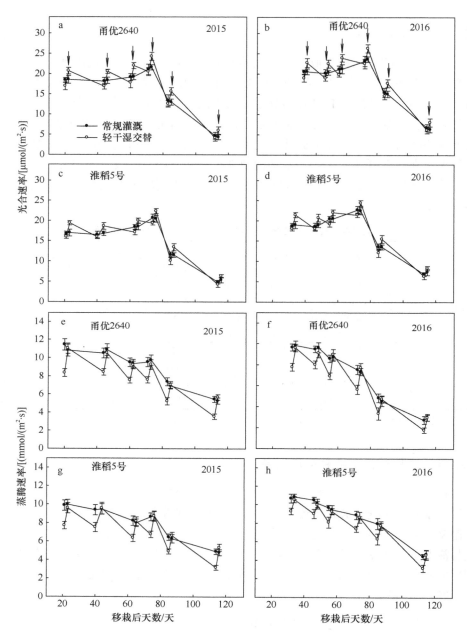

图 3-4 轻干湿交替灌溉对水稻叶片光合速率（a～d）和蒸腾速率（e～h）的影响

图 3-4～图 3-13 引自参考文献[9]的部分数据；图中箭头表示轻干湿交替灌溉的复水期

了 25%～33%、19%～25%和 8.5%～11.2%（图 3-6a～图 3-6d）。说明轻干湿交替灌溉有利于改善群体的冠层结构和通风透光条件。

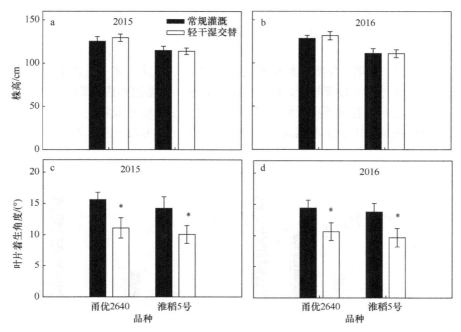

图 3-5　轻干湿交替灌溉对水稻株高（a，b）和叶片着生角度（c，d）的影响

*表示与常规灌溉比较在 $P=0.05$ 水平上差异显著

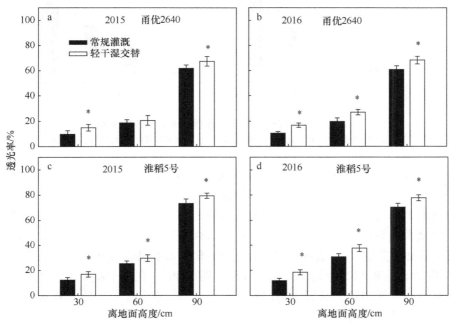

图 3-6　轻干湿交替灌溉对水稻群体透光率的影响

*表示与常规灌溉比较在 $P=0.05$ 水平上差异显著

3.2.1.5　干物质累积与茎中同化物转运

在生育前、中期（分蘖中期和穗分化始期），水稻地上部干重在常规灌溉和轻干湿交替灌溉之间无显著差异，但生育中、后期（抽穗期和成熟期），轻干湿交替灌溉的地上部干重要显著高于常规灌溉，特别是在抽穗至成熟期，轻干湿交替灌溉干物质累积量要比常规灌溉高出 7.5%～11.6%（图 3-7a～图 3-7d）。

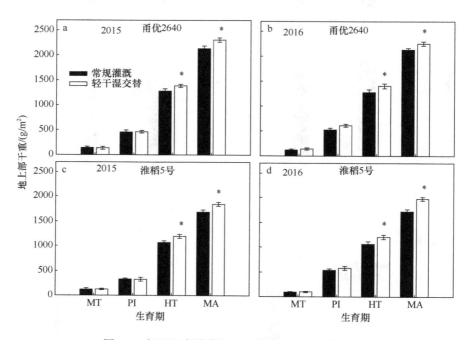

图 3-7　轻干湿交替灌溉对水稻地上部干重的影响

MT：分蘖中期；PI：穗分化始期；HT：抽穗期；MA：成熟期；*表示与常规灌溉比较在 $P=0.05$ 水平上差异显著

水稻籽粒产量的 80%～90% 来自于抽穗后的光合生产，提高抽穗至成熟期的干物质累积量是获取高产的一条重要途径[12-15]。在轻干湿交替灌溉条件下抽穗至成熟期水稻的物质生产能力强，有利于获得高产。不仅如此，自抽穗至成熟期，轻干湿交替灌溉还可以促进花前储存在茎（含叶鞘）中非结构性碳水化合物（NSC）向籽粒转运。茎中 NSC 的转运量和转运率，轻干湿交替灌溉较常规灌溉平均分别增加了 16.8% 和 11.2 个百分点（图 3-8a，图 3-8b）。在轻干湿交替灌溉条件下水稻花后茎与叶鞘中的光合同化物向籽粒转运率高，有利于提高收获指数，提高物质生产向经济产量转化的效率。

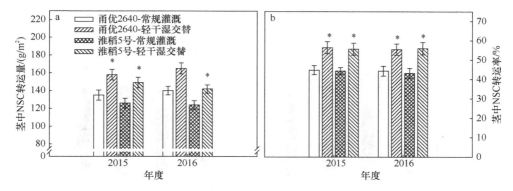

图 3-8　轻干湿交替灌溉对稻茎中非结构性碳水化合物（NSC）转运量（a）和转运率（b）的影响

NSC 转运量=抽穗期茎与叶鞘中 NSC 量–成熟期茎与叶鞘中 NSC 量；NSC 转运率（%）=（抽穗期茎与叶鞘中 NSC 量–成熟期茎与叶鞘中 NSC 量）/抽穗期茎与叶鞘中 NSC 量×100；*表示与常规灌溉比较在 $P=0.05$ 水平上差异显著

3.2.2　根系形态生理

3.2.2.1　根重和根长

在水稻生育前、中期（分蘖中期和穗分化始期），根干重在常规灌溉与轻干湿交替灌溉间无显著差异，但在生育中、后期（抽穗期和成熟期），轻干湿交替灌溉的根干重显著高于常规灌溉（图 3-9a～图 3-9d），这与地上部干重的趋势相一致。各生育期的根冠比在两灌溉方式间无显著差异（图 3-9e～图 3-9h）。说明在生育中、后期，轻干湿交替灌溉同步促进了水稻地上部和地下部的生长。研究还表明，在轻干湿交替灌溉条件下根干重的增加主要是由于根系长度的增加，根系粗度（直径）与常规灌溉相比并无显著差异（图 3-10a～图 3-10h）。

3.2.2.2　根系活性和根系伤流量

与常规灌溉相比，轻干湿交替灌溉显著增加了穗分化始期、抽穗期和成熟期水稻的根系氧化力（图 3-11a～图 3-11d）、根系总吸收面积和活跃吸收面积（图 3-12a～图 3-12h）。例如，抽穗期的根系氧化力、根系总吸收面积和活跃吸收面积，轻干湿交替灌溉分别较常规灌溉提高了 20%～27%、6.4%～9.8% 和 18%～25%。在整个灌浆期，轻干湿交替灌溉的根系伤流量较常规灌溉高出 21%～28%（图 3-13a～图 3-13d）。说明轻干湿交替灌溉可以提高水稻根系活性，特别是生育后期的根系活性。较高的根系活性可以促进根系从土壤中吸收更多的水分与养分，为地上部生长提供更多的营养，改善地上部的生长发育，同样，地上部生长的促进为地下部根系生长提供了更多的光合同化物[16-18]。

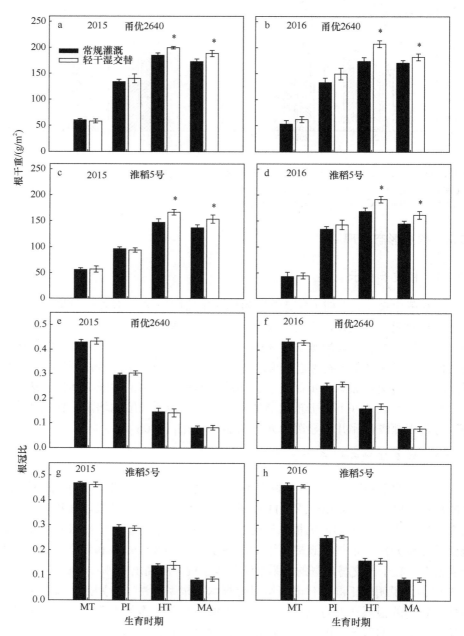

图 3-9　轻干湿交替灌溉对水稻根干重（a～d）和根冠比（e～h）的影响

MT：分蘖中期；PI：穗分化始期；HT：抽穗期；MA：成熟期；*表示与常规灌溉比较在 $P=0.05$ 水平上差异显著

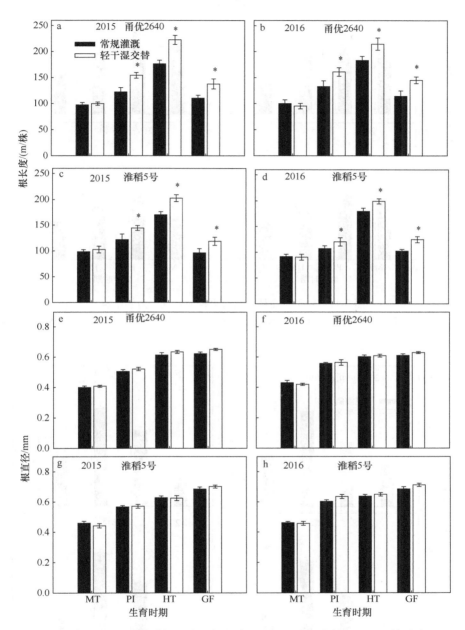

图 3-10　轻干湿交替灌溉对水稻根长度（a～d）和根直径（e～h）的影响

MT：分蘖中期；PI：穗分化始期；HT：抽穗期；GF：灌浆期；*表示与常规灌溉比较在 $P=0.05$ 水平上差异显著

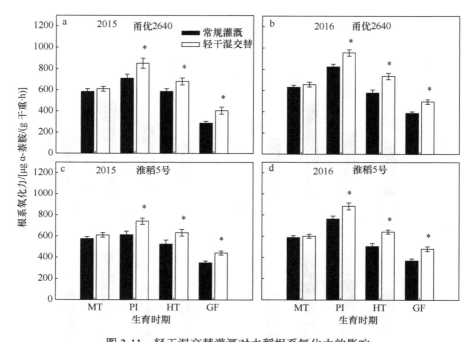

图 3-11　轻干湿交替灌溉对水稻根系氧化力的影响

MT：分蘖中期；PI：穗分化始期；HT：抽穗期；GF：灌浆期；*表示与常规灌溉比较在 *P*=0.05 水平上差异显著

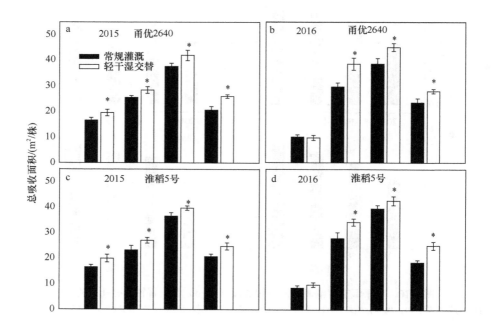

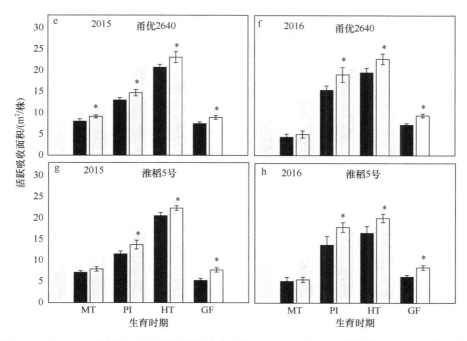

图 3-12　轻干湿交替灌溉对水稻根系总吸收面积（a～d）和活跃吸收面积（e～h）的影响

MT：分蘖中期；PI：穗分化始期；HT：抽穗期；GF：灌浆期；*表示与常规灌溉比较在 $P=0.05$ 水平上差异显著

3.2.3　内源激素

3.2.3.1　内源激素水平

作者以籼稻扬稻 6 号和粳稻淮稻 5 号为材料，在有遮雨设施的土培池设置常规灌溉（分蘖末、拔节初排水搁田，其余时期保持浅水层）、轻干湿交替灌溉（土培池内由浅水层自然落干至土壤水势为–10kPa 时复水）和重干湿交替灌溉（土培池内由浅水层自然落干至土壤水势为–25kPa 时复水）3 种灌溉方式处理，观测了根系伤流液、叶片和穗（枝梗分化期后）中细胞分裂素（玉米素+玉米素核苷，Z+ZR）、脱落酸（ABA）、乙烯及其合成前体 1-氨基环丙烷-1-羧酸（ACC）水平（浓度、含量或速率）及其与产量形成的关系。在轻干湿交替灌溉条件下，无论是落干期还是复水期，植株（根系伤流液、叶片和穗）中细胞分裂素（Z+ZR）浓度或含量均显著高于常规灌溉；在重干湿交替灌溉条件下，在复水期植株中 Z+ZR 浓度或含量与常规灌溉无显著差异，但在落干期，Z+ZR 浓度或含量显著低于常规灌溉（图 3-14a～图 3-14c）。

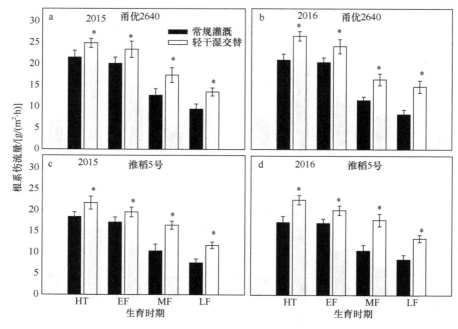

图 3-13　轻干湿交替灌溉对水稻根系伤流量的影响

HT：抽穗期；EF：灌浆前期；MF：灌浆中期；LF：灌浆后期；*表示与常规灌溉
比较在 $P=0.05$ 水平上差异显著

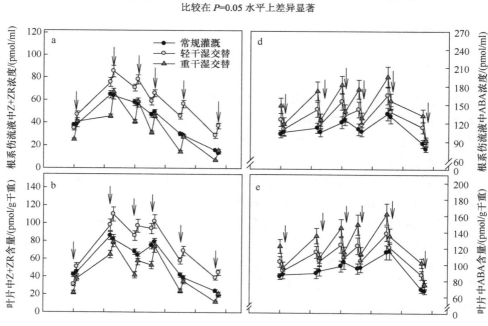

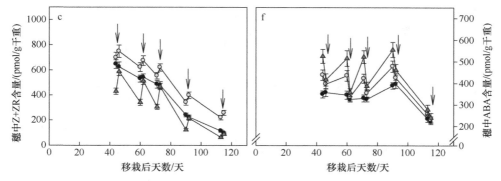

图 3-14　灌溉方式对水稻内源玉米素+玉米素核苷（Z+ZR）（a～c）
和脱落酸（ABA）（d～f）浓度或含量的影响

图中各数据为扬稻 6 号和淮稻 5 号两个品种的平均值；图中箭头为轻干湿交替和重干湿交替灌溉土壤落干后的复水期

　　无论是轻干湿交替灌溉还是重干湿交替灌溉，在土壤落干期水稻根系伤流液、叶片、穗的 ABA 浓度或含量显著高于常规灌溉，且重干湿交替灌溉高于轻干湿交替灌溉；在复水期，植株中 ABA 浓度或含量在 3 种灌溉方式间无显著差异（图 3-14d～图 3-14f）。

　　在轻干湿交替灌溉条件下，无论是在落干期还是复水期，根系伤流液、叶片、穗的乙烯释放速率均显著低于常规灌溉；在重干湿交替灌溉条件下，植株的乙烯释放速率在土壤落干期和复水期均显著高于常规灌溉（图 3-15a～图 3-15c）。根系伤流液、叶片、穗中 ACC 浓度或含量的变化趋势与乙烯释放速率的变化趋势一致（图 3-15d～图 3-15f）。

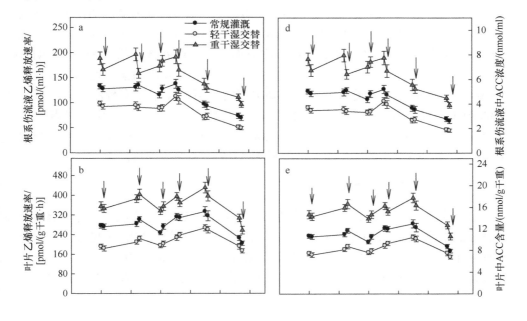

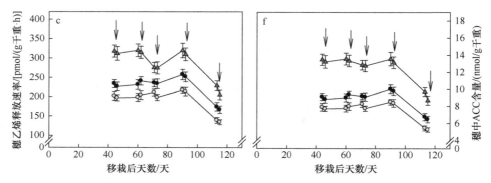

图 3-15　灌溉方式对水稻乙烯释放速率（a～c）和 1-氨基环丙烷-1-羧酸
（ACC）（d～f）浓度或含量的影响

图中各数据为扬稻 6 号和淮稻 5 号两个品种的平均值；图中箭头为轻干湿交替
和重干湿交替灌溉土壤落干后的复水期

以上结果说明，轻干湿交替灌溉可以促进稻株中细胞分裂素和 ABA 的合成，抑制乙烯的合成；重干湿交替灌溉则抑制细胞分裂素的合成，促进 ABA 和乙烯的合成。

为比较分析不同灌溉方式对所测定的 3 种激素的促进或抑制程度，图 3-16 和图 3-17 显示了各激素的比值。在轻干湿交替灌溉的土壤落干期和重干湿交替灌溉的复水期，（Z+ZR）/ABA 比值在 3 种灌溉方式间差异很小，但在轻干湿交替灌溉的复水期，（Z+ZR）/ABA 比值显著高于常规灌溉，在重干湿交替灌溉的落干期，（Z+ZR）/ABA 比值显著低于常规灌溉（图 3-16a～图 3-16c）。

细胞分裂素（Z+ZR）与乙烯（ACC）的比值，轻干湿交替灌溉的落干期和复水期均高于常规灌溉，以复水期（Z+ZR）/ACC 比值提高得更多；重干湿交替灌溉的落干期和复水期，（Z+ZR）/ACC 比值均低于常规灌溉，尤以落干期更明显（图 3-16d，图 3-16e）。与常规灌溉相比，轻干湿交替灌溉的落干期和复水期，ABA/ACC 比值均显著提高，以落干期提高得更多；重干湿交替灌溉则降低了 ABA/ACC 比值，在土壤落干期下降更多（图 3-17a～图 3-17c）。说明在土壤重度落干条件下，乙烯增加量大于 ABA 增加量，而土壤轻度落干条件有利于稻株体内 ABA 的增加，减少乙烯的产生，进而提高 ABA 与乙烯的比值。

3.2.3.2　内源激素与产量形成的关系

在分蘖期，根系伤流液、叶片中细胞分裂素（Z+ZR）浓度或含量与分蘖数呈极显著正相关（图 3-18a，图 3-18b）；根系伤流液、叶片中 ABA 浓度或含量与分蘖数呈开口向下的抛物线关系，当根系伤流液中的 ABA 浓度为 31pmol/ml、叶片中 ABA 含量为 165pmol/g 干重时，可获得最高分蘖数（图 3-18c，图 3-18d）。

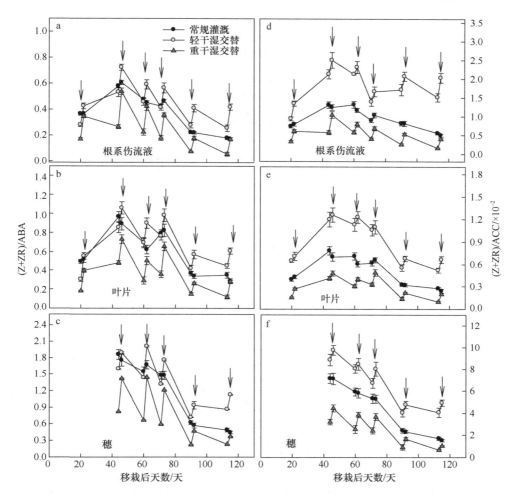

图 3-16　灌溉方式对水稻玉米素+玉米素核苷（Z+ZR）与脱落酸（ABA）比值（a～c）
和玉米素+玉米素核苷（Z+ZR）与 1-氨基环丙烷-1-羧酸（ACC）比值（d～f）的影响

图中各数据为扬稻 6 号和淮稻 5 号两个品种的平均值；图中箭头为轻干湿交替
和重干湿交替灌溉土壤落干后的复水期

　　根系伤流液、叶片中乙烯水平（ACC 浓度或含量）与分蘖数呈极显著负相关
（图 3-18e，图 3-18f）。穗分化期内源激素与每穗颖花数的关系，以及灌浆期内源
激素与籽粒灌浆速率的关系，与图 3-18 的结果相类似，即每穗颖花数和籽粒灌浆
速率与内源 Z+ZR 浓度或含量呈极显著正相关，与 ABA 浓度或含量呈开口向下的
抛物线关系，与 ACC 浓度或含量呈极显著负相关（图 3-19a～图 3-19f，图 3-20a～
图 3-20f）。在灌浆期根系伤流液和穗中（Z+ZR）/ACC 比值及 ABA/ACC 比值与
籽粒灌浆速率呈指数上升至最大值的函数关系，拟合方程：$Y=a(1-e^{-bX})$，式中，

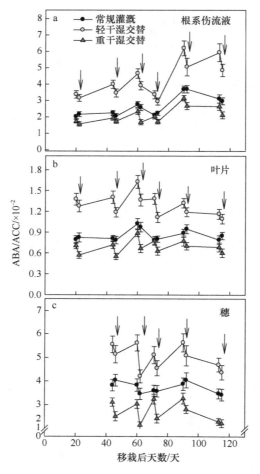

图 3-17 灌溉方式对水稻脱落酸（ABA）与 1-氨基环丙烷-1-羧酸（ACC）比值的影响

图中各数据为扬稻 6 号和淮稻 5 号两个品种的平均值；图中箭头为轻干湿交替

和重干湿交替灌溉土壤落干后的复水期

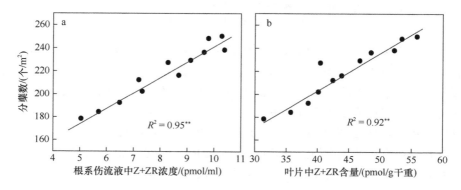

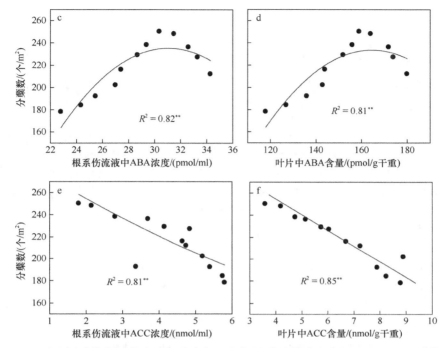

图 3-18　水稻分蘖期根系伤流液和叶片中玉米素+玉米素核苷（Z+ZR）（a，b）、脱落酸（ABA）（c，d）及 1-氨基环丙烷-1-羧酸（ACC）（e，f）浓度或含量与分蘖数的关系

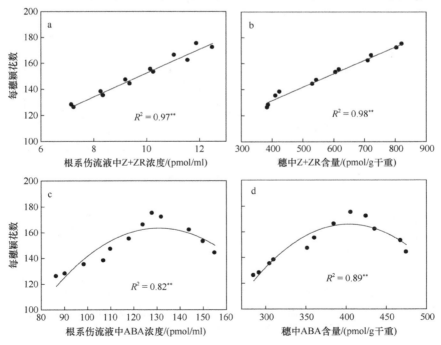

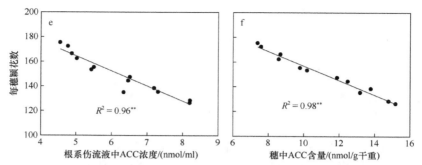

图 3-19　水稻穗分化期根系伤流液和穗中玉米素+玉米素核苷（Z+ZR）（a，b）、脱落酸（ABA）（c，d）及 1-氨基环丙烷-1-羧酸（ACC）（e，f）浓度或含量与每穗颖花数的关系

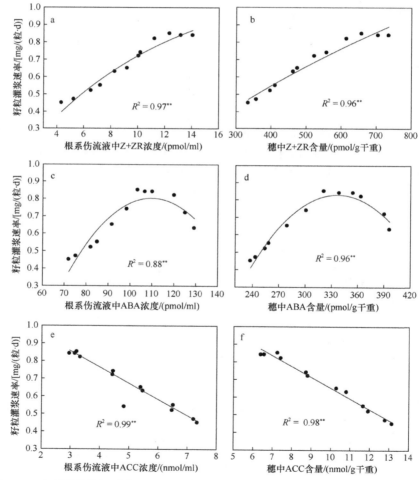

图 3-20　水稻灌浆期根系伤流液和穗中玉米素+玉米素核苷（Z+ZR）（a，b）、脱落酸（ABA）（c，d）及 1-氨基环丙烷-1-羧酸（ACC）（e，f）浓度或含量与籽粒灌浆速率的关系

Y 为籽粒灌浆速率，X 为激素之间比值，a 和 b 为方程参数，当根系伤流液中（Z+ZR）/ACC 和 ABA/ACC 比值分别为 0.0045 和 0.037 或穗中（Z+ZR）/ACC 和 ABA/ACC 比值分别为 0.018 和 0.056 时，可获得最大籽粒灌浆速率（图 3-21a～图 3-21d）。表明籽粒灌浆速率不仅与内源激素水平有关，而且与激素之间的平衡有密切联系，提高细胞分裂素与乙烯比值或 ABA 与乙烯比值，有利于水稻籽粒灌浆。

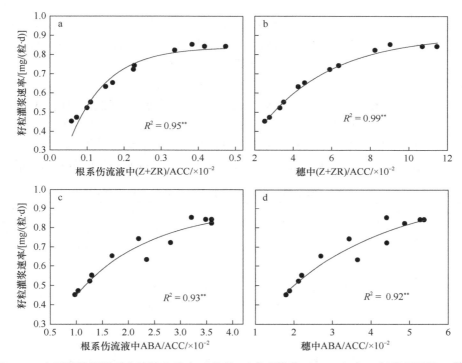

图 3-21 水稻灌浆期根系伤流液和穗中玉米素+玉米素核苷（Z+ZR）与 1-氨基环丙烷-1-羧酸（ACC）比值（a，b）及脱落酸（ABA）与 ACC 比值（c，d）与籽粒灌浆速率的关系

综上，水稻采用轻干湿交替灌溉协同提高产量和水分利用效率的机制可总结为"3 个效应"。

一是轻干湿交替灌溉本身的效应。轻干湿交替灌溉可以促进根系生长，提高根系活性；增强抽穗至成熟期叶片光合功能，提高抽穗至成熟期物质累积；减少无效分蘖等冗余生长，使得顶部叶片挺立，改善冠层结构和群体透光条件；在土壤落干期可以降低蒸腾速率而不明显降低光合速率，提高水分利用效率。

二是复水效应。土壤轻度落干后进行复水，可以增加内源细胞分裂素浓度或含量，提高叶片光合速率和籽粒库活性，增加物质生产，促进籽粒灌浆。

三是补偿效应。在土壤轻度落干期，轻干湿交替灌溉可以提高 ABA 含量，减少乙烯产生，提高茎与叶鞘中蔗糖磷酸合成酶等活性，促进花后茎中同化物向籽粒转运，提高收获指数，进而提高产量和水分利用效率。

3.3 轻干湿交替灌溉对稻米品质的影响

3.3.1 加工、外观和蒸煮食味品质

轻干湿交替灌溉可以改善稻米的加工品质和外观品质。稻米的出糙率、精米率和整精米率，轻干湿交替灌溉可较常规灌溉提高 3～7 个百分点；稻米垩白粒率和垩白度，轻干湿交替灌溉可较常规灌溉降低 2～10 个百分点（表 3-10）。轻干湿交替灌溉对稻米的胶稠度、直链淀粉含量和糊化温度等蒸煮食味品质无显著影响，但可显著提高稻米淀粉黏滞谱（RVA）特征参数中的崩解值，降低消减值（表 3-11）。有研究表明，消减值与稻米的食味性呈极显著负相关，崩解值与食味性呈极显著正相关；口感较好的稻米一般具有较低的消减值和较高的崩解值[19-21]。轻干湿交替灌溉可以降低消减值、提高崩解值，说明该灌溉方式可以提高稻米的蒸煮食味品质。

表 3-10 轻干湿交替灌溉对稻米加工品质和外观品质的影响

年度	品种	灌溉方式	出糙率/%	精米率/%	整精米率/%	垩白粒率/%	垩白度/%
2015	甬优 2640	常规灌溉	77.8 b	66.3 b	54.5 b	30.2 a	9.42 a
		轻干湿交替	81.2 a	69.7 a	59.37 a	23.3 b	6.49 b
	淮稻 5 号	常规灌溉	79.7 b	70.2 b	61.2 b	32.6 a	9.13 a
		轻干湿交替	83.5 a	73.8 a	64.3 a	25.7 b	6.61 b
2016	甬优 2640	常规灌溉	78.7 b	67.7 b	60.4 b	33.7 a	9.14 a
		轻干湿交替	80.4 a	71.3 a	66.9 a	25.1 b	5.92 b
	淮稻 5 号	常规灌溉	80.1 b	70.2 b	64.8 b	32.7 a	8.78 a
		轻干湿交替	84.3 a	73.7 a	70.8 a	22.6 b	6.23 b

注：不同字母表示在 $P=0.05$ 水平上差异显著，同栏、同品种内比较

表 3-11 轻干湿交替灌溉对稻米蒸煮食味品质和部分淀粉黏滞谱（RVA）特征参数的影响

年度	品种	灌溉方式	胶稠度/mm	直链淀粉含量/%	糊化温度/℃	崩解值/cP	消减值/cP
2015	甬优 2640	常规灌溉	59.3 a	19.6 a	73.4 a	839 b	312 a
		轻干湿交替	62.9 a	20.8 a	72.8 a	1003 a	−77 b
	淮稻 5 号	常规灌溉	60.7 a	20.7 a	72.3 a	577 b	336 a
		轻干湿交替	63.2 a	20.2 a	71.9 a	926 a	−138 b
2016	甬优 2640	常规灌溉	58.2 a	18.8 a	74.3 a	618 b	281 a
		轻干湿交替	62.1 a	18.2 a	74.5 a	754 a	182 b
	淮稻 5 号	常规灌溉	61.5 a	18.5 a	72.9 a	537 b	388 a
		轻干湿交替	62.8 a	18.7 a	72.3 a	398 b	105 b

注：不同字母表示在 $P=0.05$ 水平上差异显著，同栏、同品种内比较

3.3.2　营养和卫生品质

与常规灌溉相比，轻干湿交替灌溉降低了精米中的总蛋白质含量，其原因主要是不易被人体消化吸收的醇溶蛋白含量显著降低，对容易被人体吸收的清蛋白、球蛋白及谷蛋白含量无显著影响（表 3-12）。轻干湿交替灌溉的蛋白质产量（稻谷产量×精米率×精米蛋白质含量），包括清蛋白、球蛋白和谷蛋白产量均显著高于常规灌溉，总蛋白质产量较常规灌溉增加了 6.16%～9.17%，醇溶蛋白产量仍较常规灌溉显著降低（表 3-13）。

表 3-12　轻干湿交替灌溉对精米中各蛋白质含量的影响

年度	品种	灌溉方式	总蛋白质/%	清蛋白/%	球蛋白/%	醇溶蛋白/%	谷蛋白/%
2015	甬优 2640	常规灌溉	7.9 a	0.401 a	0.512 a	0.604 a	4.837 a
		轻干湿交替	7.0 b	0.437 a	0.521 a	0.312 b	5.002 a
	淮稻 5 号	常规灌溉	8.4 a	0.492 a	0.494 a	0.639 a	5.417 a
		轻干湿交替	7.6 b	0.536 a	0.487 a	0.353 b	5.621 a
2016	甬优 2640	常规灌溉	8.4 a	0.398 a	0.487 a	0.515 a	5.818 a
		轻干湿交替	7.5 b	0.473 a	0.464 a	0.318 b	5.682 a
	淮稻 5 号	常规灌溉	8.7 a	0.443 a	0.569 a	0.627 a	5.394 a
		轻干湿交替	7.8 b	0.497 a	0.577 a	0.331 b	5.533 a

注：不同字母表示在 $P=0.05$ 水平上差异显著，同栏、同品种内比较

表 3-13　轻干湿交替灌溉对精米中各蛋白质产量的影响

年度	品种	灌溉方式	蛋白质产量/（kg/hm²）				
			总蛋白质	清蛋白	球蛋白	醇溶蛋白	谷蛋白
2015	甬优 2640	常规灌溉	544.00 b	27.61 b	35.26 b	41.59 a	333.08 b
		轻干湿交替	577.51 a	36.05 a	42.98 a	25.74 b	412.67 a
	淮稻 5 号	常规灌溉	484.20 b	28.36 b	28.48 b	36.83 a	312.25 b
		轻干湿交替	523.09 a	36.89 a	33.52 a	24.30 b	386.88 a
2016	甬优 2640	常规灌溉	580.19 b	27.49 b	33.64 b	35.57 a	401.85 b
		轻干湿交替	621.29 a	39.18 a	38.44 a	26.34 b	470.69 a
	淮稻 5 号	常规灌溉	507.31 b	25.83 b	33.18 b	36.56 a	314.53 b
		轻干湿交替	553.82 a	35.29 a	40.97 a	23.50 b	392.85 a

注：不同字母表示在 $P=0.05$ 水平上差异显著，同栏、同品种内比较

与蛋白质含量的结果相类似，精米中各氨基酸含量，轻干湿交替灌溉较常规灌溉有所降低，但各氨基酸产量（稻谷产量×精米率×精米氨基酸含量），轻干湿交替灌溉较常规灌溉均有所增加，赖氨酸等部分必需氨基酸、总氨基酸产量，轻干湿交替灌溉显著高于常规灌溉（表 3-14，表 3-15）。说明轻干湿交替灌溉对稻米中营养成分含量无显著影响，可提高营养成分的总量。

表 3-14 轻干湿交替灌溉对精米中必需氨基酸产量的影响

（单位：kg/hm²）

年度	品种	灌溉方式	赖氨酸	缬氨酸	甲硫氨酸	苏氨酸	异亮氨酸	亮氨酸	苯丙氨酸	组氨酸	精氨酸	总量
2015	甬优 2640	常规灌溉	16.64 b	23.38 a	11.20 b	15.61 a	19.32 b	36.05 b	25.76 b	10.30 a	39.86 a	198.1 b
		轻干湿交替	19.56 a	24.78 a	13.07 a	17.62 a	22.28 a	42.08 a	30.59 a	11.57 a	41.25 a	222.8 a
	淮稻 5 号	常规灌溉	13.85 a	19.44 a	8.51 a	12.79 a	17.15 b	31.79 b	22.30 a	9.23 a	38.72 a	173.8 b
		轻干湿交替	15.47 a	21.94 a	9.43 a	13.94 a	18.33 a	35.20 a	23.39 a	9.08 a	39.96 a	186.7 a
2016	甬优 2640	常规灌溉	21.98 b	28.57 b	16.00 b	21.81 b	26.04 b	47.01 b	33.13 b	14.98 b	62.39 b	271.9 b
		轻干湿交替	28.33 a	35.22 a	15.94 a	24.14 a	29.80 a	53.29 a	38.98 a	17.30 a	64.88 a	307.9 a
	淮稻 5 号	常规灌溉	18.60 b	24.65 b	10.06 b	18.92 a	22.49 a	40.57 b	28.59 b	12.36 b	52.44 b	228.7 b
		轻干湿交替	20.79 a	27.89 a	14.19 a	20.23 a	24.27 a	44.98 a	33.09 a	14.32 a	55.01 a	254.8 a

注：不同字母表示在 $P=0.05$ 水平上差异显著，同栏、同品种内比较

表 3-15 轻干湿交替灌溉对精米中非必需氨基酸产量的影响

（单位：kg/hm²）

年度	品种	灌溉方式	天冬氨酸	丝氨酸	谷氨酸	甘氨酸	丙氨酸	脯氨酸	半胱氨酸	酪氨酸	总量
2015	甬优 2640	常规灌溉	35.91 b	21.21 a	69.16 b	20.38 a	25.98 a	25.82 a	2.61 a	27.99 a	229.1 b
		轻干湿交替	42.96 a	24.31 a	81.38 a	22.73 a	29.87 a	29.60 a	3.21 a	29.89 a	264.0 a
	淮稻 5 号	常规灌溉	34.88 b	15.87 b	63.08 b	18.67 a	22.41 a	26.85 a	2.56 a	24.25 a	208.6 b
		轻干湿交替	41.38 a	14.72 a	71.04 a	20.75 a	25.96 a	25.43 a	2.03 a	25.39 a	226.7 a
2016	甬优 2640	常规灌溉	47.31 b	29.11 b	92.21 b	29.36 a	33.72 a	43.43 a	5.10 a	36.08 b	316.3 b
		轻干湿交替	53.83 a	31.74 a	105.71 a	32.00 a	38.37 a	43.81 a	4.67 a	42.45 a	352.6 a
	淮稻 5 号	常规灌溉	39.86 a	25.14 a	79.07 b	24.64 a	29.04 a	32.45 a	4.28 a	31.14 a	265.6 b
		轻干湿交替	44.79 a	27.75 a	89.82 a	26.66 a	31.60 a	33.89 a	4.65 a	36.02 a	295.2 a

注：不同字母表示在 $P=0.05$ 水平上差异显著，同栏、同品种内比较

砷（As）和镉（Cd）是对人身体有害的两种元素。减少稻米中 As 和 Cd 含量，对保护人们身体健康有重要作用。由表 3-16 可知，与常规灌溉相比，轻干湿交替灌溉显著降低了籽粒、颖壳、糠层和精米中 As 的含量。在颖壳、糠层和精米 3 个部位中，在轻干湿交替灌溉条件下精米中 As 含量减少得最多（−25.7%～−28.8%），其次为糠层（−19.5%～−25.3%），颖壳中 As 含量减少得最少（−13.2%～−17.9%）（表 3-16）。其他研究者也得到类似的结果[11, 22, 23]。说明采用轻干湿交替灌溉方式，可有效降低稻米中 As 的含量。

表 3-16　轻干湿交替灌溉对籽粒中砷含量的影响　（单位：μg/g 干重）

年度	品种	灌溉方式	籽粒	颖壳	糠层	精米
2015	甬优 2640	常规灌溉	0.65 a	0.41 a	0.84 a	0.75 a
		轻干湿交替	0.48 b	0.34 b	0.67 b	0.55 b
	淮稻 5 号	常规灌溉	0.51 a	0.38 a	0.75 a	0.66 a
		轻干湿交替	0.39 b	0.33 b	0.56 b	0.49 b
2016	甬优 2640	常规灌溉	0.63 a	0.39 a	0.82 a	0.73 a
		轻干湿交替	0.47 b	0.32 b	0.66 b	0.52 b
	淮稻 5 号	常规灌溉	0.53 a	0.37 a	0.77 a	0.67 a
		轻干湿交替	0.41 b	0.31 b	0.58 b	0.48 b

注：不同字母表示在 $P=0.05$ 水平上差异显著，同栏、同品种内比较

关于干湿交替灌溉是否可以降低稻米中 Cd 含量，有不同的研究结果。有研究者认为干湿交替灌溉会增加稻米中 Cd 含量[24, 25]。陶进[9]的研究结果则显示，Cd 的含量在干湿交替灌溉和常规灌溉间无显著差异。Yang[26]观察到，与常规灌溉相比，无论是轻干湿交替灌溉还是重干湿交替灌溉，成熟期根系中 Cd 含量均显著增加，而籽粒中 Cd 的含量因灌溉方式不同有较大差异，轻干湿交替灌溉显著降低了 Cd 含量，重干湿交替灌溉则显著增加了 Cd 含量（表 3-17）。进一步测定分析 Cd 在籽粒各部位的分配，结果表明，在轻干湿交替灌溉和重干湿交替灌溉条件下，Cd 主要集中在颖壳和糠层；精米中 Cd 的含量，轻干湿交替灌溉和重干湿交替灌溉分别较常规灌溉降低了 40% 和 15%（表 3-18）。黄东芬等[27]也观察到轻干湿交替可以降低水稻籽粒中 Cd 含量。

表 3-17　干湿交替灌溉对水稻根系、稻草和籽粒中镉含量的影响　（单位：μg/g 干重）

品种	灌溉方式	根系	稻草	籽粒
扬粳 4038	常规灌溉	321 ± 18 c	21.5 ± 1.5 a	0.78 ± 0.03 b
	轻干湿交替	372 ± 24 b	16.3 ± 1.2 b	0.62 ± 0.01 c
	重干湿交替	415 ± 27 a	11.2 ± 0.8 c	0.86 ± 0.03 a
扬稻 6 号	常规灌溉	334 ± 18 c	19.8 ± 1.5 a	0.75 ± 0.02 b
	轻干湿交替	386 ± 22 b	15.2 ± 1.6 b	0.61 ± 0.04 c
	重干湿交替	432 ± 27 a	11.5 ± 1.4 c	0.83 ± 0.05 a

注：本表引自参考文献[26]的部分数据；不同字母表示在 $P=0.05$ 水平上差异显著，同栏、同品种内比较

表 3-18　干湿交替灌溉对水稻籽粒不同部位镉含量的影响　　（单位：μg/g 干重）

品种	灌溉方式	颖壳	糠层	精米
扬粳 4038	常规灌溉	1.02 ± 0.06 b	1.75 ± 0.15 b	0.63 ± 0.04 a
	轻干湿交替	1.19 ± 0.07 a	1.81 ± 0.17 b	0.38 ± 0.02 c
	重干湿交替	1.31 ± 0.09 a	2.38 ± 0.16 a	0.54 ± 0.03 b
扬稻 6 号	常规灌溉	1.05 ± 0.06 b	1.66 ± 0.13 b	0.57 ± 0.03 a
	轻干湿交替	1.24 ± 0.09 a	1.72 ± 0.18 b	0.34 ± 0.02 c
	重干湿交替	1.38 ± 0.08 a	2.37 ± 0.24 a	0.48 ± 0.04 b

注：本表引自参考文献[26]的部分数据；不同字母表示在 P=0.05 水平上差异显著，同栏、同品种内比较

轻干湿交替灌溉增加 Cd 在根部累积、降低籽粒中 Cd 含量的原因，可能与蒸腾速率减小有关。以往研究表明，水稻的蒸腾强度越大，植株地上部的 Cd 含量越高，两者呈显著正相关关系[28]。作者观察到轻干湿交替灌溉可以降低蒸腾速率（参见图 3-4e～图 3-4h），并据此推测，在轻干湿交替灌溉条件下，根系活性增强，水稻根从土壤中吸收 Cd 增加，因蒸腾速率降低，Cd 往地上部输送减少，特别是籽粒中 Cd 累积减少；加之轻干湿交替灌溉增加了籽粒重量（参见表 3-6），所以籽粒中 Cd 含量降低。在重干湿交替灌溉条件下，虽然蒸腾速率的降低减少了 Cd 向地上部的运输，但地上部干重降低，粒重减轻，粒重减轻的量超过了 Cd 向籽粒运输减少的量，因而籽粒中 Cd 含量增加。对于轻干湿交替灌溉降低籽粒中 Cd 含量的机制，尚需深入研究。

3.4　轻干湿交替灌溉对稻田甲烷和氧化亚氮排放的影响

为了评价轻干湿交替灌溉对稻田温室气体排放的影响，作者以粳稻扬粳 4038 为材料并种植于大田，设置 4 种处理：①常规灌溉（生育中期搁田，其余时期保持水层）+麦秸秆不还田（CI-S）；②轻干湿交替灌溉（土壤自然落干至土壤水势为-15kPa 时复水）+麦秸秆不还田（WMD-S）；③常规灌溉+麦秸秆还田（CI+S）；④轻干湿交替灌溉+麦秸秆还田（WMD+S），观察了在不同灌溉方式和秸秆还田条件下水稻全生育期稻田甲烷与氧化亚氮排放的特点。

3.4.1　甲烷排放

水稻生育前期在稻田淹水情况下，所有处理的稻田甲烷排放通量均较高（图 3-22a，图 3-22b）。水分处理开始后，轻干湿交替灌溉小区的甲烷排放会出现几个峰谷，峰值出现在复水期，低谷出现在落干期。常规灌溉小区的甲烷排放最高峰则出现于移栽后 24～25 天，在中期搁田时显著下降。各处理甲烷排放在移栽后 47～

48 天再出现一个峰值，与该时期温度较高、水稻长势较旺盛有关。此后，各处理的甲烷排放保持在一个较低的水平。秸秆还田显著增加了甲烷排放，轻干湿交替灌溉则显著降低了甲烷排放（图 3-22a，图 3-22b）。在整个生育期，CI–S、WMD–S、CI+S 和 WMD+S 处理的甲烷排放通量[mg CH$_4$-C/（m^2·h）]分别为 5.7、2.8、29.2 和 6.2。

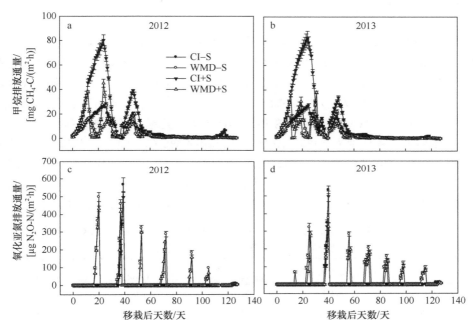

图 3-22　轻干湿交替灌溉对水稻生长季甲烷（a，b）和氧化亚氮（c，d）排放通量的影响
本图引自参考文献[31]的部分数据；供试品种为扬粳 4038；CI：常规灌溉；WMD：轻干湿交替灌溉；
–S：麦秸秆不还田；+S：麦秸秆还田

3.4.2　氧化亚氮排放

在有水层情况下，几乎监测不到氧化亚氮的排放（图 3-22c，图 3-22d）。在轻干湿交替灌溉的土壤落干期，以及常规灌溉的中期搁田期，氧化亚氮排放呈现出类似脉冲的波动，且只有当土壤水势低于–10kPa 时，才能检测到氧化亚氮的排放。说明在水稻轻干湿交替灌溉条件下，如果土壤落干期的土壤水势高于–10kPa，就不会增加稻田氧化亚氮排放。与麦秸秆不还田相比，秸秆还田显著降低了氧化亚氮的排放，轻干湿交替灌溉（土壤落干后复水时土壤水势低于–10kPa）则较常规灌溉显著增加了稻田氧化亚氮的排放（图 3-22c，图 3-22d）。整个生育期，CI–S、WMD–S、CI+S 和 WMD+S 处理的氧化亚氮排放通量[μg N$_2$O-N/（m^2·h）]分别为 10.0、26.6、8.1 和 23.2。

　　秸秆还田减少稻田氧化亚氮排放的原因，可能是秸秆还田后提高了土壤的 C/N 比值，降低了土壤中 N 的有效性[29]；秸秆还田抑制了植物可吸收氮素的移动，从而减少了用于生成氧化亚氮的底物[30]，其机制有待深入研究。

3.4.3　全球增温潜势和温室气体强度

　　各处理所排放的甲烷和氧化亚氮折算成全球增温潜势后，其变幅为 2.3～11.4t CO_2 eq/hm^2（表 3-19）。与 CI–S 和 CI+S 比，WMD–S 和 WMD+S 的全球增温潜势分别降低了 45.2% 和 55.9%。轻干湿交替灌溉显著降低了温室气体强度（全球增温潜势/籽粒产量），WMD–S 和 WMD+S 比 CI–S、CI+S 分别降低了 46.7%和62.6%（表 3-19）。CI–S、WMD–S、CI+S 和 WMD+S 4 个处理，氧化亚氮排放在全球增温潜势中所占比率分别为 2.1%、10.1%、0.7%和4.3%（表 3-19）。表明无论在何种处理下，稻田氧化亚氮的排放量都很低，甲烷是稻田排放的主要温室气体。在轻干湿交替灌溉条件下，氧化亚氮排放的氮损失量仅占总氮量（200kg/hm^2）的 0.36%～0.42%，说明因轻干湿交替灌溉增加氧化亚氮排放而造成氮的损失是非常小的。

表 3-19　轻干湿交替灌溉对水稻生长季甲烷（CH_4）和氧化亚氮（N_2O）排放、全球增温潜势和温室气体强度的影响

年度	处理	甲烷/（kg CH_4-C/hm^2）	氧化亚氮/（kg N_2O-N/hm^2）	全球增温潜势/（kg CO_2 eq/hm^2）	温室气体强度/（kg CO_2 eq/kg 籽粒）
2012	CI–S	171.4 c	0.316 c	4 379 c	0.486 b
	WMD–S	83.6 d	0.833 a	2 338 d	0.251 c
	CI+S	442.8 a	0.265 c	11 149 a	1.385 a
	WMD+S	186.4 b	0.718 b	4 874 b	0.514 b
2013	CI–S	177.2 c	0.298 c	4 519 d	0.483 b
	WMD–S	91.7 d	0.807 a	2 533 b	0.266 c
	CI+S	452.9 a	0.231 b	11 391 a	1.391 a
	WMD+S	194.6 b	0.710 b	5 077 c	0.525 b

　　注：本表引自参考文献[28]的部分数据；供试品种为扬粳 4038；CI：常规灌溉；WMD：轻干湿交替灌溉；–S：麦秸秆不还田；+S：麦秸秆还田；全球增温潜势=25×CH_4+298×N_2O；温室气体强度=全球增温潜势/籽粒产量；不同字母表示在 P=0.05 水平上差异显著，同栏、同年内比较

　　CO_2 也是一种重要的温室气体，但在本书中，没有将 CO_2 排放的具体数据列出，原因有三：①农业上 CO_2 的排放占全球增温潜势比例很低，不到农业全球增温潜势的 1%[22]；②在一种作物体系中进行短期试验，很难测定出 C 呼吸与固定之间的收支平衡[22, 23, 32]；③本书中有关稻田温室气体的测定，主要在稻-麦轮作已进行多年的农田，在这样的条件下，一个水稻季节的常规灌溉和轻干湿交替灌溉不会改变土壤中有机碳的储存[22, 23, 33]。

　　综上，轻干湿交替灌溉可以较常规灌溉大幅度地降低稻田甲烷的排放，进而降低全球增温潜势和温室气体排放强度。轻干湿交替灌溉会增加氧化亚氮的排放，但稻田氧化亚氮的排放占全球增温潜势的比例很低，因轻干湿交替灌溉增加氧化亚氮排放而造成氮的损失极小。

参 考 文 献

[1] Yang J C, Liu K, Wang Z Q, et al. Water-saving and high-yielding irrigation for lowland rice by controlling limiting values of soil water potential. Journal of Integrative Plant Biology, 2007, 49: 1445-1454.

[2] Bouman B A M, Toung T P. Field water management to save water and increase its productivity in irrigated lowland rice. Agricultural Water Management, 2001, 49: 11-30.

[3] Tuong T P, Bouman B A M, Mortimer M. More rice, less water-integrated approaches for increasing water productivity in irrigated rice-based systems in Asia. Plant Production Science, 2005, 8: 231-241.

[4] Bouman B A M. A conceptual framework for the improvement of crop water productivity at different spatial scales. Agricultural Systems, 2007, 93: 43-60.

[5] 陈婷婷, 杨建昌. 移栽水稻高产高效节水灌溉技术的生理生化机理研究进展. 中国水稻科学, 2014, 28(1): 103-110.

[6] Zhang H, Li H, Yuan L M, et al. Post-anthesis alternate wetting and moderate soil drying enhances activities of key enzymes in sucrose-to-starch conversion in inferior spikelets of rice. Journal of Experimental Botany, 2012, 63: 215-227.

[7] 张耗, 杨建昌, 张建华. 水稻根系形态生理与产量形成的关系及其栽培技术. 北京: 知识产权出版社, 2015.

[8] 张自常, 李鸿伟, 陈婷婷, 等. 畦沟灌溉和干湿交替灌溉对水稻产量与品质的影响. 中国农业科学, 2011, 44: 4988-4998.

[9] 陶进. 干湿交替灌溉对水稻农艺生理性状与米质的影响. 扬州: 扬州大学硕士学位论文, 2017.

[10] Yang J C, Zhang J H. Crop management techniques to enhance harvest index in rice. Journal of Experimental Botany, 2010, 61: 3177-3189.

[11] Yang J C, Zhou Q, Zhang J H. Moderate wetting and drying increases rice yield and reduces water use, grain arsenic level, and methane emission. The Crop Journal, 2017, 5: 151-153.

[12] 凌启鸿. 作物群体质量. 上海: 上海科学技术出版社, 2000.

[13] 凌启鸿, 等. 水稻精确定量栽培理论与技术. 北京: 中国农业出版社, 2007.

[14] 杨建昌, 展明飞, 朱宽宇. 水稻绿色性状形成的生理基础. 生命科学, 2018, 30(10): 1137-1145.

[15] Wang Z Q, Xu Y J, Chen T T, et al. Abscisic acid and the key enzymes and genes in sucrose-to-starch conversion in rice spikelets in response to soil drying during grain filling. Planta, 2015, 241: 1091-1107.

[16] 杨建昌. 水稻根系形态生理与产量、品质形成及养分吸收利用的关系. 中国农业科学, 2011, 44(1): 36-46.

[17] Yang J C, Zhang H, Zhang J H. Root morphology and physiology in relation to the yield formation of rice. Journal of Integrative Agriculture, 2012, 11: 920-926.

[18] 曾翔, 李阳生, 谢小立, 等. 不同灌溉模式对杂交水稻生育后期根系生理特性和剑叶光合特性的影响. 中国水稻科学, 2003, 17(4): 66-70.

[19] 隋炯明, 李欣, 严松, 等. 稻米淀粉 RVA 谱特征与品质性状相关性研究. 中国农业科学, 2005, 38(4): 657-663.

[20] 舒庆尧, 吴殿星, 夏英武, 等. 稻米淀粉 RVA 谱特征与食用品质的关系. 中国农业科学, 1998, 31(3): 1-4.

[21] 李欣, 张蓉, 隋炯明, 等. 稻米淀粉黏滞性谱特征的表现及其遗传. 中国水稻科学, 2004, 18(5): 384-390.

[22] Linquist B A, Anders M M, Adviento-Borbe M A A, et al. Reducing greenhouse gas emissions, water use, and grain arsenic levels in rice systems. Global Change Biology, 2015, 21: 407-417.

[23] Linquist B A, van Groenigen K J, Adviento-Borbe M A, et al. An agronomic assessment of greenhouse gas emissions from major cereal crops. Global Change Biology, 2012, 18: 194-209.

[24] 纪雄辉, 梁永超, 鲁艳红, 等. 污染稻田水分管理对水稻吸收积累镉的影响及其作用机理. 生态学报, 2007, 27: 3930-3939.

[25] 张丽娜, 宗良纲, 付世景, 等. 水分管理方式对水稻在 Cd 污染土壤上生长及其吸收 Cd 的影响. 安全与环境学报, 2006, 6(5): 51-54.

[26] Yang J C, Huang D F, Duan H, et al. Alternate wetting and moderate soil drying increases grain yield and reduces cadmium accumulation in rice grains. Journal of the Science of Food and Agriculture, 2009, 89: 1728-1736.

[27] 黄东芬, 奚岭林, 王志琴, 等. 结实期灌溉方式对水稻品质和不同器官镉浓度与分配的影响. 作物学报, 2008, 34: 456-464.

[28] 刘建国. 水稻品种对土壤重金属镉铅吸收分配的差异及其机理. 扬州: 扬州大学博士学位论文, 2004.

[29] Millar N, Ndufa J K, Cadisch G, et al. Nitrous oxide emissions following incorporation of improved-fallow residues in the humid tropics. Global Biogeochemical Cycles, 2004, 18: GB1032.

[30] Yao Z, Zheng X, Wang R, et al. Nitrous oxide and methane fluxes from a rice-wheat crop rotation under wheat residue incorporation and no-tillage practices. Atmospheric Environment, 2013, 79: 641-649.

[31] Chu G, Wang Z Q, Zhang H, et al. Alternate wetting and moderate drying increases rice yield and reduces methane emission in paddy field with wheat straw residue incorporation. Food and Energy Security, 2015, 4: 238-254.

[32] Conant R T, Ogle S M, Paul E A, et al. Measuring and monitoring soil organic carbon stocks in agricultural lands for climate mitigation. Frontiers in Ecology and the Environment, 2011, 9: 169-173.

[33] Ma, Y, Kong X, Ying B, et al. Net global warming potential and greenhouse gas intensity of annual rice-wheat rotations with integrated soil-crop system management. Agricultural Ecosystems & Environment, 2013, 164: 209-219.

第4章 直播水稻轻干湿交替灌溉

直播水稻，简称直播稻，是指水稻不进行育秧移栽而直接将种子播于大田，整个生育期在大田生长直至收获的一种稻作方式。我国传统的稻作方式以育秧移栽为主。随着我国经济的发展和产业结构发生重大变化，大量农村劳动力向城市转移，农业劳动力锐减，机械化和轻简化的高效栽培模式成为现代农业发展的必然趋势。其中，水稻直播是一种轻简化的稻作方式。有研究表明，与水稻育苗移栽相比，水稻直播可以节省人工 60～70 个/hm^2，节约成本 1800～2400 元/hm^2[1-4]。

依据播种时田间干湿情况，水稻直播可分为水直播和旱直播两种方式。水直播通常是指稻田灌水整地、表土沉实后，田面保持浅水层直接播种水稻种子的一种方法。水直播的优点是灌水整地后田面平整，有利于田间均匀灌溉、控制杂草和减少底土渗漏。其不足之处是从灌水整地、表土沉实到水稻播种的时间较长（一般需要一周左右），不利于抢时播种，且田间作业较困难[5]。因此，水直播一般多在播种季节降雨多、地势低洼、排水不良的稻田采用。旱直播是指土壤旱耕翻、旱整地，将水稻种子直接播种在旱耕旱整田内的一种稻作方法。水稻旱直播通常也称旱直播水稻。水稻旱直播田间作业简单，在多熟制地区，前茬作物收割并稍加灭茬或浅耕后可立即播种，具有播种快、省工、节本和节水的优点[3-7]。在印度、孟加拉国、缅甸、巴西、美国等国家，水稻旱直播面积占水稻种植面积的比例很高，近年来我国水稻旱直播方式发展很快，每年旱直播水稻播种面积已超过 600 万 hm^2[7-10]。在水直播和旱直播每种方式中，又可分为人工播种和机械播种，其中机械条播面积有逐年增大的趋势。虽然直播水稻省工节本，但在生产上也存在一些问题，如出苗不整齐，总颖花量不足，后期易倒伏、早衰，籽粒充实不良，结实率低，产量不稳定等[6-10]。这些问题与水分管理不合理有密切关系[8-11]。

常规的灌溉方法，水直播水稻一般参照移栽水稻的灌溉方法，即分蘖末、拔节初排水搁田，其余时间田间保持浅水层。旱直播水稻一般采用播种期和幼苗期田间无水层灌溉，自第 4 叶片抽出至成熟田间保持浅水层[1-4, 6-9]。这些灌溉方法往往不能与直播水稻的生长发育、产量和品质形成规律相匹配，难以实现高产、优质与水分高效利用[1, 6, 7, 9]。因此，建立适合直播水稻生产的灌溉技术，对提高直播水稻产量和水分利用效率具有重要意义。本章重点介绍可实现旱直播水稻高产与水分高效利用的轻干湿交替灌溉技术及其生理机制。水直播水稻除在播种期田间保持浅水层或湿润外，其余生育期的水分管理可参照旱直播水稻的轻干湿交替灌溉技术。

4.1 旱直播水稻轻干湿交替灌溉的指标

4.1.1 各生育期土壤水分与产量的关系

作者以籼稻品种扬稻 6 号和粳稻品种淮稻 5 号为材料，进行旱直播。分别于播种期（自播种当天至播后 7 天）、幼苗期（自播后 8 天至 3 叶期）、分蘖期（自 3.1 叶至拔节）、拔节穗分化期（自拔节至孕穗）、孕穗抽穗期（自孕穗至穗全部抽出）、灌浆前中期（自穗全部抽出至抽穗后 20 天）和灌浆后期（自抽穗后 21 天至收割），在有遮雨设施的大田或土培池设置不同土壤水分[土壤容积含水量（本章下文简称土壤含水量）、土壤埋水深度、土壤水势]处理，观察土壤水分与产量的关系。结果表明，土壤水分（X）与产量（Y）的关系均呈如图 4-1 所示的开口向下的抛物线关系，并可用方程 $Y=y_0+aX+bX^2$ 进行拟合（公式中 y_0 为矫正值，a 和 b 为方程参数）。对方程求导，可获得各生育期最适的土壤水分（X_{opt}，获得最高产量时的土壤含水量、土壤埋水深度、土壤水势）。各生育期土壤水分与产量的回归方程和最适土壤水分指标列于表 4-1 和表 4-2。在各生育期中，播种期和孕穗抽穗期获得最高产量时的土壤落干程度较轻，即土壤含水量和土壤水势较高，土壤埋水深度较浅；拔节穗分化期和灌浆后期土壤落干的程度较重，即土壤含水量和土壤水势较低，土壤埋水深度较深；其余生育期的土壤落干程度比播种期或孕穗抽穗期轻，比拔节穗分化期或灌浆后期重（表 4-1，表 4-2）。在相同生育期，以砂土获得最高产量时的土壤水分最高，其次为壤土，黏土的土壤水分最低（表 4-1，表 4-2）。

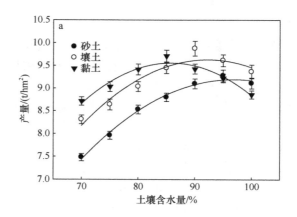

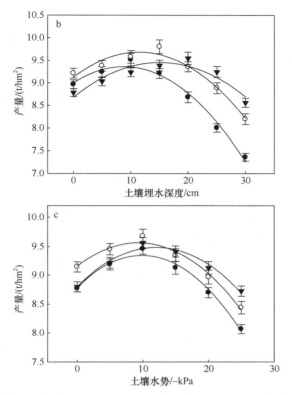

图 4-1　直播水稻分蘖期土壤含水量（a）、土壤埋水深度（b）和土壤水势（c）与产量的关系

图中数据为扬稻 6 号和淮稻 5 号两个品种的平均值

4.1.2　轻干湿交替灌溉的指标

　　根据以上研究结果，确定了旱直播水稻采用轻干湿交替灌溉的土壤落干指标并列于表 4-3，表中有土壤含水量、土壤埋水深度、土壤水势 3 种灌溉指标，在实际应用中可根据情况选择其中一种。水直播水稻除播种期田间保持浅水层或湿润外，其余生育期的土壤落干程度可参照表 4-3 的灌溉指标。

4.1.3　轻干湿交替灌溉对产量和灌溉水生产力的影响

　　以控制低限土壤水分（土壤含水量、土壤埋水深度或土壤水势）为核心内容的直播水稻轻干湿交替灌溉技术进行了多点多地的试验与示范，与常规灌溉（对照，水直播水稻于分蘖末、拔节初排水搁田，其余时间田间保持浅水层；旱直播水稻于播种期和幼苗期田间无水层，自第 4 叶片抽出至成熟田间保持浅水层）相比，以土壤含水量为灌溉指标的轻干湿交替灌溉技术，其产量平均增加 10.3%，

表 4-1　旱直播水稻生育前中期土壤水分（X）与产量（Y）的关系及最适土壤水分（X_{opt}）指标

生育期	土壤类型	土壤含水量/%			土壤埋水深度（离地表）/cm			离地表 15~20cm 处土壤水势/-kPa		
		回归方程	R^2	X_{opt}	回归方程	R^2	X_{opt}	回归方程	R^2	X_{opt}
播种期（播种后当天至播后7天）	砂土	$Y=-27.64+0.775X-0.0041X^2$	0.95^{**}	94.5	$Y=9.17+0.076X-0.0045X^2$	0.97^{**}	8.44	$Y=9.08+0.028X-0.0027X^2$	0.93^{**}	5.18
	壤土	$Y=-32.81+0.911X-0.0049X^2$	0.96^{**}	92.9	$Y=9.13+0.077X-0.0034X^2$	0.93^{**}	11.3	$Y=9.21+0.025X-0.0021X^2$	0.91^{**}	5.83
	黏土	$Y=-31.88+0.920X-0.0051X^2$	0.99^{**}	90.2	$Y=8.74+0.090X-0.0033X^2$	0.97^{**}	13.6	$Y=8.91+0.582X-0.0031X^2$	0.83^{**}	9.38
幼苗期（自播后8天至3叶期）	砂土	$Y=-25.49+0.775X-0.0043X^2$	0.98^{**}	90.1	$Y=8.85+0.091X-0.0045X^2$	0.99^{**}	10.1	$Y=8.77+0.088X-0.0041X^2$	0.93^{**}	10.7
	壤土	$Y=-18.04+0.647X-0.0038X^2$	0.93^{**}	85.1	$Y=8.96+0.105X-0.0038X^2$	0.97^{**}	13.8	$Y=8.96+0.097X-0.0038X^2$	0.91^{**}	12.8
	黏土	$Y=-13.22+0.553X-0.0034X^2$	0.82^{**}	81.3	$Y=8.26+0.139X-0.0036X^2$	0.88^{**}	19.3	$Y=8.34+0.127X-0.0041X^2$	0.84^{**}	15.5
分蘖期（自3.1叶至拔节）	砂土	$Y=-13.07+0.462X-0.0024X^2$	0.99^{**}	96.3	$Y=9.01+0.082X-0.0046X^2$	0.98^{**}	8.93	$Y=8.88+0.114X-0.0065X^2$	0.98^{**}	8.77
	壤土	$Y=-14.61+0.541X-0.0030X^2$	0.94^{**}	90.2	$Y=9.12+0.098X-0.0042X^2$	0.96^{**}	11.6	$Y=9.19+0.088X-0.0046X^2$	0.98^{**}	9.59
	黏土	$Y=-16.88+0.616X-0.0036X^2$	0.93^{**}	85.6	$Y=8.68+0.103X-0.0034X^2$	0.86^{**}	15.1	$Y=8.80+0.114X-0.0047X^2$	0.97^{**}	12.1
拔节穗分化期（自拔节至孕穗）	砂土	$Y=-18.89+0.628X-0.0035X^2$	0.97^{**}	89.7	$Y=8.78+0.072X-0.0023X^2$	0.98^{**}	15.5	$Y=8.76+0.076X-0.0025X^2$	0.81^{**}	15.1
	壤土	$Y=-14.28+0.562X-0.0033X^2$	0.85^{**}	85.2	$Y=8.94+0.078X-0.0020X^2$	0.91^{**}	19.5	$Y=8.98+0.059X-0.0018X^2$	0.85^{**}	16.4
	黏土	$Y=-4.67+0.352X-0.0022X^2$	0.83^{**}	80.0	$Y=7.94+0.097X-0.0019X^2$	0.88^{**}	25.6	$Y=8.71+0.062X-0.0016X^2$	0.88^{**}	19.4

注：表中数据为扬稻 6 号和淮稻 5 号两个品种的平均值；Y：产量（t/hm²）；X：土壤水分（土壤含水量、土壤埋水深度、土壤水势）；R^2：回归方程决定系数；**表示在 $P=0.01$ 水平上相关显著；X_{opt}：可获得最高产量的土壤水分

表 4-2 旱直播水稻生育中后期土壤水分（X）与产量（Y）的关系及最适土壤水分（X_{opt}）指标

生育期	土壤类型	土壤容积含水量/%			土壤埋水深度（离地表）/cm			离地表 15~20cm 处土壤水势/-kPa		
		回归方程	R^2	X_{opt}	回归方程	R^2	X_{opt}	回归方程	R^2	X_{opt}
孕穗抽穗期（自孕穗至穗全部抽出）	砂土	$Y=-24.92+0.706X-0.0036X^2$	0.97^{**}	98.1	$Y=9.23+0.032X-0.0031X^2$	0.96^{**}	5.16	$Y=9.21+0.043X-0.0044X^2$	0.99^{**}	4.91
	壤土	$Y=-36.42+1.001X-0.0054X^2$	0.97^{**}	92.7	$Y=9.22+0.072X-0.0038X^2$	0.98^{**}	9.45	$Y=9.34+0.052X-0.0042X^2$	0.97^{**}	6.14
	黏土	$Y=-31.74+0.935X-0.0053X^2$	0.97^{**}	88.2	$Y=8.82+0.094X-0.0039X^2$	0.94^{**}	12.1	$Y=9.08+0.077X-0.0044X^2$	0.96^{**}	8.77
灌浆前中期（自穗全部抽出至抽穗后 20 天）	砂土	$Y=-33.36+0.896X-0.0047X^2$	0.95^{**}	95.3	$Y=8.99+0.069X-0.0036X^2$	0.98^{**}	9.60	$Y=9.00+0.072X-0.0042X^2$	0.95^{**}	8.57
	壤土	$Y=-44.54+1.195X-0.0066X^2$	0.94^{**}	90.5	$Y=8.93+0.113X-0.0044X^2$	0.97^{**}	12.8	$Y=9.07+0.084X-0.0044X^2$	0.88^{**}	9.58
	黏土	$Y=-33.66+0.999X-0.0058X^2$	0.96^{**}	86.1	$Y=8.35+0.121X-0.0034X^2$	0.88^{**}	17.8	$Y=8.61+0.127X-0.0051X^2$	0.92^{**}	12.5
灌浆后期（自抽穗后 21 天至收割）	砂土	$Y=-33.32+1.014X-0.0056X^2$	0.99^{**}	90.5	$Y=8.71+0.101X-0.0034X^2$	0.97^{**}	14.9	$Y=8.39+0.119X-0.0040X^2$	0.93^{**}	14.9
	壤土	$Y=-30.04+0.926X-0.0054X^2$	0.97^{**}	85.7	$Y=8.77+0.102X-0.0027X^2$	0.92^{**}	18.9	$Y=8.82+0.118X-0.0039X^2$	0.91^{**}	15.1
	黏土	$Y=-20.26+0.731X-0.0045X^2$	0.91^{**}	81.2	$Y=7.86+0.112X-0.0022X^2$	0.83^{**}	25.5	$Y=8.25+0.164X-0.0052X^2$	0.92^{**}	15.8

注：表中数据为扬稻 6 号和准稻 5 号两个品种的平均值；Y：产量（t/hm^2）；X：土壤水分（土壤含水量、土壤埋水深度、土壤水势）；X_{opt}：可获得最高产量的土壤水分；**表示在 $P=0.01$ 水平上相关显著；R^2：回归方程决定系数。

表 4-3　旱直播水稻采用轻干湿交替灌溉土壤落干指标

生育期	土壤类型	土壤水分指标		
		土壤含水量/%	土壤埋水深度/cm	土壤水势/−kPa
播种期 （自播后当天至播后 7 天）	砂土	95～100	0～5	0～5
	壤土	90～95	5～10	5～10
	黏土	85～90	10～15	10～15
幼苗期 （自播后 8 天至 3 叶期）	砂土	90～95	10～15	5～10
	壤土	85～90	15～20	10～15
	黏土	80～85	20～25	15～20
分蘖期 （自 3.1 叶至拔节）	砂土	92～96	5～10	5～10
	壤土	88～92	10～15	5～10
	黏土	84～88	15～20	10～15
拔节穗分化期 （自拔节至孕穗）	砂土	85～90	15～20	10～15
	壤土	80～85	20～25	15～20
	黏土	75～80	25～30	15～20
孕穗抽穗期 （自孕穗至穗全部抽出）	砂土	95～100	0～5	0～5
	壤土	90～95	5～10	5～10
	黏土	85～90	10～15	7.5～12.5
灌浆前中期 （自穗全部抽出至抽穗后 20 天）	砂土	90～95	5～10	5～10
	壤土	87～92	10～15	5～10
	黏土	82～87	15～20	10～15
灌浆后期 （自抽穗后 21 天至收割）	砂土	85～90	10～15	10～15
	壤土	80～85	15～20	10～15
	黏土	75～80	20～25	15～20

注：土壤含水量为离地表 0～15cm 土层的土壤含水量，土壤埋水深度为离地表向下的深度，土壤水势为离地表 15～20cm 处的土水势；当土壤水分（土壤含水量、土壤埋水深度或土壤水势）达到表中指标值时，田间灌 1～2cm 水层，自然落干达到指标值时再灌水，再自然落干，依此循环；杂交籼稻取土壤含水量的小值、土壤埋水深度或土壤水势绝对值的大值，常规粳稻取土壤含水量的大值，土壤埋水深度或土壤水势绝对值的小值，常规籼稻和杂交粳稻取中间值

灌溉水量平均减少 28.4%，灌溉水生产力（产量/灌溉水量）平均提高 54.1%；以土壤埋水深度为指标的轻干湿交替灌溉技术，其产量平均增加 9.4%，灌溉水量平均减少 28.0%，灌溉水生产力平均提高 52.4%；以土壤水势为指标的轻干湿交替灌溉技术，其产量平均增加 8.6%，灌溉水量平均减少 31.3%，灌溉水生产力平均提高 58.0%（表 4-4）。说明在以土壤含水量、以土壤埋水深度和以土壤水势为指标的 3 种轻干湿交替灌溉方法之间，其产量、灌溉水量和灌溉水生产力的差异均很小，均可获得高产与水分高效利用的效果。因此，在水稻生产上，土壤含水量、土壤埋水深度或土壤水势均可作为直播水稻采用轻干湿交替灌溉的指标。

表 4-4 直播水稻采用轻干湿交替灌溉的产量、灌溉水量和灌溉水生产力

灌溉方法	样本数/个	产量/(t/hm²)	灌溉水量/mm	灌溉水生产力/(kg/m³)
常规灌溉（对照）	9	8.57±0.28	580±35	1.48±0.15
轻干湿交替（以土壤含水量为指标，方法 1）		9.45±0.36**	415±31**	2.28±0.19**
常规灌溉（对照）	11	8.69±0.29	590±37	1.47±0.14
轻干湿交替（以土壤埋水深度为指标，方法 2）		9.51±0.34**	425±32**	2.24±0.18**
常规灌溉（对照）	14	8.63±0.27	575±41	1.50±0.12
轻干湿交替（以土壤水势为指标，方法 3）		9.37±0.33**	395±28**	2.37±0.16**

注：常规灌溉：水直播水稻于分蘖末、拔节初排水搁田，其余时间田间保持浅水层；旱直播水稻于播种期和幼苗期田间无水层，自第 4 叶片抽出至成熟田间保持浅水层；轻干湿交替，参照表 4-3 的灌溉指标。在各类方法的试验与示范中，均含有砂土、壤土和黏土 3 种土壤类型；灌溉水生产力=产量/灌溉水量；**表示与对照在 $P=0.01$ 水平上差异显著

Wang 等[9]以杂交稻甬优 2640 和粳稻淮稻 5 号为材料并种植于大田，用土壤水势作为轻干湿交替灌溉的指标（参见表 4-3），在有遮雨设施的条件下观察了轻干湿交替灌溉对旱直播水稻产量、灌溉水生产力、氮素籽粒生产效率（IE_N，产量/成熟期植株氮素吸收量）的影响。结果表明，轻干湿交替灌溉的产量较常规灌溉（对照，播种期和幼苗期田间无水层，自第 4 叶片抽出至成熟田间保持浅水层）的产量提高了 6.15%～9.66%，在品种间的表现趋势一致，在年度间的重复性较好（表 4-5）。从产量构成因素分析，轻干湿交替灌溉显著提高了单位面积穗数，结实率和千粒重（表 4-5）。虽在轻干湿交替灌溉条件下每穗颖花数有不同程度的减少，但单位面积穗数增加之得大于每穗颖花数减少之失，因而单位面积总颖花量显著增加（表 4-5）。与常规灌溉相比，轻干湿交替灌溉的灌溉水量减少了 23.9%～25.8%，灌溉水生产力提高了 42.8%～45.7%（表 4-6）。从表 4-6 还可以看出，同一水稻品种，成熟期植株氮素吸收量在轻干湿交替灌溉和常规灌溉间无显著差异，但氮素籽粒生产效率（IE_N），轻干湿交替灌溉较常规灌溉提高了 5.8%～9.0%，达显著差异。表明旱直播水稻采用轻干湿交替灌溉技术可以节约用水，协同提高产量、水分利用效率和氮素利用效率。

表 4-5 轻干湿交替灌溉对旱直播水稻产量及其构成因素的影响

年度	品种	灌溉方式	产量/(t/hm²)	穗数/(个/m²)	每穗颖花数	总颖花数/(万个/m²)	结实率/%	千粒重/g
2015	甬优 2640	常规灌溉	10.02 b	203 d	242 a	4.91 b	80.6 d	25.3 d
		轻干湿交替	10.93 a	218 c	234 b	5.11 a	82.8 c	26.1 c
	淮稻 5 号	常规灌溉	8.62 d	327 b	107 c	3.50 d	90.2 b	27.2 b
		轻干湿交替	9.15 c	351 a	103 c	3.62 c	91.8 a	27.8 a
2016	甬优 2640	常规灌溉	10.14 b	206 d	241 a	4.97 b	80.7 d	25.3 d
		轻干湿交替	11.12 a	221 c	233 b	5.15 a	82.9 c	26.2 c
	淮稻 5 号	常规灌溉	8.55 d	326 b	106 c	3.46 d	89.5 b	27.3 b
		轻干湿交替	9.27 c	351 a	102 c	3.58 c	92.6 a	28.1 a

注：表中数据引自参考文献[9]；常规灌溉：播种期和幼苗期田间无水层，自第 4 叶片抽出至成熟田间保持浅水层；轻干湿交替：参照表 4-3 的土壤水势灌溉指标；不同字母表示在 $P=0.05$ 水平上差异显著，同栏、同年内比较

表 4-6   轻干湿交替灌溉对旱直播水稻氮素籽粒生产效率（IE_N）和灌溉水生产力的影响

年度	品种	灌溉方式	氮吸收量/（kg/hm²）	IE_N/（kg/kg）	灌溉水量/mm	灌溉水生产力/（kg/m³）
2015	甬优 2640	常规灌溉	197 a	50.8 b	475 a	2.11 c
		轻干湿交替	199 a	54.8 a	360 b	3.04 a
	淮稻 5 号	常规灌溉	171 b	50.3 b	445 c	1.94 c
		轻干湿交替	172 b	53.2 a	330 d	2.77 b
2016	甬优 2640	常规灌溉	199 b	51.0 b	460 c	2.20 c
		轻干湿交替	200 a	55.6 a	350 b	3.18 a
	淮稻 5 号	常规灌溉	170 b	50.3 b	430 c	1.99 c
		轻干湿交替	171 b	54.3 a	320 d	2.90 b

注：氮素籽粒生产效率（IE_N）= 产量/成熟期植株氮累积量；灌溉水生产力=产量/灌溉水量；不同字母表示在 $P=0.05$ 水平上差异显著，同栏、同年内比较

4.2   轻干湿交替灌溉对旱直播水稻农艺生理性状的影响

4.2.1   分蘖数、叶面积指数（LAI）和地上部干重

轻干湿交替灌溉对旱直播水稻茎蘖数（主茎+分蘖）的影响因生育期不同而有很大差异（表 4-7）。在分蘖早期和成熟期，轻干湿交替灌溉的水稻茎蘖数显著多于常规灌溉；在拔节期，同一品种的茎蘖数在两种灌溉方式间无显著差异；在抽穗期，常规灌溉的茎蘖数则显著多于轻干湿交替灌溉；最终的分蘖成穗率，轻干湿交替灌溉较常规灌溉高出 10 个百分点左右，两品种、两年度的结果趋势一致（表 4-7）。说明在轻干湿灌溉条件下，旱直播水稻具有分蘖发生早、有效穗数多的特点；在生育中期，则可控制无效分蘖的发生，进而提高分蘖成穗率，减少水稻水分、养分的无效消耗[12]。

表 4-7   轻干湿交替灌溉对旱直播水稻茎蘖数和分蘖成穗率的影响

年度	品种	灌溉方式	茎蘖数/（个/m²）				分蘖成穗率/%
			分蘖早期	拔节期	抽穗期	成熟期	
2015	甬优 2640	常规灌溉	145 d	266 b	238 c	203 d	62.7 b
		轻干湿交替	154 c	262 b	225 d	218 c	73.3 a
	淮稻 5 号	常规灌溉	205 b	458 a	396 a	327 b	52.5 c
		轻干湿交替	219 a	460 a	369 b	351 a	60.8 b
2016	甬优 2640	常规灌溉	147 d	272 b	241 c	206 d	62.3 b
		轻干湿交替	155 c	268 b	227 d	221 c	72.5 a
	淮稻 5 号	常规灌溉	204 b	462 a	397 a	326 b	51.4 c
		轻干湿交替	218 a	458 a	368 b	351 a	61.2 b

注：分蘖成穗率（%）=成熟期分蘖形成的穗数/拔节期分蘖数×100；不同字母表示在 $P=0.05$ 水平上差异显著，同栏、同年内比较

在抽穗期，水稻叶面积指数（LAI）在轻干湿交替灌溉和常规灌溉间无显著差异，但在其他生育时期，如分蘖早期、穗分化始期和成熟期，轻干湿交替灌溉的 LAI 显著高于常规灌溉（表 4-8）。分蘖早期至穗分化始期（ET-PI）、穗分化始期至抽穗期（PI-HT）、抽穗期至成熟期（HT-MA）的叶片光合势（某一生育时期的绿叶面积与其持续天数的乘积），轻干湿交替灌溉均显著大于常规灌溉（表 4-8）。表明轻干湿交替灌溉可以增加光合叶面积及其光合时间。

表 4-8　轻干湿交替灌溉对旱直播水稻叶面积指数和光合势的影响

年度	品种	灌溉方式	叶面积指数				光合势/[（m²·d）/m²]		
			分蘖早期（ET）	穗分化始期（PI）	抽穗期（HT）	成熟期（MA）	ET-PI	PI-HT	HT-MA
2015	甬优 2640	常规灌溉	0.67 b	4.47 b	7.75 a	2.24 b	54.0 b	214 b	250 b
		轻干湿交替	0.74 a	5.32 a	7.81 a	2.78 a	63.6 a	230 a	265 a
	淮稻 5 号	常规灌溉	0.51 d	3.56 d	6.12 d	1.54 d	42.7 d	169 d	192 d
		轻干湿交替	0.58 c	3.97 c	6.29 c	1.96 c	47.8 c	180 c	206 c
2016	甬优 2640	常规灌溉	0.68 b	4.51 b	7.74 a	2.19 b	54.5 b	214 b	248 b
		轻干湿交替	0.75 a	5.39 a	7.78 a	2.82 a	64.5 a	230 a	265 a
	淮稻 5 号	常规灌溉	0.50 d	3.55 d	6.16 d	1.51 d	42.5 d	170 d	192 d
		轻干湿交替	0.58 c	4.02 c	6.31 c	1.94 c	48.3 c	181 c	206 c

注：光合势=绿叶面积（m²/m²）×绿叶面积持续时间（d）；不同字母表示在 $P=0.05$ 水平上差异显著，同栏、同年内比较

植株地上部干重的变化与 LAI 的变化趋势相一致，即在分蘖早期、穗分化始期和成熟期，轻干湿交替灌溉显著高于常规灌溉，在抽穗期，地上部干重在两灌溉方式间无显著差异（表 4-9）。作物生长速率，在分蘖早期至穗分化始期（ET-PI）和

表 4-9　轻干湿交替灌溉对旱直播水稻地上部干重和作物生长速率的影响

年度	品种	灌溉方式	地上部干重/（t/hm²）				作物生长速率/[g/（m²·d）]		
			分蘖早期（ET）	穗分化始期（PI）	抽穗期（HT）	成熟期（MA）	ET-PI	PI-HT	HT-MA
2015	甬优 2640	常规灌溉	0.74 b	4.02 b	10.78 a	17.5 b	15.6 b	19.3 a	13.5 b
		轻干湿交替	0.78 a	4.64 a	11.02 a	18.5 a	18.4 a	18.2 b	15.0 a
	淮稻 5 号	常规灌溉	0.66 d	3.40 c	9.32 b	15.1 d	13.0 d	16.9 c	11.6 d
		轻干湿交替	0.69 c	3.89 b	9.34 b	15.6 c	15.2 b	15.6 d	12.5 c
2016	甬优 2640	常规灌溉	0.75 b	4.07 b	10.85 a	17.8 b	15.8 b	19.4 a	13.8 b
		轻干湿交替	0.79 a	4.78 a	11.19 a	18.9 a	19.0 a	18.3 b	15.4 a
	淮稻 5 号	常规灌溉	0.67 d	3.43 c	9.17 b	15.0 d	13.1 d	16.4 c	11.6 d
		轻干湿交替	0.71 c	3.92 b	9.32 b	15.9 c	15.3 b	15.4 d	13.1 c

注：作物生长速率=某一生育时期的干重（g/m²）/该生育时期的天数（d）；不同字母表示在 $P=0.05$ 水平上差异显著，同栏、同年内比较

抽穗期至成熟期（HT-MA），轻干湿交替灌溉显著大于常规灌溉；在穗分化始期至抽穗期（PI-HT），轻干湿交替灌溉显著小于常规灌溉（表4-9）。说明轻干湿交替灌溉对旱直播水稻的群体生长具有"两头促、中间控"的作用。水稻在生育前期具有较高的生长速率，有利于高产群体的构建和温光资源的高效利用；在生育中期适度控制群体生长，有利于控制无效分蘖和构建健康冠层；在抽穗期至成熟期作物生长速率高，则有利于抽穗后光合产物的累积，提高产量[13-15]。

4.2.2　叶片光合速率、含氮量和光合氮素利用效率

在轻干湿交替灌溉条件下，旱直播水稻叶片的光合速率在土壤落干期和复水期有较大差异（图4-2）。与常规灌溉相比，轻干湿交替灌溉在土壤落干期（D1和D2）的叶片光合速率略有降低，但差异不显著。在复水期（W1和W2）的叶片光合速率，则轻干湿交替灌溉显著高于常规灌溉。平均光合速率（D1+D2+W1+W2），轻干湿交替灌溉较常规灌溉高出8.5%~12.7%，差异显著（图4-2a~图4-2d）。

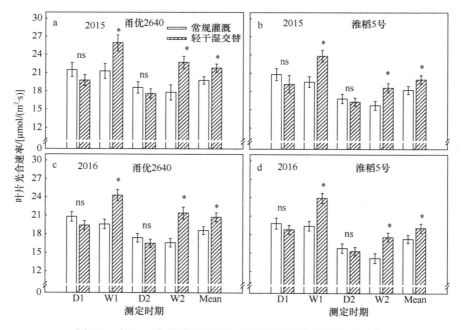

图4-2　轻干湿交替灌溉对旱直播水稻叶片光合速率的影响

图中数据引自参考文献[9]；常规灌溉：播种期和幼苗期田间无水层，自第4叶片抽出至成熟田间保持浅水层；轻干湿交替：参照表3-3的土壤水势灌溉指标；下图同。D1、D2为轻干湿交替灌溉的落干期；W1、W2为轻干湿交替灌溉的复水期；Mean为D1、D2、W1和W2的平均值。ns表示与对照（常规灌溉）相比在$P=0.05$水平上差异不显著；*表示与对照相比在$P=0.05$水平上差异显著

无论是在落干期（D1和D2）还是在复水期（W1和W2），单位叶面积含氮

量在轻干湿交替灌溉与常规灌溉之间均无显著差异（图 4-3a～图 4-3d）。叶片光合氮素利用效率（叶片光合速率/叶片含氮量），在土壤落干期，轻干湿交替灌溉与常规灌溉之间均无显著差异，但在复水期，轻干湿交替灌溉显著高于常规灌溉（图 4-3e～图 4-3h）。叶片光合氮素利用效率的平均值（D1+D2+W1+W2），轻干湿交替灌溉比常规灌溉高出 9.5%～10.6%。叶片光合氮素利用效率较高，植物可将较少的氮素营养用于非光合组分的生产，而将更多的氮素用于光合同化物的生产，是植物高效利用氮素的一种途径[16-18]。这可能也是轻干湿交替灌溉可提高氮素籽粒生产效率（参见表 4-6）的一个重要原因。对于轻干湿交替灌溉为何能提高水稻叶片光合氮素利用效率的机制，尚需深入研究。

4.2.3 同化物转运与收获指数

在抽穗期茎（含叶鞘）中非结构性碳水化合物（NSC）储存量，轻干湿交替灌溉显著高于常规灌溉，但在成熟期则显著低于常规灌溉（表 4-10）。抽穗期至成熟期茎中 NSC 的转运率，轻干湿交替灌溉较常规灌溉高出 20.0～22.5 个百分点。成熟期收获指数，轻干湿交替灌溉较常规灌溉高出 2.2%～3.3%，差异显著（表 4-10）。

表 4-10　轻干湿交替灌溉对旱直播水稻茎与叶鞘中非结构性碳水化合物（NSC）转运和收获指数的影响

年度	品种	灌溉方式	茎与叶鞘中 NSC/（g/m²）		NSC 转运率/%	收获指数
			抽穗期	成熟期		
2015	甬优 2640	常规灌溉	194.3 b	125.7 a	35.3 c	0.492 b
		轻干湿交替	241.9 a	103.8 b	57.1 a	0.508 a
	淮稻 5 号	常规灌溉	157.8 c	107.1 b	32.1 d	0.491 b
		轻干湿交替	196.2 b	92.0 c	53.1 b	0.504 a
2016	甬优 2640	常规灌溉	195.7 b	126.0 a	35.6 c	0.491 b
		轻干湿交替	246.3 a	103.2 c	58.1 a	0.506 a
	淮稻 5 号	常规灌溉	162.2 c	111.8 b	31.1 d	0.492 b
		轻干湿交替	201.5 b	94.9 d	52.9 b	0.503 a

注：茎与叶鞘中非结构性碳水化合物（NSC）转运率（%）=（抽穗期茎与叶鞘中 NSC–成熟期茎与叶鞘中 NSC）/ 抽穗期茎与叶鞘中 NSC×100；不同字母表示在 P=0.05 水平上差异显著，同栏、同年内比较

有研究表明，抽穗前 NSC 在茎中累积多，有利于提高灌浆初期籽粒的生理活性，促进籽粒灌浆；花后茎中 NSC 转运率高，可以为籽粒提供更多的灌浆物质，提高物质生产效率[19-21]。这是在轻干湿交替灌溉条件下，旱直播水稻结实率、千粒重和收获指数较高的重要生理原因。

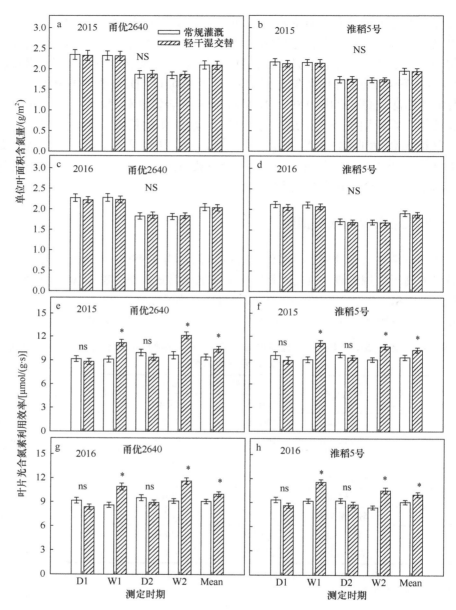

图 4-3　轻干湿交替灌溉对旱直播水稻叶片含氮量（a～d）
和叶片光合氮素利用效率（e～h）的影响

叶片光合氮素利用效率=叶片光合速率/叶片含氮量；D1、D2 为轻干湿交替灌溉的落干期；W1、W2 为轻干湿交替灌溉的复水期；Mean 为 D1、D2、W1 和 W2 的平均值。NS 表示在各测定时期轻干湿交替灌溉与常规灌溉之间的差异均不显著；ns 表示在土壤落干期轻干湿交替灌溉与对照（常规灌溉）相比在 P=0.05 水平上差异不显著；*表示在复水期轻干湿交替灌溉与对照相比在 P=0.05 水平上差异显著

4.2.4　根干重、根系氧化力和根尖细胞器数目

无论是在土壤落干期（D1 和 D2）还是在复水期（W1 和 W2），轻干湿交替灌溉的水稻根干重和根系氧化力均显著高于常规灌溉（图 4-4a～图 4-4h）。根系氧化力表现出明显的复水效应，即在轻干湿交替灌溉的复水期，根系氧化力较常规灌溉（对照）增加的幅度明显大于土壤落干期，较对照增加得更多，这与叶片光合速率的表现一致（参见图 4-2），显示出根-冠的相互作用，即根系活性的提高有利于地上部生长，反之亦然。

轻干湿交替灌溉能促进旱直播水稻根系生长，还可能与土壤通气状况得到改善有关。数据显示（图 4-5a～图 4-5d），无论是落干期还是复水期，轻干湿交替灌溉条件下的土壤氧化还原电位均显著高于常规灌溉，在土壤落干期尤为明显。通常稻田的土壤氧化还原电位较高，表明土壤的通透性较好，土壤中 H_2S 等有毒物质含量较低，因而有利于水稻根系生长，进而促进地上部生长[22-24]。

应当指出，轻干湿交替灌溉提高旱直播水稻产量和水分利用效率是一个综合效应。相关分析表明，分蘖成穗率、叶面积指数、光合势、地上部干重、作物生长速率、叶片光合速率、叶片光合氮素利用效率、根干重、根系氧化力、茎与叶鞘中同化物转运率、收获指数等性状和产量、灌溉水生产力、氮素籽粒生产效率呈显著或极显著的正相关（表 4-11）。特别是分蘖成穗率、叶片光合速率和根系氧化力与产量、灌溉水生产力、氮素籽粒生产效率均显著相关。说明轻干湿交替灌溉通过改善上述作物生理性状，尤其是提高分蘖成穗率、叶片光合速率和根系氧化力，实现旱直播水稻产量、水分和氮素利用效率的协同提高。

作者还观察到，轻干湿交替灌溉可以增加旱直播水稻根尖细胞内细胞器数目。例如，在穗分化始期，根尖细胞内线粒体、高尔基体、核糖体和淀粉体数目，轻干湿交替灌溉（自浅水层自然落干至土壤水势为–10～–15kPa 时复水）分别较常规灌溉增加了 43.5%～50.0%、28.9%～36.1%、39.2%～49.9%和 53.0%～63.6%，重干湿交替灌溉（自浅水层自然落干至土壤水势为–25～–30kPa 时复水）则较常规灌溉显著减少（表 4-12）。穗分化始期根尖细胞内线粒体、高尔基体、核糖体和淀粉体数目与根系氧化力、根系细胞分裂素（玉米素+玉米素核苷，Z+ZR）含量、根干重、地上部干重和总颖花数均呈显著或极显著的正相关（表 4-13）。说明在轻干湿交替灌溉条件下根尖细胞结构得到改善，也是旱直播水稻高产与水分、养分高效利用的一个重要机制。

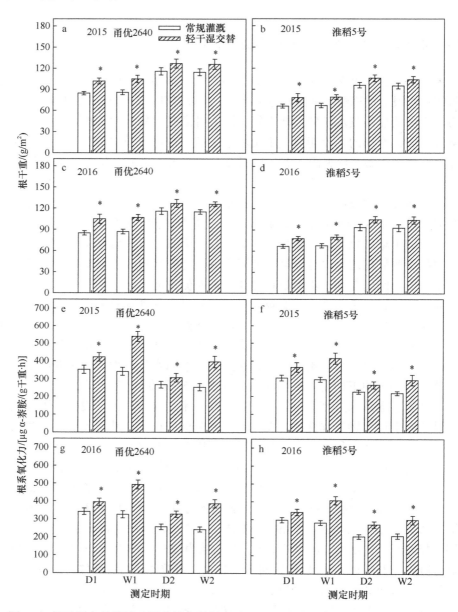

图 4-4 轻干湿交替灌溉对旱直播水稻根干重（a～d）和根系氧化力（e～h）的影响

D1、D2 为轻干湿交替灌溉的落干期；W1、W2 为轻干湿交替灌溉的复水期；*表示轻干湿交替灌溉
与常规灌溉相比在 $P=0.05$ 水平上差异显著

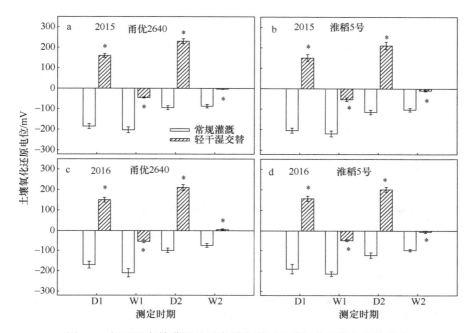

图 4-5　轻干湿交替灌溉对旱直播水稻田土壤氧化还原电位的影响

D1、D2 为轻干湿交替灌溉的落干期；W1、W2 为轻干湿交替灌溉的复水期；*表示轻干湿交替灌溉
与常规灌溉相比在 *P*=0.05 水平上差异显著

表 4-11　旱直播水稻农艺生理性状与产量、灌溉水生产力和氮素籽粒生产效率的相关

指标	产量	灌溉水生产力	氮素籽粒生产效率
分蘖成穗率	0.96**	0.81*	0.82*
叶面积指数	0.96**	0.84**	0.39
光合势	0.95**	0.82*	0.35
地上部干重	0.99**	0.53	0.54
作物生长速率	0.95**	0.91**	0.53
叶片光合速率	0.82*	0.80*	0.79*
叶片光合氮素利用效率	0.43	0.88**	0.86**
根干重	0.98**	0.87**	0.56
根系氧化力	0.86**	0.95**	0.79*
茎与叶鞘中同化物转运率	0.57	0.99**	0.98**
收获指数	0.53	0.97**	0.96**

注：*和**分别表示在 *P* = 0.05 和 *P* = 0.01 水平上相关显著（*n* = 8）

表 4-12 灌溉方式对旱直播水稻穗分化始期根尖细胞内细胞器数目的影响

（单位：个/细胞）

品种	灌溉方式	线粒体	高尔基体	核糖体	淀粉体
扬辐粳 8 号	常规灌溉	69 b	36 b	575 b	154 b
	轻干湿交替	99 a	49 a	862 a	252 a
	重干湿交替	41 c	25 c	432 c	128 c
扬稻 6 号	常规灌溉	72 b	45 b	676 b	168 b
	轻干湿交替	108 a	58 a	941 a	257 a
	重干湿交替	52 c	34 c	532 c	139 c

注：表中数据为 2013 年和 2014 年两年试验的平均值；不同字母表示在 $P=0.05$ 水平上差异显著，同栏、同品种内比较

表 4-13 水稻穗分化始期根尖细胞细胞器数目与同期根干重、根系活性及地上部生长的相关

指标	根氧化力	根系 Z＋ZR 含量	根干重	地上部干重	总颖花数
线粒体	0.78**	0.82**	0.66*	0.64*	0.73**
高尔基体	0.69*	0.73**	0.67*	0.63*	0.65*
核糖体	0.68*	0.71**	0.65*	0.65*	0.62*
淀粉体	0.59*	0.62*	0.58*	0.61*	0.59*

注：*和**分别表示在 $P=0.05$ 和 $P=0.01$ 水平上相关显著（$n=12$）

4.3 轻干湿交替灌溉对旱直播水稻稻米品质的影响

与常规灌溉相比，轻干湿交替灌溉显著改善了稻米的加工品质和外观品质，稻米出糙率、精米率和整精米率提高了 3 个百分点左右，稻米垩白粒率和垩白度分别降低了 5.2～7.3 个百分点和 1.57～2.14 个百分点（表 4-14）。轻干湿交替灌溉显著降低了稻米中非必需氨基酸含量，但显著增加了稻米中必需氨基酸含量，对稻米的胶稠度、直链淀粉含量、碱解值和蛋白质含量无显著影响（表 4-15）。轻干湿交替灌溉较常规灌溉显著提高了稻米淀粉黏滞谱（RVA）特征参数中的峰值黏度和崩解值，显著降低了热浆黏度和消减值（表 4-16）。口感较好的稻米一般具有较低的消减值和热浆黏度，较高的峰值黏度和崩解值[25-27]。因此，轻干湿交替灌溉可以提高直播水稻稻米的蒸煮食味品质。

表 4-14 轻干湿交替灌溉对旱直播水稻稻米加工品质和外观品质的影响

年度	品种	灌溉方式	出糙率/%	精米率/%	整精米率/%	垩白粒率/%	垩白度/%
2015	甬优 2640	常规灌溉	79.5 b	68.5 c	56.2 d	27.4 b	6.48 b
		轻干湿交替	82.3 a	71.3 b	59.8 c	20.6 d	4.34 d
	淮稻 5 号	常规灌溉	80.4 b	71.9 b	62.9 b	30.8 a	7.22 a
		轻干湿交替	83.2 a	73.7 a	65.5 a	24.1 c	5.32 c

续表

年度	品种	灌溉方式	出糙率/%	精米率/%	整精米率/%	垩白粒率/%	垩白度/%
2016	甬优2640	常规灌溉	80.2 b	69.4 c	58.5 d	28.5 a	6.27 a
		轻干湿交替	83.3 a	72.5 b	62.7 c	23.2 b	4.78 b
	淮稻5号	常规灌溉	80.8 b	72.6 b	65.3 b	29.4 a	6.69 a
		轻干湿交替	84.3 a	75.1 a	69.6 a	22.1 b	5.12 b

注：不同字母表示在 $P=0.05$ 水平上差异显著，同栏、同品种内比较

表 4-15　轻干湿交替灌溉对旱直播水稻稻米蒸煮食味品质和营养品质的影响

年度	品种	灌溉方式	胶稠度/mm	直链淀粉含量/%	碱解值	蛋白质含量/%	必需氨基酸含量/%	非必需氨基酸含量/%
2015	甬优2640	常规灌溉	60.5 b	20.5 a	6.1 a	7.5 a	1.83 b	2.25 a
		轻干湿交替	61.7 b	20.2 a	6.3 a	7.3 a	1.94 a	2.12 b
	淮稻5号	常规灌溉	65.3 a	18.7 b	6.6 a	7.2 a	1.86 b	2.27 a
		轻干湿交替	67.8 a	18.5 b	6.7 a	7.1 a	1.98 a	2.08 b
2016	甬优2640	常规灌溉	61.2 b	19.9 a	6.0 a	7.7 a	1.85 b	2.21 a
		轻干湿交替	62.5 b	19.6 a	6.2 a	7.5 a	1.97 a	2.05 b
	淮稻5号	常规灌溉	68.5 a	17.9 b	6.5 a	7.4 a	1.84 b	2.25 a
		轻干湿交替	69.7 a	17.5 b	6.6 a	7.2 a	1.99 a	2.06 b

注：不同字母表示在 $P=0.05$ 水平上差异显著，同栏、同年内比较

表 4-16　轻干湿交替灌溉对直播水稻稻米淀粉黏滞谱（RVA）特征参数的影响

（单位：cP）

年度	品种	灌溉方式	峰值黏度	热浆黏度	最终黏度	崩解值	消减值
2015	甬优2640	常规灌溉	3017 b	2354 a	3245 a	663 c	228 a
		轻干湿交替	3215 a	2149 b	3183 a	1066 a	−32 c
	淮稻5号	常规灌溉	2986 b	2243 a	3062 a	743 b	76 b
		轻干湿交替	3148 a	2112 b	3031 a	1036 a	−117 d
2016	甬优2640	常规灌溉	2983 b	2298 a	3151 a	685 c	168 a
		轻干湿交替	3196 a	2043 b	3085 a	1153 a	−111 c
	淮稻5号	常规灌溉	2897 b	2209 a	3064 a	688 c	167 a
		轻干湿交替	3115 a	2065 b	3097 a	1050 b	−18 b

注：不同字母表示在 $P=0.05$ 水平上差异显著，同栏、同年内比较

4.4　轻干湿交替灌溉对直播水稻田甲烷和氧化亚氮排放的影响

在常规灌溉条件下，旱直播水稻田的甲烷排放通量在播后 39～40 天达到峰值

（图 4-6a，图 4-6b），主要与此时温度较高、水稻生长旺盛有关。此后，甲烷排放
通量较低。在轻干湿交替灌溉条件下，稻田甲烷排放通量在播后 24～35 天的复水
期出现一个小的峰值，但该峰值及整个生育期稻田的甲烷排放通量均明显小于常
规灌溉（图 4-6a，图 4-6b）。

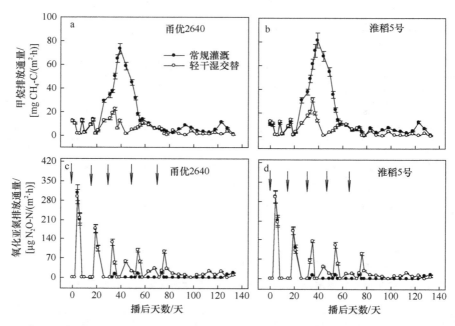

图 4-6　轻干湿交替灌溉对旱直播水稻生长季甲烷（a，b）和氧化亚氮（c，d）排放通量的影响
图中数据为 2015 和 2016 年两年数据的平均值；箭头表示氮肥施用时期

　　稻田氧化亚氮排放通量受施肥时期和土壤落干程度影响（图 4-6c，图 4-6d）。
从播种到播后 20 天，无论是常规灌溉还是轻干湿交替灌溉，稻田处于无水层状态，
此期氧化亚氮排放通量出现两个峰值，分别在播后 5～6 天和 19～20 天，这主要
与播前 1 天和播后 14 天施用氮肥有密切关系。轻干湿交替灌溉区在落干期，当
于播后 31 天、51 天和 72 天施用氮肥后，氧化亚氮排放通量分别在播后 34 天、
55 天和 78 天出现 3 个小的峰值（图 4-6c，图 4-6d）。
　　与常规灌溉区相比，在整个生育期，轻干湿交替灌溉区的甲烷排放量降低了
63.5%～64.8%，氧化亚氮的排放量增加了 93.2%～123.3%（表 4-17）。但在全球
增温潜势中，甲烷排放占增温潜势的 93.9%～99.1%，氧化亚氮排放仅占增温潜
势的 0.9%～6.1%（表 4-17）。因此，轻干湿交替灌溉区的全球增温潜势较常规灌
溉区降低了 61.9%～62.9%；稻田温室气体强度，轻干湿交替灌溉较常规灌溉降
低了 64.1%～65.5%（表 4-17）。

表 4-17 轻干湿交替灌溉对直播水稻稻田甲烷和氧化亚氮排放、
全球增温潜势和温室气体强度的影响

年度	品种	灌溉方式	甲烷/ (kg CH₄-C/hm²)	氧化亚氮/ (kg N₂O-N/hm²)	全球增温潜势/ (kg CO₂ eq/hm²)	温室气体强度/ (kg CO₂ eq/kg)
2015	甬优 2640	常规灌溉	486 b	0.43 c	12 278 b	1.23 b
		轻干湿交替	171 d	0.96 a	4 561 d	0.42 d
	淮稻 5 号	常规灌溉	537 a	0.42 c	13 550 a	1.57 a
		轻干湿交替	192 c	0.87 b	5 059 c	0.55 c
2016	甬优 2640	常规灌溉	478 b	0.45 c	12 084 b	1.19 b
		轻干湿交替	173 d	0.94 a	4 605 d	0.41 d
	淮稻 5 号	常规灌溉	531 a	0.44 c	13 406 a	1.57 a
		轻干湿交替	194 c	0.85 b	5 103 c	0.55 c

注：本表引自参考文献[9]的部分数据；全球增温潜势= 25×CH₄ + 298×N₂O；温室气体强度=全球增温潜势/籽粒产量；不同字母表示在 P=0.05 水平上差异显著，同栏、同年内比较

以上结果充分说明，直播水稻特别是旱直播水稻采用轻干湿交替灌溉技术，不仅可以协同提高产量、水分利用效率和氮素利用效率，改善稻米品质，而且可以降低稻田全球增温潜势，减少生产单位籽粒产量的环境代价。

参 考 文 献

[1] 汪本福, 黄金鹏, 葛双桃, 等. 水稻高效节水技术及抗旱生理机制研究. 湖北农业科学, 2016, 55(24): 6347-6352.

[2] 李美娟, 乔丹, 李铁男, 等. 不同灌溉方式对寒地旱直播水稻生产的影响及效益分析. 黑龙江农业科学, 2017, 5: 22-25.

[3] 梅俊豪, 刘宏岩, 聂立孝. 不同种植方式水稻的产量和水分生产效率及对后茬小麦生长发育和产量的影响. 湖北农业科学, 2016, 55(10): 2471-2475, 2480.

[4] Liu H, Hussain S, Zheng M, et al. Dry direct-seeded rice as an alternative to transplanted-flooded rice in Central China. Agronomy for Sustainable Development, 2015, 35: 285-294.

[5] 杨守仁. 中国农业百科全书·农作物卷: 水稻. 北京: 农业出版社, 1987: 121.

[6] 程建平, 赵锋, 陈少愚, 等. 机械直播与灌溉模式对水稻根系特征和产量的影响. 湖北农业科学, 2016, 54(23): 5823-5826.

[7] 孙雪梅, 于艳梅, 孙艳玲, 等. 控制灌溉条件下粳稻不同种植模式对比研究. 黑龙江水利, 2017, 3(8): 6-11.

[8] 房益民, 夏广亮, 张磊, 等. 水稻直播节水高产栽培技术调研分析. 黑龙江水利科技, 2014, 42(12): 212-214.

[9] Wang Z Q, Gu D J, Beebout S S, et al. Effect of irrigation regime on grain yield, water productivity, and methane emissions in dry direct-seeded rice grown in raised beds with wheat straw incorporation. The Crop Journal, 2018, 6: 495-508.

[10] 杨志斌, 秦占林. 水稻旱直播技术及效益. 江苏农业科学, 2005, 1: 31-32.

[11] Zhang Y, Liu H, Guo Z, et al. Direct-seeded rice increases nitrogen runoff losses in southeastern

China. Agriculture Ecosystem. Environment, 2017, 251: 149-257.

[12] Yang J C, Zhang J H. Crop management techniques to enhance harvest index in rice. Journal of Experimental Botany, 2010, 61: 3177-3189.

[13] Yang J C. Approaches to achieve high yield and high resource use efficiency in rice. Frontiers of Agricultural Science and Engineering, 2015, 2(2): 115-123.

[14] Ju C X, Buresh R J, Wang Z Q, et al. Root and shoot traits for rice varieties with higher grain yield and higher nitrogen use efficiency at lower nitrogen rates application. Field Crops Research, 2015, 175: 47-59.

[15] Xue Y G, Duan H, Liu L J, et al. An improved crop management increases grain yield and nitrogen and water use efficiency in rice. Crop Science, 2013, 53: 271-284.

[16] Pang J Y, Palta J A, Rebetzke G J, et al. Wheat genotypes with high early vigor accumulate more nitrogen and have higher photosynthetic nitrogen use efficiency during early growth. Functional Plant Biology, 2014, 41: 215-222.

[17] Hikosaka K. Interspecific difference in the photosynthesis-nitrogen relationship: patterns, physiological causes, and ecological importance. Journal of Plant Research, 2004, 117: 481-494.

[18] 杨建昌, 展明飞, 朱宽宇. 水稻绿色性状形成的生理基础. 生命科学, 2018, 30(10): 1137-1145.

[19] Fu J, Huang Z H, Wang Z Q, et al. Pre-anthesis non-structural carbohydrate reserve in the stem enhances the sink strength of inferior spikelets during grain filling of rice. Field Crops Research, 2011, 123: 170-182.

[20] Li H W, Liu L J, Wang Z Q, et al. Agronomic and physiological performance of high-yielding wheat and rice in the lower reaches of Yangtze River of China. Field Crops Research, 2012, 133: 119-129.

[21] 杨建昌, 张建华. 促进稻麦同化物转运和籽粒灌浆的途径与机制. 科学通报, 2018, 63: 2932-2943.

[22] Ockerby S E, Fukai S. The management of rice grown on raised beds with continuous furrow irrigation. Field Crops Research, 2001, 69: 215-226.

[23] Ramasamy S, ten Berge H F M, Purushothaman S. Yield formation in rice in response to drainage and nitrogen application. Field Crops Research, 1997, 51: 65-82.

[24] Chu G, Wang Z Q, Zhang H, et al. Alternate wetting and moderate drying increases rice yield and reduces methane emission in paddy field with wheat straw residue incorporation. Food and Energy Security, 2015, 4: 238-254.

[25] 隋炯明, 李欣, 严松, 等. 稻米淀粉 RVA 谱特征与品质性状相关性研究. 中国农业科学, 2005, 38(4): 657-663.

[26] 舒庆尧, 吴殿星, 夏英武, 等. 稻米淀粉 RVA 谱特征与食用品质的关系. 中国农业科学, 1998, 31(3): 1-4.

[27] 李欣, 张蓉, 隋炯明, 等. 稻米淀粉黏滞性谱特征的表现及其遗传. 中国水稻科学, 2004, 18(5): 384-390.

第5章 轻干湿交替灌溉促进水稻弱势粒灌浆的机制

水稻产量的高低取决于库容的大小和灌浆充实的程度[1]。为了增加产量和提高产量潜力，育种家主要通过增加每穗粒数，即培育大穗型品种有效地扩大了产量库容，如国际水稻研究所培育的新株型品种，我国培育的亚种间杂交稻、超级杂交稻或超级稻品种等。但由于结实率低和结实率不稳定等问题，这些大穗型品种包括我国的超级稻品种在生产上大面积推广应用并没有充分实现它们的增产潜力[2-5]。

水稻籽粒充实的优劣和粒重的高低与颖花在穗上着生的部位有密切关系。一般来说，着生在稻穗中上部早开花的籽粒，灌浆快，充实好，粒重高，这些籽粒通常称为强势粒（superior spikelets）；着生在稻穗下部迟开花的籽粒，灌浆慢，充实差，粒重低，这些籽粒通常称为弱势粒（inferior spikelets）[6, 7]。这种强、弱势粒灌浆的差异在大穗型超级稻品种上表现更为突出。例如，根据作者等对 12 个超级稻品种的观察，发现超级稻品种弱势粒（穗基部二次枝梗籽粒）的结实率和千粒重分别比强势粒（穗中上部一次枝梗的籽粒）低 28.4 个百分点和 6.8g，而 12 个非超级稻高产品种弱势粒的结实率和千粒重分别比强势粒低 8.9 个百分点和 4.4g（表 5-1）。研究还发现，超级稻品种存在着结实率的不稳定性，进而造成产量的不稳定性，即在不同年度间或同一年度不同地区间结实率忽高忽低，甚至大起大落[8-10]；超级稻结实率的不稳定，主要在于弱势粒结实（充实）的不稳定，强势粒在地区间和年度间的变异很小[11]。

表 5-1 超级稻品种和非超级稻高产（对照）品种强、弱势粒的结实率和千粒重

品种类型	弱势粒		强势粒		全穗平均	
	结实率/%	千粒重/g	结实率/%	千粒重/g	结实率/%	千粒重/g
超级稻（n=12）	67.1 b	22.7 b	95.5 a	29.5 a	81.3 b	26.1 b
对照品种（n=12）	87.5 a	24.9 a	96.4 a	29.3 a	92.0 a	27.1 a

注：12 个超级稻品种和 12 个非超级稻高产品种大田种植；表中数据为 2014～2016 年 3 年的平均值；强势粒为穗中上部一次枝梗的籽粒，弱势粒为穗基部二次枝梗的籽粒；同栏内不同字母表示两品种在 P=0.05 水平上差异显著

弱势粒充实差、粒重低的问题不仅在水稻上有，而且在其他禾谷类作物如玉米（Zea mays）、小麦和大麦（Hordeum vulgare）上同样存在[11-14]。弱势粒充实差和粒重低不仅限制了作物产量潜力的发挥，而且严重影响籽粒品质。因弱势粒在

分化和生长过程中需要消耗大量水分、养分，故严重影响作物水分、养分的高效利用。因此，探明促进弱势粒灌浆的调控技术及其机制，对于破解弱势粒灌浆差的难题，充分挖掘作物生产潜力，实现高产、优质、高效生产具有十分重要的科学意义和实践意义。

5.1 花后灌溉方式对强、弱势粒灌浆的影响

陈婷婷[15]以超级稻品种扬粳4038（常规粳稻）和两优培九（两系杂交籼稻）为材料，种植于有遮雨设施的土培池，自抽穗（50%穗伸出剑叶叶鞘）至成熟设置3种灌溉方式处理：①常规灌溉（conventional irrigation，CI），保持浅水层，收获前一周断水；②轻干湿交替灌溉（alternate wetting and moderate soil drying，WMD），花后0~20天土壤落干的土壤水势指标为–10~–15kPa、花后21天至成熟，土壤落干的土壤水势指标为–15~–20kPa，自浅水层自然落干至上述土壤水势指标时灌水1~2cm水层，再自然落干，至土壤水势指标值时再灌水，依此循环。③重干湿交替灌溉（alternate wetting and severe soil drying，WSD），花后0~20天土壤落干的土壤水势指标为–20~–25kPa、花后21天至成熟，土壤落干的土壤水势指标为–35~–40kPa，自浅水层自然落干至上述土壤水势指标值时灌水1~2cm水层，再自然落干，至土壤水势指标值时再灌水，依此循环。观察干湿交替灌溉方式对强、弱势粒灌浆、籽粒和剑叶蛋白质表达、籽粒中蔗糖-淀粉代谢途径相关酶活性与基因表达的影响。

由图5-1可见，弱势粒重量增加动态在灌溉方式间有很大差异。与常规灌溉（CI）相比，轻干湿交替灌溉（WMD）促进了弱势粒灌浆，增加了弱势粒重量，重干湿交替灌溉（WSD）则抑制了弱势粒灌浆，降低了弱势粒重量。弱势粒的平均灌溉速率和最终粒重，轻干湿交替灌溉分别较常规灌溉增加了11.9%~13.6%和7.8%~9.8%，重干湿交替灌溉则分别较常规灌溉降低了5.2%~5.7%和14.4%~17.3%（表5-2）。重干湿交替灌溉还显著缩短了弱势粒的活跃灌浆期（籽粒重量从最终重量的5%到95%的时期），轻干湿交替灌溉对弱势粒的活跃灌浆期无显著影响。强势粒的增重动态、平均灌浆速率、活跃灌浆期和粒重，在常规灌溉、轻干湿交替灌溉和重干湿交替灌溉3种灌溉方式间均无显著差异（图5-1，表5-2）。说明强势粒的灌浆速率和粒重比较稳定，灌溉方式对其影响很小，而弱势粒的灌浆速率和粒重可调性较大，轻干湿交替灌溉可以显著促进其灌浆，增加其粒重，重干湿交替灌溉的结果则相反。其他研究者也得到类似的研究结果[16-18]。因此，轻干湿交替灌溉可作为促进弱势粒灌浆的一项重要技术。

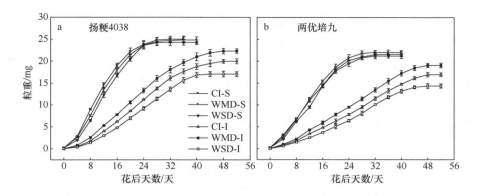

图 5-1　灌溉方式对水稻强、弱势粒籽粒增重的影响

CI：常规灌溉；WMD：轻干湿交替灌溉；WSD：重干湿交替灌溉；S：强势粒；I：弱势粒

表 5-2　花后干湿交替灌溉对水稻强、弱势粒平均灌浆速率、活跃灌浆期和粒重的影响

品种	灌溉方式	平均灌浆速率/[mg/（粒·d）]		活跃灌浆期/d		粒重/mg	
		强势粒	弱势粒	强势粒	弱势粒	强势粒	弱势粒
两优培九	常规灌溉	1.57 a	0.631 b	15.9 a	35.1 a	29.2 a	24.3 b
	轻干湿交替	1.58 a	0.706 a	16.0 a	34.6 a	28.8 a	26.2 a
	重干湿交替	1.58 a	0.595 c	15.7 a	31.2 b	28.3 a	20.1 c
扬粳 4038	常规灌溉	1.52 a	0.559 b	15.8 a	34.6 a	26.6 a	21.5 b
	轻干湿交替	1.56 a	0.635 a	15.6 a	33.4 a	27.0 a	23.6 a
	重干湿交替	1.54 a	0.530 c	15.3 a	31.2 b	26.2 a	18.4 c

注：平均灌浆速率、活跃灌浆期和粒重根据图 5-1 数据用 Richards 生长方程 $W=A/(1+Be^{-kt})^{1/N}$ 进行拟合计算而得，方程中 W 为粒重（mg），A 为最终粒重（mg），t 为花后天数。B、k、N 为回归方程所确定的参数。不同字母表示在 $P=0.05$ 水平上差异显著，同栏、同品种内比较

5.2　轻干湿交替灌溉对水稻籽粒和叶片蛋白质表达的影响

蛋白质组学作为研究生物体内物质代谢机制的高通量研究手段，被广泛应用于植物领域，并成为功能基因组学时代的前沿和热点[19-21]。目前有关水稻蛋白质组学的研究，主要集中在各个器官或组织蛋白质的基本表达模式，环境胁迫下水稻应答过程的比较蛋白质组学和水稻亚细胞水平的蛋白质组学等几个方面[21-23]。陈婷婷等[15, 24]较为系统地观察了在不同干湿交替灌溉条件下水稻籽粒和叶片蛋白质表达的差异并分析了其功能，获得了新的结果。

5.2.1　籽粒蛋白质表达

与干湿交替灌溉对籽粒灌浆速率和粒重影响的结果相类似，干湿交替灌溉对

强势粒蛋白质的表达量无显著影响。但对弱势粒蛋白质表达量的影响，因土壤落干程度和测定时期的不同有很大差异（表5-3）。在土壤落干期（D1、D2），弱势粒蛋白质表达量（表达量2倍上调的蛋白质点数，下同）在轻干湿交替与常规灌溉间无显著差异；在复水期（W1、W2），轻干湿交替灌溉的弱势粒蛋白质表达量较常规灌溉显著增加。在重干湿交替灌溉条件下，无论是在土壤落干期还是在复水期，弱势粒中蛋白质表达量上调2倍以上的点数均较常规灌溉显著减少，两品种结果趋势一致（表5-3）。

表 5-3 不同灌溉方式下弱势粒蛋白质点的比较分析

品种	测定时期	灌溉方式	总蛋白质点数	新增蛋白质点	表达量≥2 倍上调点数
两优培九	D1	常规灌溉	346 b	64 b	39 a
		轻干湿交替	363 b	56 b	35 a
		重干湿交替	425 a	98 a	21 b
	W1	常规灌溉	363 b	49 b	34 b
		轻干湿交替	355 b	54 b	50 a
		重干湿交替	436 a	92 a	26 c
	D2	常规灌溉	416 b	59 b	49 a
		轻干湿交替	422 b	48 b	52 a
		重干湿交替	597 a	114 a	36 b
	W2	常规灌溉	406 b	72 b	47 b
		轻干湿交替	415 b	78 b	62 a
		重干湿交替	561 a	119 a	33 c
扬粳 4038	D1	常规灌溉	328 b	66 b	36 a
		轻干湿交替	337 b	72 b	39 a
		重干湿交替	519 a	106 a	22 b
	W1	常规灌溉	331 b	74 b	42 b
		轻干湿交替	340 b	71 b	66 a
		重干湿交替	542 a	112 a	24 c
	D2	常规灌溉	509 b	85 b	61 a
		轻干湿交替	521 b	92 b	58 a
		重干湿交替	637 a	128 a	35 b
	W2	常规灌溉	481 b	78 b	64 b
		轻干湿交替	476 b	85 b	76 a
		重干湿交替	618 a	120 a	31 c

注：表中部分数据引自参考文献[15]；D1 和 D2 分别为轻干湿交替灌溉和重干湿交替灌溉的落干期；W1 和 W2 为这两种干湿交替灌溉的复水期。不同字母表示在 P=0.05 水平上差异显著，同栏、同品种、同测定时期内比较

选取在轻干湿交替或重干湿交替灌溉处理下，弱势粒蛋白质表达谱中表达量较高且差异明显的蛋白质点 42 个并进行质谱鉴定。共鉴定出 36 个蛋白质点的功能（表 5-4，表 5-5），其中有 2 个为功能未知的假设蛋白（Y8，Y14）。在鉴定出的已知功能的蛋白质（点）中，有多个蛋白质点被鉴定为同一种蛋白质。例如，在重干湿交替灌溉条件下，蛋白质点 L2、L11、L17、L18 和 L28，其功能均为核酮糖 1,5 二磷酸羧化酶/加氧酶大亚基。依据蛋白质功能，将在干湿交替灌溉条件下弱势粒中表达量有差异且功能已知的 34 个蛋白质分为五大类。

表 5-4　轻干湿交替灌溉条件下弱势粒差异蛋白质点质谱鉴定结果

蛋白质点编号	蛋白质名称	登录号	分类	分子量/kDa	等电点	序列覆盖率	得分值
L1	丙酮酸磷酸双激酶	gi|2443402	Oryza sativa Japonica Group	103.59	5.98	14%	457
L3	光合系统Ⅱ叶绿体 23kDa 多肽	gi|164375543	Oryza sativa Japonica Group	20.07	5.56	40%	335
L4	乙醇脱氢酶 1	gi|77549233	Oryza sativa Japonica Group	38.14	6.19	17%	214
L6	磷酸丙糖异构酶	gi|306415973	Oryza sativa Japonica Group	27.26	5.38	18%	232
L7	S-腺苷甲硫氨酸合酶	gi|100801534	Oryza sativa Japonica Group	42.99	5.83	39%	358
L8	乙二醛酶Ⅰ	gi|16580747	Oryza sativa Japonica Group	32.86	5.51	7%	87
L9	光合系统Ⅱ叶绿体 23kDa 多肽	gi|164375543	Oryza sativa Japonica Group	20.07	5.56	17%	110
L14	5-甲基四氢叶酸-同型半胱氨酸甲基转移酶	gi|108862992	Oryza sativa Japonica Group	84.93	5.93	5%	107
L16	甘油醛-3-磷酸脱氢酶	gi|968996	Oryza sativa	36.64	6.61	30%	580
L20	丙氨酸转氨酶	gi|14018051	Oryza sativa Japonica Group	53.23	6.23	28%	388
L23	苹果酸脱氢酶	gi|110289264	Oryza sativa Japonica Group	23.63	6.21	34%	244
Y1	丙氨酸转氨酶	gi|14018051	Oryza sativa Japonica Group	53.23	6.23	27%	279
Y4	支链淀粉酶	gi|262345485	Oryza sativa Indica Group	103.02	5.58	9%	67
Y5	咖啡酸-O-甲基转移酶	gi|46093420	Oryza sativa Japonica Group	29.71	6.00	57%	1080
Y6	依赖谷胱甘肽脱氢抗坏血酸还原酶	gi|6939839	Oryza sativa Japonica Group	23.71	5.65	47%	763
Y7	锰超氧化物歧化酶	gi|601869	Oryza sativa	24.93	6.50	46%	262
Y9	丙酮酸磷酸双激酶	gi|2443402	Oryza sativa Japonica Group	103.59	5.98	16%	418
Y11	山梨醇脱氢酶	gi|149392789	Oryza sativa Indica Group	11.20	6.89	60%	397
Y13	硫氧还蛋白过氧化酶 A	gi|158517776	Oryza sativa Japonica Group	24.23	5.97	20%	212

注：差异蛋白质点为与常规灌溉相比较；L：两优培九；Y：扬粳 4038

表 5-5　重干湿交替灌溉条件下弱势粒差异蛋白质点质谱鉴定结果

蛋白质点编号	蛋白质名称	登录号	分类	分子量/kDa	等电点	序列覆盖率	得分值
L2	核酮糖 1,5 二磷酸羧化酶/加氧酶大亚基	gi|398559677	Oryza sativa	13.44	5.07	31%	117

续表

蛋白质点编号	蛋白质名称	登录号	分类	分子量/kDa	等电点	序列覆盖率	得分值
L5	几丁质酶	gi|3370780	*Oryza sativa*	27.98	6.28	37%	355
L10	鸟嘌呤核苷酸结合蛋白质β亚基	gi|149392178	*Oryza sativa Indica* Group	14.42	5.46	46%	269
L11	核酮糖 1,5 二磷酸羧化酶/加氧酶大亚基	gi|476752	*Oryza sativa*	45.62	8.43	21%	327
L12	核酮糖 1,5 二磷酸羧化酶/加氧酶大亚基	gi|476752	*Oryza sativa*	45.62	8.43	16%	133
L13	核酮糖二磷酸羧化酶大亚基前体	gi|110288945	*Oryza sativa Japonica* Group	40.76	8.51	9%	107
L15	核酮糖二磷酸羧化酶大亚基前体	gi|110288945	*Oryza sativa Japonica* Group	40.76	8.51	17%	202
L17	核酮糖 1,5 二磷酸羧化酶/加氧酶大亚基	gi|290585768	*Oryza sativa*	26.50	7.00	29%	251
L18	核酮糖 1,5 二磷酸羧化酶/加氧酶大亚基	gi|290585768	*Oryza sativa*	26.50	7.00	33%	300
L21	丝氨酸蛋白酶抑制蛋白	gi|40539102	*Oryza sativa Japonica* Group	70.75	5.88	14%	192
L22	类萌蛋白 3	gi|2655289	*Oryza sativa Japonica* Group	19.63	8.89	22%	189
L25	核酮糖二磷酸羧化酶大亚基前体	gi|110288945	*Oryza sativa Japonica* Group	40.76	8.51	11%	104
L26	类萌蛋白 3	gi|2655289	*Oryza sativa Japonica* Group	19.63	8.89	22%	192
L27	腺苷酸激酶 2	gi|149391003	*Oryza sativa Indica* Group	26.76	4.88	13%	168
L28	核酮糖 1,5 二磷酸羧化酶/加氧酶大亚基	gi|57283874	*Oryza sativa*	53.33	6.23	29%	500
Y8	假设蛋白	gi|115474739	*Oryza sativa Japonica* Group	21.58	6.08	38%	426
Y14	假设蛋白	gi|115477497	*Oryza sativa Japonica* Group	24.78	5.98	9%	95

注：差异蛋白质点为与常规灌溉相比较；L：两优培九；Y：扬粳 4038

1）光合作用相关蛋白　　包括丙酮酸磷酸双激酶（PPDK）（L1、Y9；L：两优培九；Y：扬粳 4038；1 和 9 等数字：蛋白质点编号，下同）、光合系统Ⅱ叶绿体 23kDa 多肽、（L3、L9）、核酮糖 1,5-二磷酸羧化酶/加氧酶大亚基（L2 等）和核酮糖二磷酸羧化酶大亚基前体（L13 等）。与常规灌溉相比，丙酮酸磷酸双激酶和光合系统Ⅱ叶绿体 23kDa 多肽的表达量在轻干湿交替灌溉的落干期稍有上调或下调，复水后显著上调；在重干湿交替灌溉的落干期和复水期均显著下调。在各测定时期核酮糖 1,5-二磷酸羧化酶/加氧酶大亚基和核酮糖二磷酸羧化酶大亚基前体的表达量在常规灌溉与轻干湿交替灌溉之间无显著差异，在重干湿交替灌溉的落干期和复水期均有显著表达。在轻干湿交替灌溉的复水期，PPDK 和光合系统Ⅱ叶绿体 23kDa 多肽的表达量显著上调，有利于光合作用；在重干湿交替灌溉条件下，这些蛋白质的表达量下调则影响放氧效率和光合电子传递[25-27]。

2）糖代谢和能量代谢相关蛋白　　甘油醛-3-磷酸脱氢酶、苹果酸脱氢酶、磷酸丙糖异构酶（TPI）、山梨醇脱氢酶（SDH）和支链淀粉酶的表达量，轻干湿交替灌溉在落干期与常规灌溉相比无显著差异，在复水期则显著上调；在重干湿交替灌溉的落干期和复水期均显著下调。腺苷酸激酶 2 的表达量，在轻干湿交替灌溉的落干期上调，复水后稍有下调；在重干湿交替灌溉的落干期和复水期均显著上调。

甘油醛-3-磷酸脱氢酶（GAPDH）和磷酸丙糖异构酶都是生物体中参与糖酵解过程的关键酶。苹果酸脱氢酶参与葡萄糖或糖原的有氧氧化过程，不仅与植物体能量代谢有关系，而且与脂肪酸和氨基酸代谢关系密切[29]。山梨醇脱氢酶（SDH）催化山梨醇转化成果糖的不可逆反应，在调节库容和细胞代谢中具有重要作用[28-30]。支链淀粉酶属于一种淀粉去分支酶，参与支链淀粉的生物合成。到目前为止认为支链淀粉酶具有双重功能：水稻籽粒成熟时参与淀粉合成和发芽时参与淀粉降解[31]。参与糖代谢的以上 5 种酶在轻干湿交替灌溉的复水期表达量显著增加，在重干湿交替灌溉的落干期和复水期显著降低，说明轻干湿交替灌溉可以增强籽粒中糖代谢和能量代谢，促进淀粉合成及籽粒灌浆；而在重干湿交替灌溉条件下籽粒糖和能量代谢酶功能受到了抑制，进而影响籽粒灌浆。

3）蛋白质及氨基酸代谢相关蛋白　　与常规灌溉相比，轻干湿交替灌溉上调了 5-甲基四氢叶酸-同型高半胱氨酸甲基转移酶（L14）和丙氨酸转氨酶（L20、Y1）的表达，对丝氨酸蛋白酶抑制蛋白的表达无显著影响；重干湿交替灌溉则下调了这两个蛋白质的表达，上调了丝氨酸蛋白酶抑制蛋白的表达。5-甲基四氢叶酸-同型高半胱氨酸甲基转移酶简称甲硫氨酸合成酶还原酶，是生物体内参与甲硫氨酸合成的重要酶类，而甲硫氨酸是蛋白质合成和碳代谢的必需氨基酸。转氨酶可以通过转氨基作用来分解或者合成氨基酸。因此，丙氨酸转氨酶活性高低可以反映植物体内氨基酸代谢的强弱。在轻干湿灌溉条件下水稻籽粒内上述蛋白质表达量高，表明籽粒中蛋白质和氨基酸代谢较旺盛，有利于糖和能量代谢[15, 18, 24]。

4）激素及信号转导相关蛋白　　乙醇脱氢酶 1（ADH）（L4）、S-腺苷甲硫氨酸合成酶（SAMS）（L7）和乙二醛酶Ⅰ（L8）的表达，无论在落干期还是复水期，在轻干湿交替灌溉条件下均显著上调，在重干湿交替灌溉条件下均显著下调。鸟嘌呤核苷酸结合蛋白质 β 亚基在常规灌溉和轻干湿交替灌溉的籽粒中无表达，重干湿交替灌溉则诱导该蛋白质表达，且落干期表达量显著高于复水期。

ADH 催化乙醛和乙醇相互转化的可逆反应，植物通过对乙醇的代谢来减轻由无氧呼吸产生的乙醇对细胞的伤害和减少因乙醇逸出体外而造成的碳源与能量的损失。有研究表明，当植物处于逆境时，ADH 参与植物逆境反应信号的转导，同时激素乙烯、脱落酸（ABA）对 ADH 有一定的诱导作用[32]。SAMS 催化 S-腺苷甲硫氨酸（SAM）的生物合成，SAM 是多胺和乙烯合成的前体，通过参与乙烯和多胺的合成对植物逆境做出响应。此外，SAM 可作为抗氧化剂，对稳定 DNA、

RNA 和蛋白质大分子的结构具有重要作用[33]。乙二醛酶 I 是磷酸化蛋白,是赤霉素(GA)信号通路中重要成分[34],GA 能够提高叶片清除自由基的能力[35]。轻干湿交替灌溉通过促进 ADH、SAMS 和乙二醛酶 I 的生物合成,促进乙烯、GA 等信号传导,增强细胞代谢和生理功能。轻干湿交替灌溉通过增强激素及信号转导相关蛋白表达,增强籽粒生理功能。

5)抗逆相关蛋白   在所有测定时期,轻干湿交替灌溉显著上调了依赖谷胱甘肽脱氢抗坏血酸还原酶(Y6)、锰超氧化物歧化酶(Mn-SOD)(Y7)、硫氧还蛋白过氧化酶 A(Y13)和咖啡酸-O-甲基转移酶(COMT)(Y5)的表达,重干湿交替灌溉则下调这些蛋白质的表达。类萌蛋白 3(L22)和几丁质酶(L5)的表达量在轻干湿交替灌溉的落干期上调,复水期显著下调;在重干湿交替灌溉的落干期和复水期均显著上调。依赖谷胱甘肽脱氢抗坏血酸还原酶、Mn-SOD 和硫氧还蛋白过氧化酶 A 都与植物体清除活性氧和自由基过程有关,与植物的抗逆性和抗衰老功能有密切关系[36, 37]。硫氧还蛋白过氧化酶 A 是重要的半胱氨酸过氧化物酶,它是一种小分子抗氧化蛋白,作为氢供体可通过硫氧还蛋白快速清除体内产生的过氧化氢。COMT 是细胞木质素合成过程中的关键酶之一,在细胞形态建成过程中,参与细胞壁木质化,加大细胞壁的硬度或抗压强度,增强抗病和抗逆性[38, 39]。轻干湿交替灌溉通过增强上述蛋白质的表达,增强籽粒清除活性氧自由基的能力,促进细胞生长分化和籽粒灌浆。

5.2.2 叶片蛋白质表达

干湿交替灌溉对剑叶蛋白质表达量的影响与干湿交替灌溉对弱势粒蛋白质表达量的影响结果趋势基本一致,在落干期和复水期有较大差异(表 5-6)。剑叶蛋白质表达量(表达量 2 倍上调的蛋白质点数,下同),轻干湿交替灌溉在土壤落干期(D1、D2)与常规灌溉无显著差异,在复水期(W1、W2)较常规灌溉显著增加;在重干湿交替灌溉条件下,无论是在土壤落干期还是在复水期,剑叶蛋白质表达量上调 2 倍以上的点数均较常规灌溉显著减少,两个供试品种的结果趋势一致(表 5-6)。

选取在轻干湿交替灌溉或重干湿交替灌溉条件下,剑叶蛋白质表达谱中表达量较高且差异明显的蛋白质点 35 个并进行质谱鉴定。共鉴定出 28 个蛋白质点的功能,其中有 1 个为功能未知的假设蛋白(Y6)(表 5-7,表 5-8)。在重干湿交替灌溉条件下,蛋白质点 L1、L4、L6、L7、L8、L10、L11、Y3、Y9 和 Y17,其功能均为核酮糖-1,5-二磷酸羧化酶/加氧酶(Rubisco)大亚基和 Rubisco 大亚基前体(表 5-8)。依据蛋白质功能,将在干湿交替灌溉条件下剑叶中表达量有差异且已知功能的 28 个蛋白质分为 4 类。

表 5-6　不同灌溉方式下剑叶蛋白质点的比较分析

品种	测定时期	灌溉方式	总蛋白质点数	新增蛋白质点	表达量≥2 倍上调点
两优培九	D1	常规灌溉	363 b	75 b	33 a
		轻干湿交替	375 b	64 b	37 a
		重干湿交替	412 a	106 a	18 b
	W1	常规灌溉	381 b	58 b	30 b
		轻干湿交替	374 b	63 b	47 a
		重干湿交替	455 a	98 a	22 c
	D2	常规灌溉	437 b	66 b	47 a
		轻干湿交替	445 b	58 b	50 a
		重干湿交替	595 a	109 a	31 b
	W2	常规灌溉	427 b	74 b	45 b
		轻干湿交替	435 b	79 b	60 a
		重干湿交替	583 a	117 a	34 c
扬粳 4038	D1	常规灌溉	349 b	72 b	26 a
		轻干湿交替	355 b	80 b	28 a
		重干湿交替	538 a	112 a	13 b
	W1	常规灌溉	354 b	79 b	30 b
		轻干湿交替	340 b	73 b	46 a
		重干湿交替	561 a	110 a	19 c
	D2	常规灌溉	512 b	72 b	53 a
		轻干湿交替	526 b	81 b	48 a
		重干湿交替	608 a	116 a	22 b
	W2	常规灌溉	496 b	77 b	56 b
		轻干湿交替	481 b	81 b	73 a
		重干湿交替	595 a	115 a	34 c

注：表中部分数据引自参考文献[15]；D1 和 D2 分别为轻干湿交替灌溉和重干湿交替灌溉的落干期；W1 和 W2 为这两种干湿交替灌溉的复水期。不同字母表示在 $P=0.05$ 水平上差异显著，同栏、同品种、同测定时期内比较

表 5-7　轻干湿交替灌溉条件下剑叶差异蛋白质点质谱鉴定结果

蛋白质点编号	蛋白质名称	登录号	分类	分子量/kDa	等电点	序列覆盖率	得分值
L3	假定的转酮醇酶 1	gi|55296168	*Oryza sativa Japonica* Group	69.41	5.43	39%	586
L5	果糖二磷酸醛缩酶	ALFC_ORYSJ	*Oryza sativa Japonica* Group	42.21	6.38	39%	306
L12	甘油醛-3-磷酸脱氢酶 B	gi|108705994	*Oryza sativa Japonica* Group	34.02	4.99	36%	420
L13	果糖-1,6-二磷酸酶	gi|152032435	*Oryza sativa Japonica* Group	37.47	5.55	42%	795
L14	放氧复合体蛋白 1	gi|739292	*Oryza sativa*	26.60	5.13	52%	758
L15	放氧复合体蛋白 1	gi|739292	*Oryza sativa*	26.60	5.13	34%	345

续表

蛋白质点编号	蛋白质名称	登录号	分类	分子量/kDa	等电点	序列覆盖率	得分值
L16	叶绿体磷酸甘油酸激酶	gi|46981258	*Oryza sativa* Japonica Group	32.48	9.93	37%	719
L18	苹果酸脱氢酶	MDHC_ORYSJ	*Oryza sativa* Japonica Group	35.89	5.75	41%	446
Y6	功能未知蛋白	gi|115459134	*Oryza sativa* Japonica Group	39.81	6.75	39%	454
Y7	光合系统Ⅱ叶绿体23kDa多肽	gi|164375543	*Oryza sativa* Japonica Group	20.07	5.56	70%	936
Y8	甘氨酸裂解系统H蛋白	GCSH_ORYSI	*Oryza sativa* Indica Group	17.47	4.92	31%	56
Y10	核酮糖二磷酸羧化酶/加氧酶活化酶	gi|108864713	*Oryza sativa* Japonica Group	47.70	5.85	29%	311
Y11	L-抗坏血酸过氧化酶2	APX2_ORYSJ	*Oryza sativa* Japonica Group	27.22	5.21	57%	413
Y12	叶绿素谷氨酰胺合成酶前体	gi|19387272	*Oryza sativa* Japonica Group	49.77	6.18	26%	360
Y14	光合系统Ⅰ反应中心Ⅳ亚基	gi|34394725	*Oryza sativa* Japonica Group	15.54	9.64	60%	427
Y15	烯醇酶	ENO_ORYSJ	*Oryza sativa* Japonica Group	48.29	5.41	47%	653
Y16	过氧化物酶	gi|20286	*Oryza sativa* Japonica Group	33.31	5.77	41%	255

注：表中部分数据引自参考文献[15]；差异蛋白质点为与常规灌溉相比较；L：两优培九；Y：扬粳4038

表5-8 重干湿交替灌溉条件下剑叶差异蛋白质点质谱鉴定结果

蛋白质点编号	蛋白质名称	登录号	分类	分子量/kDa	等电点	序列覆盖率	得分值
L1	核酮糖-1,5-二磷酸羧化酶/加氧酶大亚基	gi|57283874	*Oryza sativa*	53.33	6.23	23%	208
L4	核酮糖二磷酸羧化酶大亚基前体	gi|110288945	*Oryza sativa* Japonica Group	40.76	8.51	19%	300
L6	核酮糖-1,5-二磷酸羧化酶/加氧酶大亚基	gi|476752	*Oryza sativa*	45.62	8.43	24%	178
L7	核酮糖-1,5-二磷酸羧化酶/加氧酶大亚基	gi|387865517	*Oryza sativa*	24.23	7.00	39%	222
L8	核酮糖-1,5-二磷酸羧化酶/加氧酶大亚基	gi|57283874	*Oryza sativa*	53.33	6.23	25%	329
L10	核酮糖-1,5-二磷酸羧化酶/加氧酶大亚基	gi|57283874	*Oryza sativa*	53.33	6.23	24%	377
L11	核酮糖二磷酸羧化酶大亚基前体	gi|110288945	*Oryza sativa* Japonica Group	40.76	8.51	23%	265
Y3	核酮糖-1,5-二磷酸羧化酶/加氧酶大亚基	gi|476752	*Oryza sativa*	45.62	8.43	25%	381
Y4	假定的水解酶	gi|14091862	*Oryza sativa* Japonica Group	41.39	9.17	18%	191
Y9	核酮糖-1,5-二磷酸羧化酶/加氧酶大亚基	gi|476752	*Oryza sativa*	45.62	8.43	18%	230
Y17	核酮糖-1,5-二磷酸羧化酶/加氧酶大亚基	gi|476752	*Oryza sativa*	45.62	8.43	25%	384

注：表中部分数据引自参考文献[15]；差异蛋白质点为与常规灌溉相比较；L：两优培九；Y：扬粳4038

1）光合作用相关蛋白　　假定的转酮醇酶1（L3）、放氧复合体蛋白1（L14、

L15）、光合系统Ⅱ叶绿体 23kDa 多肽（Y7）、核酮糖二磷酸羧化酶/加氧酶活化酶（Y10）、光合系统Ⅰ反应中心Ⅳ亚基（Y14）的表达量，轻干湿交替灌溉在落干期显著低于常规灌溉，复水期显著上调；在重干湿交替灌溉的落干期和复水期均显著下调。核酮糖-1,5-二磷酸羧化酶/加氧酶大亚基（L1、L4 等）表达量，在轻干湿交替灌溉的落干期和复水期均显著下调；在重干湿交替灌溉的落干期和复水期均显著上调。在重干湿交替灌溉条件下，叶片核酮糖-1,5-二磷酸羧化酶/加氧酶大亚基和核酮糖二磷酸羧化酶大亚基前体表达量增加，这可能与干旱促进这两种蛋白质降解有关，其机制尚待深入研究。

2）糖代谢和能量代谢相关蛋白　　果糖二磷酸醛缩酶（FBA）（L5）、甘油醛-3-磷酸脱氢酶（GAPDH）B（L12）、果糖-1,6-二磷酸酶（L13）、叶绿体磷酸甘油酸激酶（PGK）（L16）和苹果酸脱氢酶（L18）的表达量，轻干湿交替灌溉在落干期与常规灌溉相比无显著变化，复水期显著上调；在重干湿交替灌溉的落干期显著下调，复水期无显著变化。

FBA 参与植物体细胞内卡尔文循环，是许多糖类物质和光合能量的重要来源[40]。GAPDH 和 PGK 都是生物体中参与糖酵解过程的关键酶。其中，GAPDH 催化甘油醛-3-磷酸的氧化磷酸化反应，且 GAPDH 参与植物响应逆境胁迫的机制正逐步得到揭示[27]；PGK 在糖酵解第二个阶段的第二步催化 1,3-二磷酸甘油酸转变成 3-磷酸甘油酸，在这过程中消耗一分子的 ADP，产生一分子的 ATP，该酶是每种生物得以生存的必需酶蛋白，其缺乏可引起生物体代谢等功能紊乱[41]。果糖-1,6-二磷酸酶催化果糖-1,6-二磷酸水解产生果糖-6-磷酸和无机磷，在光合作用和葡萄糖异生途径中起着关键的调节作用，是糖异生中的关键限速酶之一[42]。植物体中苹果酸脱氢酶参与葡萄糖或糖原的有氧氧化过程，不仅与植物体能量代谢有关，而且与脂肪酸和氨基酸代谢关系密切。这些参与糖代谢酶的表达量在轻干湿交替灌溉条件下显著增加，在重干湿交替灌溉条件下显著降低，说明轻干湿交替灌溉可以促进叶片糖代谢和能量代谢，进而增加光合作用和光合同化物的累积；重干湿交替灌溉则会抑制叶片糖和能量代谢酶的功能，从而降低光合作用。

3）抗逆相关蛋白　　L-抗坏血酸过氧化酶（APX）2（Y11）、烯醇酶（Y15）和过氧化物酶（Y16）的表达量在轻干湿交替灌溉的落干期与常规灌溉相比无显著变化，复水后均显著上调；在重干湿交替灌溉的落干期和复水期均显著下调。

烯醇酶是糖酵解途径中的一个重要酶类，可催化磷酸甘油酸脱水形成磷酸烯醇丙酮酸。它被广泛认为是与植物抗逆性相关的蛋白质[43]。过氧化物酶和 APX2 都是植物所产生的一类氧化还原酶。过氧化物酶以过氧化氢为电子受体催化底物氧化，具有消除过氧化氢和酚类、胺类毒性的双重作用。APX2 在叶绿体中利用抗坏血酸为电子供体清除 H_2O_2 以维持植物正常的生理功能[44]。过氧化物酶和 APX2 表达量的高低与清除细胞中过氧化物能力的高低直接有关[44, 45]。轻干湿交替灌溉上调烯醇酶、过氧化物酶和 APX 2 的表达量，说明该灌溉方式可以增强水稻叶片清除活性氧自由基的能力，促进叶片正常代谢及功能发挥。

4）蛋白质及氨基酸代谢相关蛋白　　与常规灌溉相比，甘氨酸裂解系统 H 蛋白（Y8）、叶绿素谷氨酰胺合成酶前体（Y12）和假定的水解酶（Y4）的表达量在轻干湿交替灌溉的落干期和复水期均显著上调；在重干湿交替灌溉的落干期和复水期均显著下调。

甘氨酸裂解系统也称甘氨酸脱羧酶复合物。甘氨酸裂解系统 H 蛋白对甘氨酸脱羧过程中产生的中间产物起传递作用，并在催化形成甘氨酸时具有甘氨酸合成酶活性[46-48]。在植物的生长和发育过程中，无机氮必须同化为谷氨酰胺和谷氨酸等有机氮才能为植物体所吸收与利用，谷氨酰胺合成酶（GS）是参与这一氨同化过程的关键酶[47-49]。轻干湿交替灌溉显著上调了甘氨酸裂解系统 H 蛋白和谷氨酰胺合成酶前体的表达，有利于水稻剑叶蛋白质及氨基酸的代谢和光合作用。

5.3　轻干湿交替灌溉对籽粒蔗糖-淀粉代谢途径关键酶活性及其基因表达的影响

5.3.1　蔗糖-淀粉代谢途径关键酶活性

稻米的主要成分为胚乳（约占糙米重的 90%），而胚乳细胞的充实物质主要是淀粉[50, 51]。籽粒灌浆充实的过程实际上是胚乳细胞中淀粉生物合成与累积的过程。源器官光合同化物（含茎与叶鞘中储存的非结构性碳水化合物）以蔗糖的形式经韧皮部运输到籽粒，之后在一系列酶作用下形成淀粉。有研究表明，水稻胚乳发育期参与籽粒碳代谢的酶有 33 种，但 4 种酶在碳代谢中起关键作用[52, 53]。这些酶包括蔗糖合酶（sucrose synthase，EC 2.4.1.13，SuS）、腺苷二磷酸葡萄糖焦磷酸化酶（ADP glucose pyrophosphorylase，EC 2.7.7.27，AGP）、淀粉合酶（starch synthase，EC 2.4.1.21，StS）和淀粉分支酶（starch branching enzyme，EC 2.4.1.18，SBE）。陈婷婷[15]和 Zhang 等[17]观察到，水稻弱势粒中蔗糖-淀粉代谢途径关键酶活性受灌溉方式调节。弱势粒中 SuS、AGP、StS 和 SBE 活性，在轻干湿交替灌溉的复水期（W1，W2）较常规灌溉显著增强，在落干期（D1，D2）则与常规灌溉无显著差异；在重干湿交替灌溉的落干期和复水期，SuS、AGP、StS 和 SBE 活性均较常规灌溉显著降低；无论是轻干湿交替灌溉还是重干湿交替灌溉，对强势粒中上述 4 种酶活性均无显著影响（图 5-2a～图 5-2d）。相关分析数据显示，弱势粒中 SuS、AGP、StS 和 SBE 活性与其平均灌浆速率及粒重均呈显著或极显著正相关（表 5-9）。说明轻干湿交替灌溉促进弱势粒灌浆，与弱势粒中蔗糖-淀粉代谢途径关键酶活性增强有密切关系。

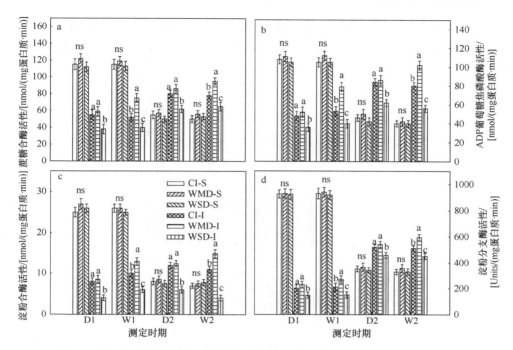

图 5-2　花后干湿交替灌溉对水稻籽粒蔗糖-淀粉代谢途径关键酶活性的影响

图中数据为两优培九和扬粳 4038 的平均值；D1 和 D2 分别为轻干湿交替灌溉和重干湿交替灌溉的落干期；W1 和 W2 为这两种干湿交替灌溉的复水期；CI：常规灌溉；WMD：轻干湿交替灌溉；WSD：重干湿交替灌溉；S：强势粒；I：弱势粒；ns 表示强势粒中酶活性在 $P=0.05$ 水平上差异不显著；a, b, c：不同字母表示弱势粒活性在 $P=0.05$ 水平上差异显著；同一测定时期、同类籽粒、3 种灌溉方式间比较

表 5-9　水稻弱势粒中蔗糖-淀粉代谢途径关键酶活性与弱势粒灌浆速率和粒重的相关

测定时期	与平均灌浆速率的相关				与最终粒重的相关			
	Sus	AGP	StS	SBE	Sus	AGP	StS	SBE
D1	0.93**	0.92**	0.90*	0.91*	0.95**	0.95**	0.93**	0.92**
W1	0.98**	0.96**	0.91*	0.92**	0.99**	0.97**	0.98**	0.96**
D2	0.94**	0.92**	0.92**	0.87*	0.92**	0.96**	0.96**	0.94**
W2	0.95**	0.91*	0.94**	0.92**	0.98**	0.98**	0.99**	0.98**
平均	0.95**	0.93**	0.92**	0.91*	0.96**	0.97**	0.97**	0.95**

注：*表示在 $P=0.05$ 水平上显著；**表示在 $P=0.01$ 水平上显著（$n=6$）

5.3.2　蔗糖-淀粉代谢途径关键酶基因表达

强势粒中蔗糖合酶基因 *SuS2*、*SuS4*，腺苷二磷酸葡萄糖焦磷酸化酶基因 *AGPL1*、*AGPL2*、*AGPL3* 和 *AGPS2*，淀粉合酶基因 *SSI*、*SSIIa*、*SSIIc* 和 *SSIIIa*，

淀粉分支酶基因 *SBEI*、*SBEIIb* 的相对表达量在 3 种灌溉方式处理之间没有显著差异（图 5-3a，图 5-3b，图 5-4a～图 5-4d，图 5-5a～图 5-5d，图 5-6a，图 5-6b）。

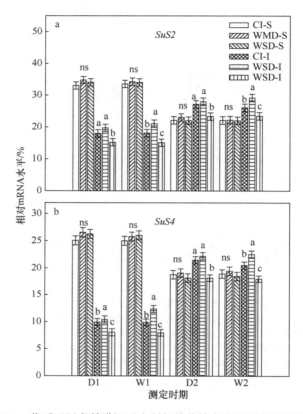

图 5-3　花后干湿交替灌溉对水稻籽粒蔗糖合酶基因表达的影响

图中数据为两优培九和扬粳 4038 的平均值；D1 和 D2 分别为轻干湿交替灌溉和重干湿交替灌溉的落干期；W1 和 W2 为这两种干湿交替灌溉的复水期；CI：常规灌溉；WMD：轻干湿交替灌溉；WSD：重干湿交替灌溉；S：强势粒；I：弱势粒；ns 表示强势粒中基因表达量在 P=0.05 水平上差异不显著；a，b，c：不同字母表示弱势粒中基因表达量在 P=0.05 水平上差异显著；同一测定时期、同类籽粒、3 种灌溉方式间比较

弱势粒中蔗糖合酶基因表达量的变化与蔗糖合酶活性变化趋势一致（图 5-3a，图 5-3b）。与常规灌溉相比，轻干湿交替灌溉在落干期（D1、D2）弱势粒中蔗糖合酶基因 *SuS2* 和 *SuS4* 的表达量无显著差异，但在复水期（W1、W2），弱势粒中 *SuS2* 和 *SuS4* 基因的表达量显著增加。无论是在土壤落干期还是复水期，重干湿交替灌溉显著降低了弱势粒中 *SuS2* 和 *SuS4* 基因的相对表达量（图 5-3a，图 5-3b）。

在土壤落干期，轻干湿交替灌溉对弱势粒中腺苷二磷酸葡萄糖焦磷酸化酶基因 *AGPL2*、*AGPL3* 和 *AGPS2* 的表达量没有显著影响，但在复水期，轻干湿交替灌溉显著增加了弱势粒中 *AGPL2*、*AGPL3* 和 *AGPS2* 的表达量（图 5-4b～图 5-4d）。

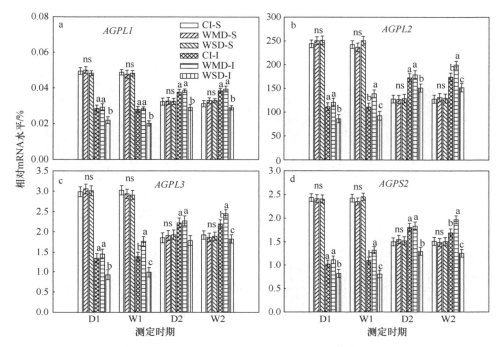

图 5-4 花后干湿交替灌溉对水稻籽粒腺苷二磷酸葡萄糖焦磷酸化酶基因表达的影响

图中数据为两优培九和扬粳 4038 的平均值；D1 和 D2 分别为轻干湿交替灌溉和重干湿交替灌溉的落干期；W1 和 W2 为这两种干湿交替灌溉的复水期；CI: 常规灌溉；WMD: 轻干湿交替灌溉；WSD: 重干湿交替灌溉；S: 强势粒；I: 弱势粒；ns: 表示强势粒中基因表达量在 $P=0.05$ 水平上差异不显著；a, b, c: 不同字母表示弱势粒中基因表达量在 $P=0.05$ 水平上差异显著；同一测定时期、同类籽粒、3 种灌溉方式间比较

无论是在土壤落干期还是复水期，轻干湿交替灌溉对腺苷二磷酸葡萄糖焦磷酸化酶基因 *AGPL1* 的表达量均无显著影响（图 5-4a）。重干湿交替灌溉显著降低了弱势粒中腺苷二磷酸葡萄糖焦磷酸化酶各同工型基因（*AGPL1*、*AGPL2*、*AGPL3* 和 *AGPS2*）的表达量（图 5-4a～图 5-4d）。

不同灌溉方式下弱势粒中淀粉合酶基因（*SSI*、*SSIIa*、*SSIIc*、*SSIIIa*）和淀粉分支酶基因（*SBEI*、*SBEIIb*）表达量的变化与淀粉合酶活性及淀粉分支酶活性的变化趋势基本一致，即在轻干湿交替灌溉的复水期，淀粉合酶基因和淀粉分支酶基因的表达量显著高于常规灌溉，在落干期，上述基因的表达量在轻干湿交替灌溉和常规灌溉之间无显著差异；在重干湿交替灌溉的落干期和复水期，弱势粒中淀粉合酶和淀粉分支酶同工型基因的表达量均显著低于常规灌溉（图 5-5a～图 5-5d，图 5-6a，图 5-6b）。

相关分析表明，弱势粒中蔗糖-淀粉代谢途径关键酶基因，除了腺苷二磷酸葡萄糖焦磷酸化酶大亚基 1 基因（*AGPL1*）的表达量与平均灌浆速率、最终粒重相关性不显著（$r = 0.53$，0.46，$P>0.05$）外，其余各测定基因的表达量与平均灌浆

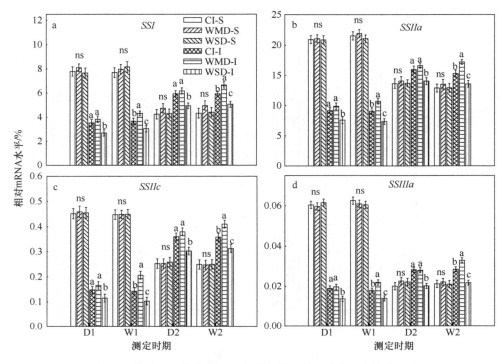

图 5-5　花后干湿交替灌溉对水稻籽粒淀粉合酶基因表达的影响

图中数据为两优培九和扬粳 4038 的平均值；D1 和 D2 分别为轻干湿交替灌溉和重干湿交替灌溉的落干期；W1 和 W2 为这两种干湿交替灌溉的复水期；CI：常规灌溉；WMD：轻干湿交替灌溉；WSD：重干湿交替灌溉；S：强势粒；I：弱势粒；ns：表示强势粒中基因表达量在 $P=0.05$ 水平上差异不显著；a，b，c：不同字母表示弱势粒中基因表达量在 $P=0.05$ 水平上差异显著；同一测定时期、同类籽粒、3 种灌溉方式间比较

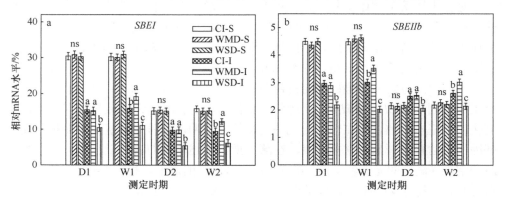

图 5-6　花后干湿交替灌溉对水稻籽粒淀粉分支酶基因表达的影响

图中数据为两优培九和扬粳 4038 的平均值；D1 和 D2 分别为轻干湿交替灌溉和重干湿交替灌溉的落干期；W1 和 W2 为这两种干湿交替灌溉的复水期；CI：常规灌溉；WMD：轻干湿交替灌溉；WSD：重干湿交替灌溉；S：强势粒；I：弱势粒；ns：表示强势粒中基因表达量在 $P=0.05$ 水平上差异不显著；a，b，c：不同字母表示弱势粒中基因表达量在 $P=0.05$ 水平上差异显著；同一测定时期、同类籽粒、3 种灌溉方式间比较

速率、最终粒重呈极显著的正相关（$r = 0.80^{**} \sim 0.89^{**}$，$P = 0.01$）（表 5-10）。说明轻干湿交替灌溉通过增强弱势粒中蔗糖-淀粉代谢途径关键酶基因的表达，促进弱势粒灌浆。

表 5-10　水稻弱势粒蔗糖-淀粉代谢途径关键酶基因表达与弱势粒灌浆速率和粒重的相关

基因名称	平均灌浆速率	最终粒重
蔗糖合酶 2（SuS2）	0.85^{**}	0.81^{**}
蔗糖合酶 4（SuS4）	0.89^{**}	0.86^{**}
腺苷二磷酸葡萄糖焦磷酸化酶大亚基 1（AGPL1）	0.53	0.46
腺苷二磷酸葡萄糖焦磷酸化酶大亚基 2（AGPL2）	0.84^{**}	0.82^{**}
腺苷二磷酸葡萄糖焦磷酸化酶大亚基 3（AGPL3）	0.88^{**}	0.86^{**}
腺苷二磷酸葡萄糖焦磷酸化酶小亚基 2（AGPS2）	0.83^{**}	0.85^{**}
淀粉合酶 I（SSI）	0.80^{**}	0.82^{**}
淀粉合酶 IIa（SSIIa）	0.82^{**}	0.81^{**}
淀粉合酶 IIc（SSIIc）	0.84^{**}	0.87^{**}
淀粉合酶 IIIa（SSIIIa）	0.85^{**}	0.88^{**}
淀粉分支酶 I（SBEI）	0.83^{**}	0.85^{**}
淀粉分支酶 IIb（SBEIIb）	0.82^{**}	0.86^{**}

注：*表示在 $P=0.05$ 水平上显著；**表示在 $P=0.01$ 水平上显著（$n=12$）

综上所述，花后轻干湿交替灌溉可以较常规灌溉（水层灌溉为主）显著增加水稻弱势粒灌浆速率和粒重。叶片和弱势粒中一些蛋白质表达量的增加是其灌浆速率和粒重增加的重要原因。这些表达上调的蛋白质及其功能主要有：参与光合作用（丙酮酸磷酸双激酶和光合系统 II 叶绿体 23kDa 多肽）；糖及能量代谢（甘油醛-3-磷酸脱氢酶、苹果酸脱氢酶、磷酸丙糖异构酶和山梨醇脱氢酶）；蛋白质及氨基酸代谢（5-甲基四氢叶酸-同型高半胱氨酸甲基转移酶和丙氨酸转氨酶）；激素及信号转导（乙醇脱氢酶 1、S-腺苷甲硫氨酸合酶和乙二醛酶 I）和抗逆反应（依赖谷胱甘肽脱氢抗坏血酸还原酶、锰超氧化物歧化酶、硫氧还蛋白过氧化酶 A 和咖啡酸-O-甲基转移酶）。轻干湿交替灌溉促进籽粒灌浆的另一个重要机制是增强弱势粒蔗糖-淀粉代谢途径关键酶活性及相关基因的表达。花后重干湿交替灌溉显著下调了弱势粒中一些蛋白质的表达，显著降低了弱势粒蔗糖-淀粉代谢途径关键酶活性及相关基因表达，进而导致弱势粒灌浆速率慢、籽粒充实不良。这从另一个侧面佐证了轻干湿交替灌溉促进弱势粒灌浆的机制。

参 考 文 献

[1]　Kato T, Takeda K. Associations among characters related to yield sink capacity in space-planted rice. Crop Science, 1996, 36: 1135-1139.

[2] Kato T, Shinmura D, Taniguchi A. Activities of enzymes for sucrose-starch conversion in developing endosperm of rice and their association with grain filling in extra-heavy panicle types. Plant Production Science, 2007, 10: 442-450.

[3] Peng S B, Cassman K G, Virmani S S, et al. Yield potential trends of tropical since the release of IR8 and its challenge of increasing rice yield potential. Crop Science, 1999, 39: 1552-1559.

[4] Cheng S, Zhuang J, Fan Y, et al. Progress in research and development on hybrid rice: a super-domesticate in China. Annals of Botany, 2007, 100: 959-966.

[5] Peng S, Khush G S, Virk P, et al. Progress in ideotype breeding to increase rice yield potential. Field Crops Research, 2008, 108: 32-38.

[6] Mohapatra P K, Patel R, Sahu S K. Time of flowering affects grain quality and spikelet partitioning within the rice panicle. Australian Journal of Plant Physiology, 1993, 20: 231-242.

[7] Yang J C, Peng S B, Visperas R M, et al. Grain filling pattern and cytokinin content in the grains and roots of rice plants. Plant Growth Regulation, 2000, 30: 261-270.

[8] Yang J C, Zhang J H. Grain filling problem in "super" rice. Journal of Experimental Botany, 2010, 61: 1-5.

[9] 敖和军, 王淑红, 邹应斌, 等. 超级杂交稻干物质生产特点与产量稳定性研究. 中国农业科学, 2008, 41(7): 1927-1936.

[10] 吴文革, 张洪程, 吴桂成, 等. 超级稻群体籽粒库容特征的初步研究. 中国农业科学, 2007, 40(2): 250-257.

[11] 杨建昌. 水稻弱势粒灌浆机理与调控途径. 作物学报, 2010, 36(12): 2011-2019.

[12] Singh B K, Jenner C F. Association between concentration organic nutrients in the grain, endosperm cell number and grain dry weight within the ear of wheat. Australian Journal of Plant Physiology, 1982, 9: 83-95.

[13] Ishimaru T, Hirose T, Matsuda T, et al. Expression patterns of genes encoding carbohydrate-metabolizing enzymes and their relationship to grain filling in rice (Oryza sativa L.): comparison of caryopses located at different positions in a panicle. Plant and Cell Physiology, 2005, 46: 620-628.

[14] Tsai-Mei O L, Setter T L. Enzyme activities of starch and sucrose pathways and growth of apical to basal maize kernels. Plant Physiology, 1985, 79: 848-851.

[15] 陈婷婷. 水稻高产高效节水灌溉技术的生理与分子机理. 扬州: 扬州大学博士学位论文, 2014.

[16] Zhang H, Chen T T, Wang Z Q, et al. Involvement of cytokinins in the grain filling of rice under alternate wetting and drying irrigation. Journal of Experimental Botany, 2010, 61: 3719-3733.

[17] Zhang H, Li H W, Yuan L M, et al. Post-anthesis alternate wetting and moderate soil drying enhances activities of key enzymes in sucrose-to-starch conversion in inferior spikelets of rice. Journal of Experimental Botany, 2012, 63: 215-227.

[18] Dong M H, Gua J R, Zhang L, et al. Comparative proteomics analysis of superior and inferior spikelets in hybrid rice during grain filling and response of inferior spikelets to drought stress using isobaric tags for relative and absolute quantification. Journal of Proteomics, 2014, 109: 382-399.

[19] 喻娟娟, 戴绍军. 植物蛋白质组学研究若干重要进展. 植物学报, 2009, 44(4): 410-425.

[20] Raharjo T J, Widjaja I, Roytrakul S, et al. Comparative proteomics of cannabis sativa plant tissues. Journal of Biomolecular Techniques, 2004, 15(2): 97-106.

[21] Agrawal G K, Hajduch M, Graham K, et al. In-depth investigation of the soybean seed-filling

proteome and comparison with a parallel study of rapeseed. Plant Physiology, 2008, 148: 504-518.

[22] Lee D G, Ahsan N, Lee S H, et al. An approach to identify cold-induced low-abundant proteins in rice leaf. Comptes Rendus-Biologies, 2007, 330(3): 215-225.

[23] Shen S, Jing Y, Kuang T. Proteomics approach to identify wound-response related proteins from rice leaf sheath. Proteomics, 2003, 3(4): 527-535.

[24] Chen T T, Xu G W, Wang Z Q, et al. Expression of proteins in superior and inferior spikelets of rice during grain filling under different irrigation regimes. Proteomics, 2016, 16(1): 102-121.

[25] 贾永光, 张立军, 刘淳, 等. 丙酮酸磷酸双激酶及其基因结构. 植物生理学通讯, 2009, 45(3): 305-311.

[26] Serdler A. The extrinsic polypeptides of photosystem II. Biochimica et Biophysica Acta, 1996, 1277: 35-60.

[27] Danshina P V, Schmalhausen E V, Avetisyan A V, et al. Mildly oxidized glyceraldehydes-3-phosphate dehydrogenase as a possible regulator of glycolysis. IUBMB Life, 2001, 51: 309-314.

[28] Riccardi F, Gazeau P, Vienne D, et al. Protein changes in response to progressive water deficit in maize: quantitative variation and polypeptide identification. Plant Physiology, 1998, 117: 1253-1263.

[29] Tarczynski M C, Jensen R G, Bohnert H J. Stress protection of transgenic tobacco by production of the osmolyte mannitol. Science, 1993, 259: 508-510.

[30] Everard J D, Gucci R, Kann S C, et al. Gas exchange and carbon partitioning in the leaves of celery (*Apium graveolens* L.) at various levels of root zone salinity. Plant Physiology, 1994, 106: 281-292.

[31] Dinges J R, Colleoni C, James M G, et al. Mutational analysis of the pullulanase type debranching enzyme of maize indicates multiple functions in starch metabolism. Plant Cell, 2003, 15: 666-680.

[32] 宁文彬, 刘菊华, 贾彩红, 等. 香蕉果实采后乙醇脱氢酶活性与乙烯代谢的关系. 果树学报, 2009, 26(3): 386-389.

[33] Mayne M B, Coleman J R, Bluwald E. Differential expression during drought conditioning of a root-specific S-adenosyl methionine synthetase from jack pine (*Pinus banksiana* Lamb.) seedling. Plant Cell and Environment, 1996, 19: 958-966.

[34] 刘进元, 吴雪萍. 植物磷酸化蛋白质组学的研究进展. 中国农业科技导报, 2007, 9(4): 43-48.

[35] 曾富华, 罗泽民. 赤霉素对杂交水稻生育后期剑叶中活性氧清除剂的影响. 作物学报, 1994, 20(3): 347-350.

[36] 张志兴, 李忠, 陈军, 等. 氮肥运筹对大穗型水稻品种金恢 809 灌浆期叶片蛋白质表达的影响. 作物学报, 2011, 37(5): 842-854.

[37] 任洪林, 柳增善, 王克坚. 鲍免疫相关基因和蛋白的研究进展. 遗传, 2009, 31(4): 348-358.

[38] 李波, 倪志勇, 王娟, 等. 木质素生物合成关键酶咖啡酸-O-甲基转移酶基因(*COMT*)的研究进展. 分子植物育种, 2010, 1(8): 117-124.

[39] Boerjan W, Ralph J, Baucher M. Lignin biosynthesis. Annual Review of Plant Biology, 2003, 54(1): 519-546.

[40] 康瑞娟, 施定基, 丛威, 等. 果糖-1,6-二磷酸醛缩酶和丙糖磷酸异构酶共表达对蓝藻光合作用效率的影响. 生物工程学报, 2004, 20(6): 851-855.

[41] 吴德, 吴忠道, 余新炳. 磷酸甘油酸激酶的研究进展. 中国热带医学, 2005, 5(2): 385-387.

[42] 应芸书, 李里焜, 汪德耀. 植物叶肉细胞内果糖-1, 6-二磷酸酶(FDPase)的电镜细胞化学定位法. 电子显微学报, 1989, 2: 31-35.

[43] 王亦学, 孙毅, 田颖川, 等. 一个陆地棉类烯醇酶基因的克隆及其表达分析. 棉花学报, 2009, 21(4): 275-278.

[44] Asada K. Ascorbate peroxidase: a hydrogen peroxide scavenging enzyme in plants. Physiologia Plantarum, 1992, 85: 235-241.

[45] 成子硕, 兰婷, 李迪, 等. 江南卷柏脱氢抗坏血酸还原酶的分子特性. 生物工程学报, 2011, 27(1): 76-84.

[46] Kikuchi G. The glycine cleavage system: composition, reaction mechanism, and physiological significance. Moecular and Cell Biochemistry, 1973, 1(2): 169-187.

[47] Douce R, Bourguignon J, Neuburger M, et al. The glycine decarboxylase system: a fascinating complex. Trends in Plant Science, 2001, 6(4): 167-176.

[48] Kikuchi G, Motokawa Y, Yoshida T, et al. Glycine cleavage system: reaction mechanism, physiological significance, and hyperglycinemia. Proceedings of the Japan Academy Series B, Physical and Biological Sciences, 2008, 84(7): 246-263.

[49] Hirel B, Lea P J. Ammonium assimilation. *In*: Lea P J, Morof Gaudry J F. Plant Nitrogen. Berlin: Springer-Verlag, 2001: 79-99.

[50] Yoshida S. Physiological aspects of grain yield. Annual Review of Plant Physiology, 1972, 23: 437-464.

[51] Murata Y, Matsushima S. Rice. *In*: Evans L T. Crop Physiology. Cambridge: Cambridge University Press, 1975: 75-99.

[52] Nakamura Y, Yuki K, Park S Y. Carbohydrate metabolism in the developing endosperm of rice grains. Plant Cell and Physiology, 1989, 30: 833-839.

[53] Nakamura Y, Yuki K. Changes in enzyme activities associated with carbohydrate metabolism during development of rice endosperm. Plant Science, 1992, 82: 15-20.

第6章 控制式畦沟灌溉

水稻畦沟灌溉（furrow-irrigation），有人也称之为垄作栽培，是在稻田起垄做畦或利用前茬作物所做的畦，将水稻种在畦面上，在返青期、孕穗期和抽穗期保持畦面有水，其余时间仅畦沟里有水的一种灌溉方式[1-3]。控制式畦沟灌溉（controlled furrow-irrigation）是在畦沟灌溉的基础上，根据水稻生产发育、产量和品质形成的水分需求，确定畦面需要灌溉的土壤水分或水势指标，进行畦沟灌溉，并控制灌溉水量的一种节水灌溉方法。

水稻畦沟灌溉或垄作栽培通过在沟内始终保持着稳定而又可调的水层，可以改变稻田平作淹水灌溉时以重力下渗水为主的水分运动形式，在土壤毛管引力和吸水力的作用下，畦沟内的水分源源不断地输向畦面，使畦面土壤保持毛管水状况，有利于通气、导温和养分输送[4-6]。这一灌溉方式于20世纪80年代主要在烂糊田、冷水田中推广应用，此后在我国东北、西北寒地稻作带，西南冷浸田上被广泛采用；与稻田平作淹水灌溉相比，畦沟灌溉具有增温、节水和增产的效果[3-6]。

随着抛秧移栽和直播水稻面积的扩大，我国南方稻田开沟做畦，采用畦沟灌溉的技术需求迅速增加[7-9]，特别是在稻-麦轮作区，农民为省工和抢季节，常利用麦季所做的畦并对畦稍加修整后，用于种植水稻。近年来，因开沟机械的研发和应用，在江苏太湖和里下河等稻区，水稻机械移栽（少数人工移栽）后利用开沟机开沟后进行畦沟灌溉，获得了稻田通气性、产量增加和节约用水的效果。但水稻畦沟灌溉在南方非冷浸田采用，需要每天或者每隔一天补充灌溉以保持土壤水分，灌溉的频率过高，在生产上难以推广[7-11]。因此，研究和应用适用于大面积水稻生产的畦沟灌溉技术，对于提高水稻产量和品质、节约用水具有重要意义。

6.1 控制式畦沟灌溉的指标和灌溉水量

作者以杂交籼稻II优084、常规籼稻品种扬稻6号和粳稻品种淮稻5号为材料，进行水稻直播和育秧移栽。直播水稻在播种前、移栽水稻在移栽前，稻田土壤旱耕翻、旱整平地后开沟做畦，畦面宽1.5m，畦沟宽20cm、深15cm。直播水稻分别于播种期（播种当天至播后7天）、幼苗期（播后8天至3叶期）、分蘖期（3.1叶至拔节）、拔节穗分化期（拔节至孕穗）、孕穗抽穗期（孕穗至穗全部抽出）、灌浆前中期（穗全部抽出至抽穗后20天）和灌浆后期（抽穗后21天至收割）；移栽水稻分别于移栽活棵期（移栽至移栽后 7 天）、分蘗早期（移栽后 8 天至移栽后 15 天）、分蘗中期（移栽后 16 天至有效分蘗临界叶龄期）、分蘗后期（有效分蘗临界叶龄期至拔节）、拔节穗分化期（拔节至孕穗）、孕穗抽穗期（孕穗至穗全部抽出）、灌浆前中期（自穗全部抽出至抽穗后 20 天）和灌浆后期（抽穗后 21 天至收割），设置不同土壤水分[土壤容积含水量（本章下文简称土壤含水量）、土壤埋水深度、土壤水势]处理，观察土壤水分与产量的关系。根据土壤水分与产量的关系，获得各生育期最适的土壤水分（获得最高产量时的土壤含水量、土壤埋水深度、土壤水势）。两稻作方式、各生育期进行控制式畦沟灌溉（下文简称畦沟灌溉）的土壤水分指标和灌溉水量列于表 6-1。表中列出了土壤含水量、土壤埋水深度、土壤水势 3 种灌溉指标，在实际应用中可根据情况选择其中一种。土壤含水量可用土壤水分速测仪测定，土壤埋水深度通过在田间安装聚氯乙烯（PVC）管进行观测，土壤水势可采用土壤水分张力计进行监测，具体使用方法请参见第 3 章。灌溉水量可在田间的灌溉道出水口安装量水堰测量。量水堰可以自制或向商家购买。一般厂家在提供量水堰时，同时会提供量水堰的安装和灌溉水量计算方法。量水堰价格便宜，使用方法简单。

表 6-1　水稻畦沟灌溉的土壤水分指标

稻作方式	生育期	土壤水分指标			灌溉水量/（m³/hm²）
		土壤含水量/%	土壤埋水深度/cm	土壤水势/-kPa	
直播水稻	播种期（播后当天至播后 7 天）	85~95	10~20	5~15	300~500
	幼苗期（播后 8 天至 3 叶期）	80~90	15~25	10~20	150~250
	分蘗期（3.1 叶至拔节）	85~95	10~20	5~15	200~300
	拔节穗分化期（拔节至孕穗）	75~85	25~35	15~25	100~200
	孕穗抽穗期（孕穗至穗全部抽出）	90~95	10~20	5~10	200~300
	灌浆前中期（穗全部抽出至抽穗后 20 天）	80~90	15~25	10~20	150~250
	灌浆后期（抽穗后 21 天至收割）	75~85	25~35	15~25	100~200
移栽水稻	移栽活棵期（移栽至移栽后 7 天）	95~100	5~15	0~5	250~350
	分蘗早期（移栽后 8 天至移栽后 15 天）	85~95	10~20	5~15	200~300
	分蘗中期（移栽后 16 天至有效分蘗临界叶龄期）	80~90	15~25	10~20	150~250
	分蘗后期（有效分蘗临界叶龄期至拔节）	70~80	30~40	20~30	50~100
	拔节穗分化期（拔节至孕穗）	75~85	25~35	15~25	100~200
	孕穗抽穗期（孕穗至穗全部抽出）	90~95	10~20	5~10	200~300
	灌浆前中期（穗全部抽出至抽穗后 20 天）	80~90	15~25	10~20	150~250
	灌浆后期（抽穗后 21 天至收割）	75~85	25~35	15~25	100~200

　　注：土壤含水量为离地表 0~15cm 土层的土壤含水量，土壤埋水深度为离地表向下的深度，土壤水势为离地表 15~20cm 处的土水势；当畦面中心土壤水分（土壤含水量、土壤埋水深度或土壤水势）达到表中指标值时，按表中灌溉水量进行灌溉，自然落干至指标值时再进行定额灌溉，再自然落干，再灌溉，依此循环；砂壤地取土壤含水量的大值，土壤埋水深度或土壤水势绝对值的小值，灌溉水量的高限值；黏土地取土壤含水量的小值，土壤埋水深度或土壤水势绝对值的大值，灌溉水量的低限值；壤土地取中间值

表 6-1 中的土壤水分（土壤含水量、土壤埋水深度或土壤水势），是指畦面中心的土壤水分状况。当畦面中心土壤水分达到表中指标值时，按表中灌溉水量进行灌溉，自然落干至指标值时再进行定额灌溉，再自然落干，再灌溉，依此循环；黏土地取土壤含水量的小值，土壤埋水深度或土壤水势绝对值的大值，灌溉水量的低限值；砂土地取土壤含水量的大值，土壤埋水深度或土壤水势绝对值的小值，灌溉水量的高限值；壤土地取中间值。

在同类土壤中，杂交籼稻的灌溉指标值可适当向下浮动，常规粳稻可适当向上浮动。例如，稻作方式为直播水稻，土壤类型为砂性土，所用品种为杂交籼稻 II 优 084，生育期为幼苗期（播后 8 天至 3 叶期），当畦面中心土壤含水量达到 88%～90%，或土壤埋水深度为 15～17cm，或土壤水势为–10～–12.5kPa 时，进行畦沟灌溉，灌溉水量为 230～250m³/hm²；如所用品种为常规粳稻淮稻 5 号，则当畦面中心土壤含水量达到 90%～92%，或土壤埋水深度为 13～15cm，或土壤水势为–7.5～–10kPa 时，进行畦沟灌溉，灌溉水量为 250～270m³/hm²；如所用品种为常规籼稻扬稻 6 号，则当畦面中心土壤含水量达到 90%，或土壤埋水深度为 15cm，或土壤水势为–10kPa 时，进行畦沟灌溉，灌溉水量为 250m³/hm²。再如，稻作方式为移栽水稻，土壤类型为黏性土，所用品种为杂交籼稻 II 优 084，生育期分蘖中期（移栽后 16 天至有效分蘖临界叶龄期），当畦面中心土壤含水量达到 78%～80%，或土壤埋水深度为 25～27cm，或土壤水势为–20～–22kPa 时，进行畦沟灌溉，灌溉水量为 130～150m³/hm²；如所用品种为常规粳稻淮稻 5 号，则当畦面中心土壤含水量达到 80%～82%，或土壤埋水深度为 23～25cm，或土壤水势为–18～–20kPa 时，进行畦沟灌溉，灌溉水量为 150～170m³/hm²；如所用品种为常规籼稻扬稻 6 号，则当畦面中心土壤含水量达到 80%，或土壤埋水深度为 25cm，或土壤水势为–20kPa 时，进行畦沟灌溉，灌溉水量为 150m³/hm²。总之，表 6-1 中的灌溉指标和灌溉水量可作为畦沟灌溉的一个基本指标，在实际应用中，应根据天气、土壤类型、品种特性等灵活掌握。

6.2　控制式畦沟灌溉对产量和灌溉水生产力的影响

以表 6-1 土壤水分（土壤含水量、土壤埋水深度或土壤水势）和灌溉水量为主要内容的直播水稻和移栽水稻畦沟灌溉技术进行了多点多地的试验与示范。相对于常规灌溉（对照：移栽水稻开沟做畦，分蘖末、拔节初排水搁田，收获前一周断水，其余时间畦面保持浅水层；直播水稻于播种期和幼苗期畦面无水层，自第 4 叶片抽出至成熟畦面保持浅水层），无论是移栽水稻还是直播水稻，均取得了高产、节水和水分高效利用的效果（表 6-2）。与对照相比，直播水稻畦沟灌溉的产量增加了 9.39%～10.58%；移栽水稻畦沟灌溉的产量增加了 7.27%～9.52%；直播水稻畦沟灌溉的水减少了 28%～32%，移栽水稻畦沟灌溉的水减少了 29%～30%；灌溉水生产力，直播水稻畦沟灌溉增加了 51.1%～62.8%；移栽水稻畦沟灌溉增加了 53.7%～55.0%（表 6-2）。从表 6-2 还可以看出，在以土壤含水量、以土壤埋水深度和以土壤水势为指标的 3 种畦沟灌溉方法之间，其产量、灌溉水量和灌溉水生产力的差异均很小，均可获得高产、节水与水分高效利用的效果。因此，在水稻生产上，土壤含水量、土壤埋水深度或土壤水势均可作为直播水稻和移栽水稻控制式畦沟灌溉的指标。

表 6-2　畦沟灌溉条件下的水稻产量、灌溉水量和灌溉水生产力

稻作方式	灌溉方法	样本数	产量/(t/hm²)	灌溉水量/(m³/hm²)	灌溉水生产力/(kg/m³)
直播水稻	常规灌溉（对照）	6	8.84±0.25	4900±280	1.80±0.12
	畦沟灌溉（以土壤含水量为指标，方法 1）		9.67±0.34**	3550±230**	2.72±0.21**
	常规灌溉（对照）	7	8.79±0.27	5115±354	1.72±0.16
	畦沟灌溉（以土壤埋水深度为指标，方法 2）		9.72±0.31**	3475±245**	2.80±0.25**
	常规灌溉（对照）	9	8.85±0.31	4810±220	1.84±0.15
	畦沟灌溉（以土壤水势为指标，方法 3）		9.69±0.35**	3320±276**	2.92±0.19**
移栽水稻	常规灌溉（对照）	5	9.12±0.27	5345±265	1.71±0.13
	畦沟灌溉（以土壤含水量为指标，方法 1）		9.86±0.31**	3720±228**	2.65±0.22**
	常规灌溉（对照）	6	8.93±0.27	5450±305	1.64±0.15
	畦沟灌溉（以土壤埋水深度为指标，方法 2）		9.78±0.35**	3885±260**	2.52±0.24**
	常规灌溉（对照）	8	9.21±0.22	5225±215	1.76±0.16
	畦沟灌溉（以土壤水势为指标，方法 3）		9.88±0.29**	3640±250**	2.71±0.17**

注：常规灌溉：直播水稻于播种期和幼苗期田间无水层，自第 4 叶片抽出至成熟畦面保持浅水层；移栽水稻于分蘖末、拔节初排水搁田，其余时间畦面保持浅水层，收获前一周断水；畦沟灌溉，参照表 6-1 的灌溉指标和灌溉水量进行灌溉。在各类方法的试验与示范中，均含有砂土、壤土和黏土 3 种土壤类型；灌溉水生产力=产量/灌溉水量；**表示与对照在 $P=0.01$ 水平上差异显著

Wang 等[7]以杂交稻甬优 2640 和常规粳稻淮稻 5 号为材料进行直播，作者以常规籼稻扬稻 6 号和粳稻扬粳 4038（超级稻）为材料进行育苗移栽。两种稻作方式均用土壤水势作为畦沟灌溉的指标（参见表 6-1），在有遮雨设施的条件下观察了畦沟灌溉对水稻产量、灌溉水生产力、氮素籽粒生产效率（IE_N，产量/成熟期植株氮素吸收量）的影响。结果表明，直播水稻的产量较常规灌溉（对照，于播种期和幼苗期畦面无水层，自第 4 叶片抽出至成熟畦面保持浅水层）的产量提高了 13.3%～13.5%；移栽水稻的产量较常规灌溉（对照，开沟做畦，分蘖末、拔节初排水搁田，收获前一周断水，其余时间畦面保持浅水层）增加了 6.9%～10.8%（表 6-3）。从产量构成因素分析，畦沟灌溉显著提高了单位面积穗数，结实率和千粒重（表 6-3）。除甬优 2640 在直播条件下畦沟灌溉的每穗颖花数较常规灌溉显著

降低外，其余品种的每穗颖花数在畦沟灌溉和常规灌溉之间无显著差异。因此，畦沟灌溉的单位面积总颖花数显著较对照增加（表 6-3）。说明畦沟灌溉在增加水稻总库容量的同时，可以促进库容的充实。

表 6-3　畦沟灌溉对水稻产量及其构成因素的影响

稻作方式	品种	灌溉方式	产量/(t/hm²)	穗数/(个/m²)	每穗颖花数	总颖花数/(万个/m²)	结实率/%	千粒重/g
直播水稻	甬优 2640	常规灌溉	10.23 b	205 d	242 a	4.94 b	80.7 d	25.3 d
		畦沟灌溉	11.61 a	222 c	235 b	5.20 a	85.5 b	26.3 c
	淮稻 5 号	常规灌溉	8.59 c	327 b	107 c	3.48 d	89.9 b	27.3 b
		畦沟灌溉	9.74 b	350 a	104 c	3.62 c	95.1 a	28.3 a
移栽水稻	扬稻 6 号	常规灌溉	8.77 b	248 d	164 a	4.07 c	80.9 c	26.4 b
		畦沟灌溉	9.72 b	259 c	163 a	4.22 b	86.2 b	27.2 a
	扬粳 4038	常规灌溉	9.21 c	282 b	142 b	4.00 c	84.2 b	25.6 c
		畦沟灌溉	9.85 b	289 a	143 b	4.13 b	90.3 a	26.6 b

注：表中部分数据引自参考文献[7]；常规灌溉：直播水稻于播种期和幼苗期畦面无水层，自第 4 叶片抽出至成熟畦面保持浅水层；移栽水稻于分蘖末、拔节初排水搁田，其余时间保持浅水层，收获前一周断水；畦沟灌溉，参照表 6-1 的灌溉指标和灌溉水量进行灌溉；不同字母表示在 $P=0.05$ 水平上差异显著，同栏、同稻作方式内比较；下表同

Wang 等[7]的结果还显示，与常规灌溉相比，直播水稻畦沟灌溉的灌溉水量减少了 28.1%～29.4%，灌溉水生产力提高了 57.7%～61.0%；移栽水稻畦沟灌溉的灌溉水量减少了 27.0%～27.1%，灌溉水生产力提高了 46.6%～52.0%（表 6-4）。成熟期稻株中氮吸收量，虽畦沟灌溉较常规灌溉有所增加，但除甬优 2640 的氮素吸收量在两种灌溉方式间有显著差异外，其余品种的差异均不显著（表 6-4）。氮素籽粒生产效率（IE_N），畦沟灌溉显著高于常规灌溉，直播水稻提高了 6.7%～12.9%，移栽水稻提高了 6.3%～9.5%（表 6-4）。表明不论水稻是直播还是移栽，畦沟灌溉均可提高水稻产量、水分利用效率和氮素利用效率。

表 6-4　畦沟灌溉对水稻氮素籽粒生产效率（IE_N）和灌溉水生产力的影响

稻作方式	品种	灌溉方式	氮素吸收量/(kg/hm²)	IE_N/(kg/kg)	灌溉水量/(m³/hm²)	灌溉水生产力/(kg/m³)
直播水稻	甬优 2640	常规灌溉	198 b	51.7 c	4922 a	2.08 c
		畦沟灌溉	210 a	55.3 b	3541 b	3.28 a
	淮稻 5 号	常规灌溉	170 c	50.5 c	4850 b	1.77 d
		畦沟灌溉	171 c	57.0 a	3423 c	2.85 b
移栽水稻	扬稻 6 号	常规灌溉	174 b	50.4 b	5126 b	1.71 b
		畦沟灌溉	176 b	55.2 a	3744 d	2.60 a
	扬粳 4038	常规灌溉	180 b	51.2 b	5237 b	1.76 b
		畦沟灌溉	183 a	54.4 a	3818 c	2.58 a

注：氮素籽粒生产效率（IE_N）= 产量/成熟期植株氮累积量；灌溉水生产力=产量/灌溉水量；不同字母表示在 $P=0.05$ 水平上差异显著，同栏、同稻作方式内比较

6.3 控制式畦沟灌溉对水稻农艺生理性状的影响

6.3.1 分蘖数、叶面积指数和粒叶比

无论是直播水稻还是移栽水稻,在分蘖早期和成熟期的茎蘖数均表现为畦沟灌溉显著多于常规灌溉,在抽穗期的茎蘖数则为畦沟灌溉少于常规灌溉(表6-5)。拔节期的茎蘖数因稻作方式不同而异,直播水稻的茎蘖数在畦沟灌溉和常规灌溉之间无显著差异,移栽水稻的茎蘖数畦沟灌溉显著少于常规灌溉(表6-5)。最终的茎蘖成穗率,直播水稻畦沟灌溉较常规灌溉高出5个百分点左右,移栽水稻畦沟灌溉较常规灌溉高出6个百分点左右(表6-5)。说明在畦沟灌溉条件下,水稻具有分蘖发生早,无效分蘖发生少,分蘖成穗率高,有效穗数多的特点。

表 6-5 畦沟灌溉对水稻茎蘖数和茎蘖成穗率的影响

| 稻作方式 | 品种 | 灌溉方式 | 茎蘖数/(个/m²) | | | | 茎蘖成穗率/% |
			分蘖早期	拔节期	抽穗期	成熟期	
直播水稻	甬优 2640	常规灌溉	146 d	269 b	240 c	205 d	76.2 b
		畦沟灌溉	156 c	268 b	228 d	222 c	82.8 a
	淮稻 5 号	常规灌溉	205 b	460 a	397 a	327 b	71.1 c
		畦沟灌溉	220 a	458 a	368 b	350 a	76.4 b
移栽水稻	扬稻 6 号	常规灌溉	178 b	341 c	275 c	248 d	72.8 c
		畦沟灌溉	187 a	329 d	263 d	259 c	78.9 a
	扬粳 4038	常规灌溉	169 c	378 a	341 a	282 b	74.6 b
		畦沟灌溉	175 a	359 b	312 b	289 a	80.5 a

注:茎蘖成穗率(%)= 成熟期穗数/拔节期茎蘖数×100;不同字母表示在 $P=0.05$ 水平上差异显著,同栏、同稻作方式内比较

除抽穗期水稻叶面积指数(LAI)在畦沟灌溉与常规灌溉间无显著差异外,其余生育时期如分蘖早期、穗分化始期和成熟期,畦沟灌溉的 LAI 显著高于常规灌溉(表6-6)。水稻生长前期(从分蘖早期至穗分化始期,ET-PI)、生长中期(从穗分化始期至抽穗期,PI-HT)、生长后期(从抽穗期至成熟期,HT-MA)的叶片光合势,畦沟灌溉均显著大于常规灌溉(表6-6)。

表 6-6 畦沟灌溉对水稻叶面积指数和光合势的影响

| 稻作方式 | 品种 | 灌溉方式 | 叶面积指数 | | | | 光合势/[(m²·d)/m²] | | |
			分蘖早期(ET)	穗分化始期(PI)	抽穗期(HT)	成熟期(MA)	ET-PI	PI-HT	HT-MA
直播水稻	甬优 2640	常规灌溉	0.68 b	4.49 b	7.75 a	2.22 b	51.7 b	196 b	274 b
		畦沟灌溉	0.75 a	5.44 a	7.64 a	2.82 a	61.9 a	209 a	288 a
	淮稻 5 号	常规灌溉	0.51 d	3.56 d	6.34 b	1.53 c	44.8 c	163 d	189 d
		畦沟灌溉	0.59 c	4.05 c	6.32 b	1.97 b	51.0 b	171 c	199 c

续表

稻作方式	品种	灌溉方式	叶面积指数				光合势/[（m²·d）/m²]		
			分蘖早期（ET）	穗分化始期（PI）	抽穗期（HT）	成熟期（MA）	ET-PI	PI-HT	HT-MA
移栽水稻	扬稻 6 号	常规灌溉	0.63 b	4.22 b	7.49 a	2.11 c	50.9 b	193 b	245 b
		畦沟灌溉	0.71 a	4.73 a	7.32 a	2.67 a	57.1 a	199 a	255 a
	扬粳 4038	常规灌溉	0.62 b	3.76 c	7.37 a	2.02 c	46.0 c	189 c	249 b
		畦沟灌溉	0.69 a	4.15 b	7.26 a	2.35 b	50.8 b	194 b	255 a

注：光合势=绿叶面积（m²/m²）× 绿叶面积持续时间（d）；不同字母表示在 P=0.05 水平上差异显著，同栏、同稻作方式内比较

　　水稻生长前期较大的光合势，有利于快生早发，生长中期较大的光合势，则有利于穗的分化发育和形成较大的产量库容，生长后期较大的光合势，则有利于花后的物质生产，促进产量库容的充实[12, 13]。畦沟灌溉分蘖发生早、库容量大、库容充实好，整个生育期光合势大是一个重要原因。

　　水稻群体粒叶比，即颖花叶面积比（总颖花数/抽穗期叶面积）、实粒叶面积比（总实粒数/抽穗期叶面积）、总粒重叶面积比（产量/抽穗期叶面积），无论是直播水稻还是移栽水稻，各品种均表现为畦沟灌溉大于常规灌溉（表 6-7）。

表 6-7　畦沟灌溉对水稻群体粒叶比的影响

稻作方式	品种	灌溉方式	颖花叶面积比	实粒叶面积比	总粒重叶面积比
直播水稻	甬优 2640	常规灌溉	0.637 b	0.514 c	13.2 b
		畦沟灌溉	0.681 a	0.582 a	15.2 a
	淮稻 5 号	常规灌溉	0.549 c	0.493 c	13.5 b
		畦沟灌溉	0.573 d	0.545 b	15.4 a
移栽水稻	扬稻 6 号	常规灌溉	0.543 b	0.440 b	11.7 c
		畦沟灌溉	0.577 a	0.497 a	13.3 a
	扬粳 4038	常规灌溉	0.543 b	0.457 b	12.5 b
		畦沟灌溉	0.569 a	0.514 a	13.6 a

注：颖花叶面积比=总颖花数/抽穗期叶面积；实粒叶面积比=总实粒数/抽穗期叶面积；总粒重叶面积比=产量/抽穗期叶面积；不同字母表示在 P=0.05 水平上差异显著，同栏、同稻作方式内比较

　　颖花叶面积比反映了单位叶面积所负载的库容大小；实粒叶面积比不仅反映了单位叶面积负载库容量大小，而且反映了抽穗前灌浆物质的累积情况和抽穗后光合环境的优劣；总粒重叶面积比，是源对库的实际贡献，它既反映了源与库两个方面，又表达了"流"的信息[14-16]。粒叶比高，不仅表明群体有较大的产量库容，而且有利于增强叶片的光合作用，促进同化物向籽粒转运[14-16]。因此，粒叶比是反映群体源库协调性的一个重要生理指标，提高粒叶比是提高产量的一条重要途径[14-16]。在畦沟灌溉条件下粒叶比高，说明该灌溉方式可以较好地协调水稻群体的源库关系，形成高产群体。

6.3.2 叶片着生角度、群体透光率和叶片光合速率

抽穗期顶部 3 叶叶片着生角度，无论是直播水稻还是移栽水稻，畦沟灌溉均要小于常规灌溉，前者要比后者小 1.7°～2.4°（表 6-8）。抽穗期离地面 20cm 处群体透光率，直播水稻畦沟灌溉较常规灌溉高出 5.1～6.5 个百分点，移栽水稻畦沟灌溉较常规灌溉高出 3.7～4.2 个百分点（表 6-8）。畦沟灌溉对群体透光率的影响在直播水稻和移栽水稻间的差异，可能与品种不同或与群体密度不同有关。顶部叶片着生角度小，表明叶片挺立，有利于群体基部的通风透光，而群体基部的透光率大，有利于基部叶片的光合作用和根系的生长[17-19]。

表 6-8　畦沟灌溉对水稻顶部 3 叶着生角度、群体透光率和剑叶光合速率的影响

稻作方式	品种	灌溉方式	顶部 3 叶叶基角/ (°)	基部透光率/%	灌浆期剑叶光合速率/[μmol/ (m²·s)]		
					前期	中期	后期
直播水稻	甬优 2640	常规灌溉	13.2 b	13.5 b	21.2 b	14.4 c	6.85 b
		畦沟灌溉	11.5 c	18.6 a	23.5 a	18.3 a	11.9 a
	淮稻 5 号	常规灌溉	14.5 b	11.7 c	20.6 b	12.2 d	4.59 c
		畦沟灌溉	12.7 b	18.2 a	22.9 a	16.5 b	10.6 a
移栽水稻	扬稻 6 号	常规灌溉	14.2 b	11.6 b	22.3 b	13.8 b	5.43 b
		畦沟灌溉	12.3 b	15.3 a	24.8 a	17.2 a	9.69 a
	扬粳 4038	常规灌溉	14.5 b	12.2 b	21.5 b	14.3 b	6.32 b
		畦沟灌溉	12.1 b	16.4 a	23.9 a	17.9 a	9.98 a

注：叶基角和基部透光率在抽穗期测定；叶基角为叶片基部与着生茎的夹角；基部透光率为离地面 20cm 处的光强占冠层顶部（高出冠层顶部 20cm）光强的百分率；灌浆前、中、后期分别为抽穗后 10～12 天、22～24 天和 36～40 天；不同字母表示在 $P=0.05$ 水平上差异显著，同栏、同稻作方式内比较

直播水稻和移栽水稻各品种灌浆期叶片光合速率，均表现为畦沟灌溉显著高于常规灌溉（表 6-8），而且随着灌浆期的推迟，叶片光合速率在畦沟灌溉和常规灌溉之间的差异就越大。例如，灌浆前、中、后期的光合速率，直播水稻畦沟灌溉较常规灌溉分别高出 10.8%～11.2%、27.1%～35.2%、73.7%～131%，移栽水稻畦沟灌溉较常规灌溉分别高出 11.2%、24.6%～25.2%、57.9%～78.5%（表 6-8）。说明畦沟灌溉有利于叶片光合作用，延迟叶片衰老，延长光合时间。

6.3.3 地上部干重、群体生长速率和茎中同化物转运

分蘖早期、穗分化始期和成熟期的地上部植株干重，无论是直播水稻还是移栽水稻，均为畦沟灌溉显著高于常规灌溉；抽穗期的地上部植株干重，在移栽条

件下畦沟灌溉与常规灌溉无显著差异，在直播条件下畦沟灌溉显著高于常规灌溉（表 6-9）。作物生长速率，在分蘖早期至穗分化始期（ET-PI）和抽穗期至成熟期（HT-MA），畦沟灌溉显著大于常规灌溉；在穗分化始期至抽穗期（PI-HT），畦沟灌溉与常规灌溉无显著差异，两种稻作方式、各品种变化趋势一致（表 6-9）。说明在畦沟灌溉条件下水稻生长具有"前期快、中间稳、后期量大"的特点，这些生长特点有利于提高产量[20-22]。

表 6-9 畦沟灌溉对水稻地上部干重和作物生长速率的影响

稻作方式	品种	灌溉方式	地上部干重/（t/hm²）				作物生长速率/[g/（m²·d）]		
			分蘖早期（ET）	穗分化始期（PI）	抽穗期（HT）	成熟期（MA）	ET-PI	PI-HT	HT-MA
直播水稻	甬优 2640	常规灌溉	0.75 b	4.05 b	10.8 b	17.7 b	16.5 b	21.1 a	12.5 b
		畦沟灌溉	0.79 a	4.78 a	11.7 a	19.8 a	20.0 a	21.6 a	14.7 a
	淮稻 5 号	常规灌溉	0.67 d	3.42 c	9.25 d	15.1 d	12.5 d	17.7 b	12.2 b
		畦沟灌溉	0.71 c	3.95 b	9.85 c	16.7 c	14.7 c	17.9 b	14.3 a
移栽水稻	扬稻 6 号	常规灌溉	0.73 b	3.97 b	10.8 b	17.8 c	15.4 b	20.6 b	13.8 b
		畦沟灌溉	0.79 a	4.32 a	11.1 ab	19.1 ab	16.8 a	20.6 b	15.7 a
	扬粳 4038	常规灌溉	0.75 b	4.01 b	11.3 ab	18.7 b	15.5 b	21.5 a	13.9 b
		畦沟灌溉	0.82 a	4.35 a	11.5 a	19.4 a	16.8 a	20.9 ab	15.1 a

注：作物生长速率=某一生育时期增加的干重（g/m²）/该生育时期的天数（d）；不同字母表示在 $P=0.05$ 水平上差异显著，同稻作方式内比较

畦沟灌溉较常规灌溉显著增加了抽穗期茎（含叶鞘）中非结构性碳水化合物（NSC）含量，直播水稻畦沟灌溉较常规灌溉平均高出 30.4%，移栽水稻畦沟灌溉较常规灌溉平均高出 17.5%（表 6-10）。畦沟灌溉显著促进了灌浆期茎中 NSC 向籽粒的转运。抽穗期至成熟期茎中 NSC 的转运率，直播水稻畦沟灌溉较常规灌溉高出 22.4～22.5 个百分点，移栽水稻畦沟灌溉较常规灌溉高出 14.3～17.7 个百分点；茎与叶鞘中 NSC 对产量的贡献率（NSC 转运量占产量干重的百分率），直播水稻畦沟灌溉较常规灌溉高出 6.64～6.68 个百分点，移栽水稻畦沟灌溉较常规灌溉高出 4.78～5.39 个百分点；成熟期收获指数，直播水稻畦沟灌溉较常规灌溉高出 2.6%，移栽水稻畦沟灌溉较常规灌溉高出 2.8%～3.3%（表 6-10）。以往研究表明，抽穗期茎中 NSC 的累积量高，有利于抽穗后籽粒灌浆充实；NSC 转运量和对产量贡献率高，有利于提高产量和收获指数，进而提高物质生产效率和水分、养分利用效率[18, 23, 24]。在畦沟灌溉条件下，结实率高、收获指数高、氮素籽粒生产效率高和灌溉水生产力高，与其茎和叶鞘中 NSC 转运率高、对产量贡献率大有密切关系。

表 6-10 畦沟灌溉对水稻茎与叶鞘中非结构性碳水化合物（NSC）转运和收获指数的影响

稻作方式	品种	灌溉方式	茎与叶鞘中 NSC/（g/m²）		NSC/%		收获指数
			抽穗期	成熟期	转运率	对产量贡献率	
直播水稻	甬优 2640	常规灌溉	195 c	126 a	35.4 c	7.84 b	0.491 b
		畦沟灌溉	254 a	107 b	57.9 a	14.72 a	0.504 a
	淮稻 5 号	常规灌溉	160 d	109 b	31.9 d	6.90 b	0.492 b
		畦沟灌溉	209 b	95.6 c	54.3 b	13.54 a	0.505 a
移栽水稻	扬稻 6 号	常规灌溉	192 d	119 c	38.0 c	9.68 c	0.492 b
		畦沟灌溉	226 b	100 d	55.7 a	15.07 a	0.508 a
	扬粳 4038	常规灌溉	201 c	136 a	32.3 d	8.21 d	0.493 b
		畦沟灌溉	236 a	126 b	46.6 b	12.99 b	0.507 a

注：茎与叶鞘中非结构性碳水化合物（NSC）转运率（%）=（抽穗期茎与叶鞘中 NSC–成熟期茎与叶鞘中 NSC）/抽穗期茎与叶鞘中 NSC×100；NSC 对籽粒贡献率（%）=（抽穗期茎与叶鞘中 NSC–成熟期茎与叶鞘中 NSC）/产量（干重）×100；不同字母表示在 P=0.05 水平上差异显著，同栏、同稻作方式内比较

6.3.4 根干重和根系氧化力

抽穗期根干重，无论是直播水稻还是移栽水稻，畦沟灌溉均较常规灌溉显著增加，增加幅度为 5.5%～9.6%（表 6-11）。畦沟灌溉还显著提高了灌浆期根系氧化力，且随灌浆进程推进，根系氧化力提高的幅度增大（表 6-11）。与常规灌溉相比，灌浆前、中、后期的根系氧化力，直播水稻畦沟灌溉分别增加了 11.5%～17.1%、25.5%～42.8%、103%～105%；移栽水稻畦沟灌溉分别增加了 17.9%～25.6%、33.9%～37.6%、94.1～95.6%（表 6-11）。相关分析表明，灌浆期根系氧化力与叶片光合速率呈极显著的正相关（$r = 0.97^{**}$～0.98^{**}）（图 6-1）。说明畦沟灌溉既提高了根系活性，又有利于地上部的生长，同样，地上部生长的促进也有利于根系生长。

表 6-11 畦沟灌溉对水稻抽穗期根干重和灌浆期根系氧化力的影响

稻作方式	品种	灌溉方式	抽穗期根干重/（g/m²）	灌浆期根系氧化力/[μg α-萘胺/（g 干重·h）]		
				前期	中期	后期
直播水稻	甬优 2640	常规灌溉	163 b	363 b	275 b	120 b
		畦沟灌溉	176 a	425 a	345 a	246 a
	淮稻 5 号	常规灌溉	135 d	322 c	236 c	105 c
		畦沟灌溉	148 c	359 b	337 a	213 b
移栽水稻	扬稻 6 号	常规灌溉	155 c	368 b	282 b	113 b
		畦沟灌溉	167 b	434 a	388 a	221 a
	扬粳 4038	常规灌溉	164 b	332 c	274 b	118 b
		畦沟灌溉	173 a	417 a	367 a	229 a

注：不同字母表示在 P=0.05 水平上差异显著，同栏、同稻作方式内比较

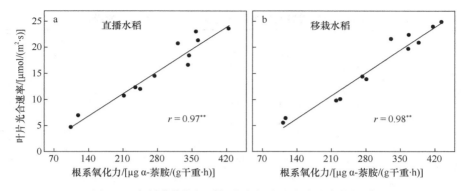

图 6-1　水稻灌浆期根系氧化力与叶片光合速率的关系

数据来自表 6-8 和表 6-11

6.4　控制式畦沟灌溉对稻米品质的影响

与常规灌溉相比,畦沟灌溉显著改善了稻米的加工品质和外观品质(表 6-12)。稻米出糙率、精米率和整精米率,畦沟灌溉分别提高了 2.4～3.8 个百分点、1.9～3.6 个百分点和 2.8～3.5 个百分点;稻米垩白粒率和垩白度,畦沟灌溉分别较常规灌溉降低了 3.7～9.9 个百分点和 1.23～2.45 个百分点(表 6-12)。

表 6-12　畦沟灌溉对稻米加工品质和外观品质的影响

稻作方式	品种	灌溉方式	出糙率/%	精米率/%	整精米率/%	垩白粒率/%	垩白度/%
直播水稻	甬优 2640	常规灌溉	80.1 c	69.2 c	57.3 d	28.4 a	6.32 b
		畦沟灌溉	82.6 a	72.5 b	60.5 c	18.5 c	4.01 d
	淮稻 5 号	常规灌溉	81.5 b	72.3 b	63.3 b	27.2 a	6.93 a
		畦沟灌溉	83.9 a	74.2 a	66.8 a	20.3 b	4.95 c
移栽水稻	扬稻 6 号	常规灌溉	76.7 c	70.1 d	60.5 d	26.5 a	5.67 a
		畦沟灌溉	80.5 a	73.7 b	63.9 b	20.3 c	4.22 b
	扬粳 4038	常规灌溉	80.2 b	72.2 c	62.6 c	27.3 a	5.38 a
		畦沟灌溉	83.1 a	74.7 a	65.8 a	23.6 b	4.15 b

注:不同字母表示在 $P=0.05$ 水平上差异显著,同栏、同稻作方式内比较

稻米直链淀粉含量、碱解值、蛋白质含量和非必需氨基酸含量在畦沟灌溉与常规灌溉间无显著差异,但畦沟灌溉较常规灌溉显著增加了稻米胶稠度和必需氨基酸含量(表 6-13)。说明畦沟灌溉可以改善稻米的营养品质。

畦沟灌溉较常规灌溉显著提高了稻米淀粉黏滞谱(RVA)特征参数中的峰值黏度和崩解值,显著降低了热浆黏度和消减值(表 6-14)。稻米淀粉黏滞谱(RVA)特征参数反映了稻米的食味性,一般具有较高的峰值黏度和崩解值、较低的热浆

表 6-13　畦沟灌溉对稻米蒸煮食味品质和营养品质的影响

稻作方式	品种	灌溉方式	胶稠度/mm	直链淀粉含量/%	碱解值	蛋白质含量/%	必需氨基酸含量/%	非必需氨基酸含量/%
直播水稻	甬优 2640	常规灌溉	62.3 d	20.8 a	5.8 b	7.4 a	1.82 b	2.23 a
		畦沟灌溉	64.8 c	20.3a	6.1 b	7.2a	1.93 a	2.21 a
	淮稻 5 号	常规灌溉	67.2 b	18.9 b	6.6 a	7.6 a	1.84 b	2.24 a
		畦沟灌溉	69.4 b	18.1 b	6.8 a	7.5 a	1.95 a	2.19 a
移栽水稻	扬稻 6 号	常规灌溉	58.3 d	17.2 b	5.9 b	7.8 a	1.81 c	2.18 b
		畦沟灌溉	60.6 c	16.7 b	6.2 b	7.5 a	1.89 b	2.15 b
	扬粳 4038	常规灌溉	69.2 b	18.4 b	6.4 ab	7.5 a	1.92 b	2.27 a
		畦沟灌溉	72.7 a	18.1 a	6.8 a	7.3 a	1.99 a	2.24 a

注：必需氨基酸含量为赖氨酸、缬氨酸、甲硫氨酸、苏氨酸、异亮氨酸、苯丙氨酸、亮氨酸、组氨酸和精氨酸含量之和；非必需氨基酸含量为天冬氨酸、丝氨酸、谷氨酸、甘氨酸、丙氨酸、脯氨酸、半胱氨酸和酪氨酸含量之和；不同字母表示在 P=0.05 水平上差异显著，同栏、同稻作方式内比较

表 6-14　畦沟灌溉对稻米淀粉黏滞谱（RVA）特征参数的影响　（单位：cP）

稻作方式	品种	灌溉方式	峰值黏度	热浆黏度	最终黏度	崩解值	消减值
直播水稻	甬优 2640	常规灌溉	2987 c	2362 a	3255 a	625 d	268 a
		畦沟灌溉	3275 b	2115 b	3173 a	1160 b	−102 c
	淮稻 5 号	常规灌溉	3045 c	2284 a	3004 b	761 c	−41 b
		畦沟灌溉	3399 a	2123 b	2916 b	1276 a	−483 d
移栽水稻	扬稻 6 号	常规灌溉	2875 c	2309 a	3248 a	566 c	373 a
		畦沟灌溉	3093 b	2117 c	3196 b	976 b	103 b
	扬粳 4038	常规灌溉	3147 b	2158 b	2919 b	989 b	−228 c
		畦沟灌溉	3415 a	1985 d	2903 b	1430 a	−512 d

注：不同字母表示在 P=0.05 水平上差异显著，同栏、同稻作方式内比较

黏度和消减值的稻米，其口感较好[25-27]。在畦沟灌溉条件下，稻米的峰值黏度和崩解值较大，热浆黏度和消减值较小，说明畦沟灌溉可以改善稻米的食味性。

6.5　控制式畦沟灌溉对稻田甲烷和氧化亚氮排放的影响

6.5.1　甲烷和氧化亚氮排放

直播水稻在常规灌溉条件下，稻田甲烷排放通量在播后 30～50 天有一个峰值（图 6-2a，图 6-2b），主要与此时温度较高、水稻生长旺盛有关。此外，在生长前期和中后期还出现 5 个小的峰值，其余时间的甲烷排放通量很低。在畦沟灌溉条件下，稻田甲烷排放通量仅在生长前期出现 4 个小的峰值，但这些峰值及整个生育期稻田甲烷排放通量均明显小于常规灌溉（图 6-2a，图 6-2b）。

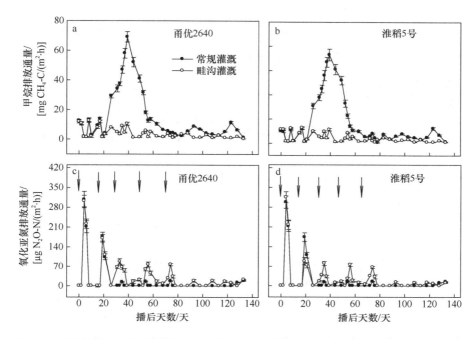

图 6-2　畦沟灌溉对直播水稻生长季甲烷（a，b）和氧化亚氮（c，d）排放通量的影响
图中箭头表示氮肥施用时期

　　直播水稻田氧化亚氮排放通量受施肥时期和畦面水分状况的影响（图 6-2c，图 6-2d）。从播种到播后 20 天，无论是常规灌溉还是畦沟灌溉，当畦面处于无水层状态时，出现 2 个氧化亚氮排放通量的峰值，分别在播后 5～6 天和 17～18 天，这主要与播前 1 天和播后 14 天施用氮素肥料有密切关系。在常规灌溉条件下，其余时期氧化亚氮排放通量很低。在畦沟灌溉且畦面落干条件下，当播后 32 天、52 天和 71 天施用氮肥后，氧化亚氮排放通量分别在播后 34～35 天、54～56 天和 73～75 天出现 3 个小的峰值，其余时期氧化亚氮排放通量保持在一个很低的水平，两个水稻品种的结果趋势基本一致（图 6-2c，图 6-2d）。

　　移栽水稻田甲烷和氧化亚氮排放通量与直播水稻田的排放通量有所不同（图 6-3a～图 6-3d）。移栽水稻在常规灌溉条件下，稻田甲烷排放通量在生育前中期较高，在生育后期较低，最大峰值出现在排水搁田后的复水期，即移栽后 52～55 天（图 6-3a，图 6-3b），此期温度较高、水稻生长旺盛。移栽水稻在畦沟灌溉条件下，稻田甲烷排放主要在畦面有水层的返青活棵期及生育前期畦面落干后的复水期，生育中后期的甲烷排放通量很低（图 6-3a，图 6-3b）。在整个生育期，畦沟灌溉的稻田甲烷排放通量显著小于常规灌溉。

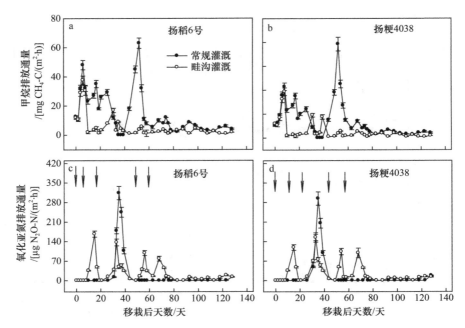

图 6-3 畦沟灌溉对移栽水稻生长季甲烷（a，b）和氧化亚氮（c，d）排放通量的影响
图中箭头表示氮肥施用时期

在常规灌溉条件下，移栽水稻田的氧化亚氮排放通量在搁田期（移栽后 37～44 天）有一个较大的峰值，其余时期氧化亚氮排放通量很小（图 6-3c，图 6-3d）。在畦沟灌溉条件下，移栽水稻田氧化亚氮的排放通量在整个生育期出现 4 个峰值，分别在移栽后 16～18 天、33～35 天、55～57 天和 72～74 天。这 4 个峰值出现在氮肥使用之后且畦面处于无水层状态，其余时期氧化亚氮排放通量较低（图 6-3c，图 6-3d）。

6.5.2 全球增温潜势和温室气体强度

在水稻直播条件下，与常规灌溉相比，整个生育期稻田甲烷排放量，畦沟灌溉降低了 77%～78%，氧化亚氮的排放量增加了 134%～146%（表 6-15）。由于甲烷排放量占全球增温潜势（甲烷的 CO_2 当量值与 N_2O 的 CO_2 当量值之和）的绝大部分，氧化亚氮排放量占全球增温潜势的比例，在常规灌溉条件下仅为 0.95%～1.07%，在畦沟灌溉条件下为 9.5%～10.3%，因此，畦沟灌溉较常规灌溉显著降低了全球增温潜势，降低的幅度为 74.8%～75.5%。温室气体强度（单位产量的全球增温潜势），畦沟灌溉较常规灌溉降低了 77%～78%（表 6-15）。

表 6-15　畦沟灌溉对稻田甲烷和氧化亚氮排放、全球增温潜势及温室气体强度的影响

稻作方式	品种	灌溉方式	甲烷/ (kg CH$_4$-C/hm^2)	氧化亚氮/ (kg N$_2$O-N/hm^2)	全球增温潜势/ (kg CO$_2$ eq/hm^2)	温室气体强度/ (kg CO$_2$ eq/kg)
直播水稻	甬优 2640	常规灌溉	482 b	0.44 c	12181 b	1.19 b
		畦沟灌溉	107 d	1.03 a	2982 d	0.27 d
	淮稻 5 号	常规灌溉	534 a	0.43 c	13478 a	1.57 a
		畦沟灌溉	120 c	1.06 b	3316 c	0.34 c
移栽水稻	扬稻 6 号	常规灌溉	496 b	0.45 c	12534 b	1.43 a
		畦沟灌溉	115 c	0.96 a	3161 c	0.33 b
	扬粳 4038	常规灌溉	512 a	0.44 b	12931 a	1.40 a
		畦沟灌溉	117 c	0.93 a	3202 b	0.33 b

注：全球增温潜势=25×CH$_4$ + 298×N$_2$O；温室气体强度=全球增温潜势/籽粒产量；不同字母表示在 P=0.05 水平上差异显著，同栏、同稻作方式内比较

　　在水稻移栽条件下，整个生育期稻田甲烷排放量，畦沟灌溉较常规灌溉降低了76%～77%，畦沟灌溉的氧化亚氮排放量较常规灌溉增加了 111%～113%（表 6-15）。甲烷和氧化亚氮排放量占全球增温潜势的比例，在常规灌溉条件下分别为98.9%～99.0% 和 1.0%～1.1%；在畦沟灌溉条件下分别为 90.9%～91.3%和8.7%～9.1%。再次说明甲烷是稻田温室气体的主要成分。全球增温潜势和温室气体强度，畦沟灌溉较常规灌溉分别降低了 74.8%～75.2%和 76%～77%（表 6-15）。

　　综上，无论是是直播水稻还是移栽水稻，采用控制式畦沟灌溉，即根据畦面土壤水分状况进行灌溉，并控制灌溉水量，可以较常规灌溉显著增加产量，节约用水，提高水分利用效率和氮素利用效率，改善稻米品质，并可较大幅度地减少稻田甲烷排放，进而较大幅度地减少全球增温潜势和温室气体强度。在畦沟灌溉条件下，水稻根量大，根系活性强，无效分蘖少，顶部叶片挺立，基部透光条件好，光合势大，粒叶比高，叶片光合速率和作物生长速率特别是抽穗期至成熟期干物质累积量高，抽穗前茎与叶鞘中光合同化物累积量多，成熟期茎中同化物向籽粒转运量多，是水稻高产与水分、养分高效利用的重要生理原因。但控制式畦沟灌溉比常规灌溉增加了稻田氧化亚氮的排放，如何在控制式畦沟灌溉条件下减少稻田氧化亚氮的排放，尚需深入研究。

参 考 文 献

[1] Brooks S A, Anders M M, Yeater K M. Effect of furrow irrigation on the severity of false smut in susceptible rice varieties. Plant Disease, 2010, 94: 570-574.

[2] Kukal S S, Sudhir-Y, Humphreys E, et al. Factors affecting irrigation water savings in raised beds in rice and wheat. Field Crops Research, 2010, 118: 43-50.

[3] 章秀福, 王丹英, 屈衍艳, 等. 垄畦栽培水稻的植株形态与生理特性研究. 作物学报, 2005,

31(6): 742-748.

[4] 高明, 车福才, 魏朝富, 等. 垄作免耕稻田水稻根系生长状况的研究. 土壤通报, 1998, 29(5): 236-238.

[5] 高明, 张磊, 魏朝富, 等. 稻田长期垄作免耕对水稻产量及土壤肥力的影响研究. 植物营养与肥料学报, 2004, 10(4): 343-348.

[6] 钱永德, 李金峰, 郑桂萍, 等. 垄作栽培对寒地水稻根系生长的影响. 中国水稻科学, 2005, 19(3): 238-242.

[7] Wang Z Q, Gu D J, Beebout S S, et al. Effect of irrigation regime on grain yield, water productivity, and methane emissions in dry direct-seeded rice grown in raised beds with wheat straw incorporation. The Crop Journal, 2018, 6: 495-508.

[8] Zhang Y, Liu H, Guo Z, et al. Direct-seeded rice increases nitrogen runoff losses in southeastern China. Agriculture Ecosystem Environment, 2017, 251: 149-257.

[9] 张自常, 徐云姬, 褚光, 等. 不同灌溉方式下的水稻群体质量. 作物学报, 2011, 37(11): 2011-2019.

[10] 陈婷婷, 杨建昌. 移栽水稻高产高效节水灌溉技术的生理生化机理研究进展. 中国水稻科学, 2014, 28(1): 103-110.

[11] 张自常, 李鸿伟, 陈婷婷, 等. 畦沟灌溉和干湿交替灌溉对水稻产量与品质的影响. 中国农业科学, 2011, 44(24): 4988-4998.

[12] 杨建昌, 杜永, 刘辉. 长江下游稻麦周年超高产栽培途径与技术. 中国农业科学, 2008, 41(6): 1611-1621.

[13] 杨建昌, 杜永, 吴长付, 等. 超高产粳型水稻生长发育特性的研究. 中国农业科学, 2006, 39(7): 1336-1345.

[14] 凌启鸿, 杨建昌. 水稻群体 "粒叶比" 与高产栽培途径研究. 中国农业科学, 1986, 19(3): 1-8.

[15] 杨建昌. 水稻粒叶比与产量的关系. 江苏农学院学报, 1993, 14(专集): 11-14.

[16] 凌启鸿. 作物群体质量. 上海: 上海科学技术出版社, 2000.

[17] 杨建昌, 朱庆森, 曹显祖. 水稻群体冠层结构与光合特性对产量形成作用的研究. 中国农业科学, 1992, 25(4): 7-14.

[18] Yang J C, Zhang J H. Crop management techniques to enhance harvest index in rice. Journal of Experimental Botany, 2010, 61: 3177-3189.

[19] Li H, Liu L J, Wang Z Q, et al. Agronomic and physiological performance of high-yielding wheat and rice in the lower reaches of Yangtze River of China. Field Crops Research, 2012, 133: 119-129.

[20] Yang J C. Approaches to achieve high yield and high resource use efficiency in rice. Frontiers of Agricultural Science and Engineering, 2015, 2(2): 115-123.

[21] Ju C X, Buresh R J, Wang Z Q, et al. Root and shoot traits for rice varieties with higher grain yield and higher nitrogen use efficiency at lower nitrogen rates application. Field Crops Research, 2015, 175: 47-59.

[22] Xue Y G, Duan H, Liu L J, et al. An improved crop management increases grain yield and nitrogen and water use efficiency in rice. Crop Science, 2013, 53: 271-284.

[23] Fu J, Huang Z H, Wang Z Q, et al. Pre-anthesis non-structural carbohydrate reserve in the stem enhances the sink strength of inferior spikelets during grain filling of rice. Field Crops Research, 2011, 123: 170-182.

[24] 杨建昌, 展明飞, 朱宽宇. 水稻绿色性状形成的生理基础. 生命科学, 2018, 30(10):

1137-1145.

[25] 隋炯明, 李欣, 严松, 等. 稻米淀粉 RVA 谱特征与品质性状相关性研究. 中国农业科学, 2005, 38(4): 657-663.

[26] 舒庆尧, 吴殿星, 夏英武, 等. 稻米淀粉 RVA 谱特征与食用品质的关系. 中国农业科学, 1998, 31(3): 1-4.

[27] Zhang Z C, Zhang S F, Yang J C, et al. Yield, grain quality and water use efficiency of rice under non-flooded mulching cultivation. Field Crops Research, 2008, 108: 71-81.

第7章　覆草旱种

水稻旱种（non-flooded cultivation）是指水稻进行旱种旱管，以雨水浇灌为主，辅以必要人工灌溉的一种节水栽培技术。水稻旱种也称为覆盖旱种（non-flooded mulching cultivation），主要有覆膜旱种（non-flooded film-mulching cultivation）和覆草旱种（non-flooded straw-mulching cultivation）。水稻覆膜旱种，一般在水稻移栽前开沟做畦，在畦面上覆盖塑料地膜，然后移栽水稻。覆膜旱种的显著优点是可以增加土壤温度和节约用水，通常地面温度可较裸地水种（无覆盖，水层灌溉）增加 3～6℃，节约灌溉用水 50%左右[1-4]。此外，覆膜旱种可以控制杂草，少用除草剂；减少氨挥发和稻田甲烷排放[1-4]。水稻覆膜旱种在缺水稻区或灌溉条件较差的旱地、丘陵山区、高砂土及水稻生长季温度较低的地区进行推广应用，有明显的增产、节水效果[4-7]。但水稻覆膜旱种也有缺点，主要有：①水稻生长期间追施肥料困难。在覆膜旱种条件下，通常是一次性施足基肥，不施追肥，这样容易造成水稻在生育后期"脱力"早衰，影响籽粒灌浆充实；②在南方温度较高的稻区，水稻覆膜旱种后使得土壤和冠层温度过高，不利于水稻生长，影响稻米品质；③水稻收获后难以将覆盖的塑料薄膜从地里收回，地膜留在土壤中造成"白色污染"；④增加购买地膜的成本。

覆草旱种是用稻草或麦草等秸秆覆盖并进行旱种的一种方式。覆草旱种的优点是：①减少地面蒸发，保墒节水；②避免由地膜覆盖造成的土壤污染；③减少因购买地膜增加的成本；④在南方稻区不会因地膜覆盖后土壤和冠层温度的显著增加而对水稻产量和品质形成造成不利影响；⑤增加土壤养分。在多熟制地区特别是稻-麦轮作区，近年来随着我国农村劳动力资源逐渐匮乏，农民通常采用焚烧麦秸秆的方式来达到省工节本的目的，但秸秆焚烧不仅会造成空气污染，而且会导致秸秆中大部分有机碳及近 80%的氮、25%的磷和 21%的钾损失，对土壤生物也会产生不利影响[8-10]。利用秸秆进行水稻覆盖旱种，不仅可以减少因秸秆焚烧对环境的污染，而且可以有效利用秸秆资源，培肥土壤[3, 11]。但在温度较低的地区采用覆草旱种，会降低土壤温度而造成减产[4, 10]。覆草旱种的保墒性不如覆膜旱种，灌溉水量较覆膜旱种要高。本章主要介绍适合南方稻区的可实现水稻高产、优质、水分高效利用的覆草旱种技术。

7.1 移栽水稻覆草旱种

7.1.1 栽培概况

试验于江苏扬州进行，供试材料为超级稻品种武粳 15（粳稻）和两优培九（两系法杂交籼稻）。试验前茬为小麦，土壤质地为沙壤土，耕作层有机质含量为 2.11%，有效氮为 105.1mg/kg，速效磷为 37.2mg/kg，速效钾为 86.3mg/kg。为了比较覆膜旱种与覆草旱种的优劣，设置了 4 种种植方式处理：常规水种（traditional flooding，TF）、覆膜旱种（non-flooded plastic film-mulching，PM）、覆草旱种（non-flooded wheat straw-mulching，SM）和裸地旱种（无覆盖旱种，non-flooded no mulching，NM）。常规水种（对照）：开沟做畦后采用常规的水稻高产灌溉方式，即移栽至返青期田间保持水层，分蘖末期排水搁田，其余时期畦面保持浅水层，收获前一周断水。旱种：于移栽前干耕炒耙做畦（畦面宽 1.5m），浇透底墒，然后进行 3 种旱种：①裸种，在畦上直接栽插秧苗，无覆盖；②覆膜旱种，覆盖地膜后栽插秧苗，地膜厚 0.007mm，宽 1.8m；③覆草旱种，覆盖麦秸秆后移栽秧苗，秸秆覆盖量（干重）约为 7.5t/hm^2，含 37kg N/hm^2、7kg P/hm^2、83kg K/hm^2。所有旱种水稻在移栽后的 5～7 天浇水至活棵，并在覆膜旱种和覆草旱种小区内安装土壤水分张力计（中国科学院南京土壤研究所生产）监测土壤水势。全生育期不灌溉，只有当分蘖盛期、孕穗期、开花期和灌浆盛期的土壤水势达到–25kPa（土壤 15～20cm 深处土壤含水量为 0.161g/g）并无降雨时才进行浇水。灌溉水经过铁制管道（管道装上水表，用塑料管连接管道的出口处）沿稻株基部浇水。每次浇水 150～200m^3/hm^2。裸地旱种的灌溉时间参照覆草旱种。旱育秧秧龄为 26～28 天时移栽至大田，移栽的株行距 20cm×20cm，双本栽。尿素（N 含量 46%）、过磷酸钙（P$_2$O$_5$ 含量 13.5%）和氯化钾（K$_2$O 含量 60%）的施用量分别为 490kg/hm^2、750kg/hm^2 和 300kg/hm^2，磷肥和钾肥在移栽前作基肥一次施用，氮肥按基肥：分蘖肥（返青活棵后施）：穗肥（穗分化始期施）＝6：1：3 施用。用作旱种稻分蘖肥和穗肥的氮肥是将尿素溶入水后泼浇施入。

7.1.2 产量和灌溉水生产力

与常规水种相比，水稻旱种后有不同程度的减产，且在旱种方式间有很大差异（表 7-1）。在 3 种旱种方式中，裸地旱种的减产幅度最大，其次为覆膜旱种，覆草旱种减产幅度最小，两个供试品种结果趋势一致。两个品种的平均减产率，裸地旱种和覆膜旱种分别为 43.2% 和 13.9%，差异显著，覆草旱种的减产率为 4.1%，差异不显著（表 7-1）。从产量构成因素分析，裸地旱种的单位面积穗数、每穗颖花数、结实率和千粒重均较常规水种显著降低，因而表现为严重减产；覆膜旱种减产的原因主要在于每穗颖花数、结实率和千粒重下降；覆草旱种保持较高产量的原因主要在于结实率和千粒重提高，弥补了每穗颖花数下降的损失（表 7-1）。

表 7-1   覆草旱种对移栽水稻产量及其构成因素的影响

品种	种植方式	产量/（t/hm²）	穗数/（万个/hm²）	每穗颖花数	结实率/%	千粒重/g
武粳 15	常规水种	8.5 a	271 b	131 a	85.9 b	27.8 b
	覆膜旱种	7.2 b	307 a	106 b	82.2 c	26.7 c
	覆草旱种	8.0 a	267 b	111 b	90.7 a	29.3 a
	裸地旱种	4.6 c	236 c	97.0 c	77.2 d	25.7 d
两优培九	常规水种	8.9 a	201 b	216 a	81.0 b	25.4 b
	覆膜旱种	7.8 b	221 a	192 b	76.4 c	24.1 c
	覆草旱种	8.7 a	195 b	196 b	86.0 a	26.4 a
	裸地旱种	5.3 c	175 c	183 c	72.1 d	23.4 d

注：不同字母表示在 $P=0.05$ 水平上差异显著，同栏、同品种内比较

在整个水稻生长期，各处理的平均灌溉水量，覆膜旱种为 225mm，覆草旱种为 249mm，裸地旱种 280mm，分别为常规水种（935mm）的 24.1%、26.6% 和 29.9%（表 7-2）。所有旱种处理均较常规水种显著提高了灌溉水生产力（单位灌溉水量生产的稻谷），覆膜旱种、覆草旱种、裸地旱种分别较常规水种增加了 260%、261%、89.3%（表 7-2）。

表 7-2   覆草旱种对移栽水稻灌溉水生产力的影响

品种	种植方式	灌溉水量/mm	灌溉水生产力	
			kg/m³	%
武粳 15	常规水种	910 a	0.93 c	100
	覆膜旱种	211 d	3.41 a	367
	覆草旱种	238 c	3.36 a	361
	裸地旱种	270 b	1.70 b	183
两优培九	常规水种	960 a	0.93 c	100
	覆膜旱种	238 d	3.27 a	352
	覆草旱种	260 c	3.35 a	360
	裸地旱种	290 b	1.82 b	196

注：灌溉水生产力=籽粒产量/灌溉水量；不同字母表示在 $P=0.05$ 水平上差异显著，同栏、同品种内比较

以往有研究报道，覆膜旱种使水稻产量增加，而覆草旱种则降低产量[4, 10]。但表 7-1 的数据显示，无论是籼稻还是粳稻品种，覆草旱种的产量均显著高于覆膜旱种，前者与常规水种无显著差异，后者则较常规水种显著减产。本研究与以往

研究结果不同的原因可能有两点。

第一，以前的水稻旱种试验大多在山区或低温地区进行[4-6, 10]，覆膜旱种能有效缓解水稻特别是在分蘖早期遭受低温的影响。因此，覆膜旱种较常规水种增加产量。覆草旱种则降低了土壤温度特别是生育早期的土壤温度，进而降低了分蘖数，导致产量下降[4-6, 10]。本研究则在我国东南部进行，在水稻整个生育期温度不是制约水稻生长的因素。在该稻区进行覆膜旱种后，土壤和冠层温度明显增加，特别是在水稻生育中后期，过高的土壤和冠层温度会抑制水稻生长发育。

第二，通常旱种水稻的灌溉水量是非常有限的，为 40～135mm[9, 10]。本研究则根据土壤水分状况进行必要的人工灌溉，即在旱种条件下，如果分蘖中期、孕穗期、开花期和灌浆早期土壤水势低于−25kPa，则进行人工灌溉，总灌溉水量为211～290mm，覆草旱种较覆膜旱种增加了约 11% 的灌溉水量。在这种水分管理方式下，水稻覆草旱种的产量较以往研究的覆草旱种产量要高[10, 13]。但值得注意的是，即使在本研究条件下，覆草旱种水稻的每穗颖花数显著低于常规水种，表明在穗分化期土壤水势控制在−25kPa 仍然不能有效地减轻水分胁迫对颖花分化的伤害。因此，对水稻覆草旱种的水分管理仍需要进一步改进。

7.1.3 稻米品质

与常规水种相比，裸地旱种和覆膜旱种显著降低了稻米的整精米率、胶稠度、碱解值、淀粉黏滞谱（RVA）的峰值黏度和崩解值，显著增加了垩白粒率、垩白大小、垩白度和 RVA 的消减值（表 7-3～表 7-5）；裸地旱种还显著降低了出糙率和精米率。覆草旱种则显著降低了垩白粒率、垩白大小、垩白度和 RVA 的消减值，显著增加了整精米率、胶稠度、碱解值、RVA 的峰值黏度和崩解值（表 7-3～表 7-5）。稻米直链淀粉含量在各处理间无显著差异（表 7-4）。说明裸地旱种和覆膜旱种对产量和稻米品质均有不利的影响，而覆草旱种可以在维持较高产量（或减产不显著）的状况下改善稻米的外观品质和蒸煮食味品质。由于 RVA 反映了米粉浆在加热升温和冷却过程中淀粉黏滞性的变化特征，它与稻米的食用品质有密切关系。一般米饭质地好的优质稻米的峰值黏度大、崩解值大、消减值小[12-14]。覆草旱种的峰值黏度和崩解值增大、消减值减小，表明覆草旱种可以改善稻米的食味性。

表 7-3 覆草旱种对移栽水稻稻米加工品质和外观品质的影响 （%）

品种	种植方式	出糙率	精米率	整精米率	垩白粒率	垩白大小	垩白度
武粳 15	常规水种	80.8 a	70.1 a	60.1 b	40.7 c	28.2 c	11.5 c
	覆膜旱种	80.1 a	69.4 a	55.3 c	46.8 b	33.6 b	15.7 b
	覆草旱种	81.5 a	70.2 a	65.2 a	33.8 d	23.6 d	8.02 d
	裸地旱种	76.8 b	65.4 b	50.7 d	54.9 a	38.8 a	21.3 a

品种	种植方式	出糙率	精米率	整精米率	垩白粒率	垩白大小	垩白度
两优培九	常规水种	81.8 a	69.8 a	50.5 b	31.4 c	24.6 c	7.73 c
	覆膜旱种	80.2 a	69.3 a	47.2 c	35.4 b	32.1 b	11.3 b
	覆草旱种	82.3 a	70.7 a	53.4 a	24.7 d	20.0 d	5.21 d
	裸地旱种	75.1 b	64.6 b	42.5 d	42.6 a	36.2 a	15.4 a

注：不同字母表示在 $P=0.05$ 水平上差异显著，同栏、同品种内比较

表 7-4　覆草旱种对移栽水稻稻米蒸煮食味品质的影响

品种	种植方式	胶稠度/mm	碱解值	直链淀粉含量/%
武粳 15	常规水种	74.5 b	6.2 b	15.3 a
	覆膜旱种	68.7 c	5.7 c	15.7 a
	覆草旱种	81.5 a	6.6 a	15.1 a
	裸地旱种	62.3 d	5.1 d	15.8 a
两优培九	常规水种	50.8 b	4.8 b	17.4 a
	覆膜旱种	44.4 c	4.8 c	17.6 a
	覆草旱种	56.9 a	5.3 a	17.2 a
	裸地旱种	40.1 d	4.2 d	17.9 a

注：不同字母表示在 $P=0.05$ 水平上差异显著，同栏、同品种内比较

表 7-5　覆草旱种对移栽水稻稻米淀粉黏滞谱（RVA）特征参数的影响　（单位：cP）

品种	种植方式	峰值黏度	热浆黏度	最终黏度	崩解值	消减值
武粳 15	常规水种	2569 b	1419 c	2373 c	1150 b	−196 c
	覆膜旱种	2477 c	1469 b	2422 b	1008 c	−55 b
	覆草旱种	2620 a	1350 d	2346 c	1270 a	−274 d
	裸地旱种	2373 d	1533 a	2468 a	840 d	95 a
两优培九	常规水种	2226 b	1352 c	2391 c	874 b	165 c
	覆膜旱种	2113 c	1446 b	2450 b	667 c	337 b
	覆草旱种	2341 a	1268 d	2362 c	1073 a	21 d
	裸地旱种	2013 d	1563 a	2551a	450 d	538 a

注：不同字母表示在 $P=0.05$ 水平上差异显著，同栏、同品种内比较

7.1.4　水稻产量和米质在旱种方式间存在差异的原因

7.1.4.1　温度差异

在常规水种条件下，整个生育期土壤表层（10cm）的平均温度为 26.8℃，覆膜旱种和裸地旱种土壤表层的平均温度分别为 31.8℃和 29.3℃，覆草旱种的地表

温度与常规水种无显著差异（图 7-1a，图 7-1b）。在覆膜旱种条件下土壤温度的大幅度增高将加速水稻早期的生长，但也会降低生育中、后期的根系活性，引起早衰[18, 19]。灌浆期的冠层平均温度（℃），常规水种、覆膜旱种、覆草旱种和裸地旱种分别为 21.4、25.9、22.3 和 23.7（图 7-1c，图 7-1d）。有研究表明，适宜水稻灌浆的温度为 22～26℃，在此温度范围内，温度偏低，有利于形成较好的稻米品质，特别是减少稻米垩白度[15-17]。在覆膜旱种条件下，稻米垩白度增加，这与其灌浆期温度较高有直接关系。而覆草旱种灌浆期冠层温度适宜，因而有利于籽粒灌浆和稻米品质形成。

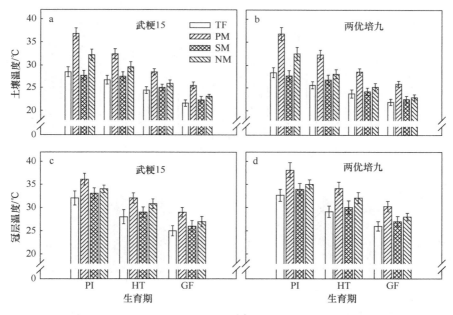

图 7-1　土壤 0～10 cm 处温度（a，b）和冠层温度（c，d）在种植方式间的差异
图中数据引自参考文献[3]和[11]；TF：常规水种；PM：覆膜旱种；SM：覆草旱种；NM：裸地旱种；
MT：分蘖中期；PI：穗分化始期；HT：抽穗期；GF：灌浆期

7.1.4.2　根重和根系活性的差异

由图 7-2 可知，在不同生育时期的不同种植方式间根干重差异明显。与常规水种相比，覆膜旱种的根干重在分蘖中期显著增加，在灌浆期显著降低；覆草旱种的根干重在穗分化始期明显降低，在抽穗期和灌浆期则有所增加；裸地旱种在各生育期的根干重均显著降低（图 7-2a，图 7-2b）。分蘖中期和穗分化始期的根系活性（根系氧化力），在常规水种、覆膜旱种和覆草旱种间无显著差异；在抽穗期和灌浆期，覆膜旱种较常规水种显著降低，覆草旱种则显著增加了灌浆期的根系活性；裸地旱种的根系活性在各生育期均显著低于常规水种（图 7-2c，图 7-2d）。在覆膜旱种条件下，灌浆期根系活性下降与土壤和冠层颇高的温度有密切关系。相反，在覆草旱种条件下土壤温度较常规水种没有显著增加，而且较常规水种改善了土壤的通气状况，并因秸秆腐烂可以增加水稻生育后期养分的供应，进而可以促进生育后期根系生长和提高根系活力，有利于籽粒灌浆充实和稻米品质形成。在裸地旱种条件下，因受土壤水分供应的限制，根系和地上部的生长发育受到抑制[11]。

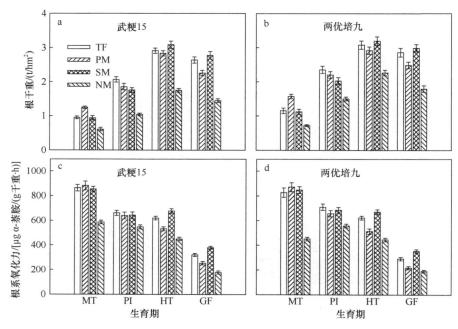

图 7-2　水稻根干重（a，b）和根系活性（c，d）在种植方式间的差异

图中数据引自参考文献[3]和[11]；TF: 常规水种；PM: 覆膜旱种；SM: 覆草旱种；NM: 裸地旱种；
MT: 分蘖中期；PI: 穗分化始期；HT: 抽穗期；GF: 灌浆期

7.1.4.3　叶片光合性状的差异

在分蘖中期、穗分化始期，叶片气孔导度和蒸腾速率虽然在覆膜旱种和覆草旱种间无显著差异，但在灌浆期覆膜旱种显著低于覆草旱种（图 7-3a～图 7-3e）。抽穗期和灌浆期叶片光合速率，覆草旱种显著高于覆膜旱种（图 7-3f，图 7-3g）。在覆膜旱种条件下，灌浆期较低的光合性能与较少的根量和较低的根系活性有密切关系，反过来，较低的叶片光合性能也会影响根系生长。在覆草旱种条件下，灌浆期较多的根量和较高的根系活性有利于地上部的光合作用，光合作用的增强又会促进根系的生长。

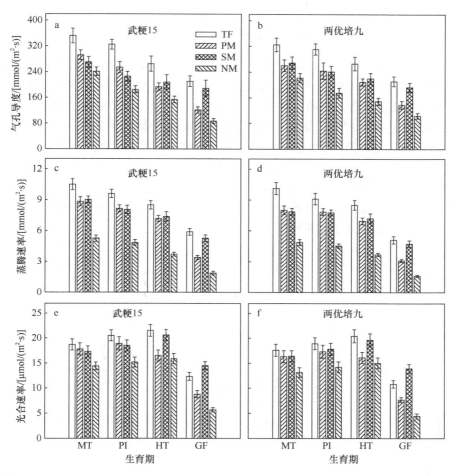

图 7-3　水稻叶片气孔导度（a，b）、蒸腾速率（c，d）和光合速率（e，f）在种植方式间的差异
图中数据引自参考文献[3]和[11]；TF：常规水种；PM：覆膜旱种；SM：覆草旱种；NM：裸地旱种；
MT：分蘖中期；PI：穗分化始期；HT：抽穗期；GF：灌浆期

　　从图 7-3 还可以看出，在分蘖中期和穗分化始期，覆膜旱种和覆草旱种叶片的气孔导度和蒸腾速率明显低于常规水种，但光合速率却没有显著的降低；在籽粒灌浆期，覆草旱种的气孔导度和蒸腾速率与常规水种无明显的差异，但覆草旱种的光合速率明显高于常规水种（图 7-3a～图 7-3g）。说明气孔导度的降低导致了蒸腾速率的下降，但在一定程度上与光合速率的降低没有必然的联系。在覆草旱种条件下，水稻气孔导度的降低导致了蒸腾速率的下降，但蒸腾速率的下降程度要大于光合速率的减小程度，这可能是覆草旱种在保持较高产量的同时可大幅度提高水分利用效率的一个重要生理原因。

7.1.4.4 灌浆期籽粒中酶活性的差异

虽然水稻灌浆前期籽粒中蔗糖合酶（SuS）、腺苷二磷酸葡萄糖焦磷酸化酶（AGP）、淀粉合酶（StS）和淀粉分支酶（SBE）的活性变化在各种植方式间差异不明显，但在灌浆中、后期（抽穗后 12～39 天或 15～39 天），覆草旱种较常规水种显著增强了各酶活性，覆膜旱种和裸地旱种则显著降低了各酶活性（图 7-4a～图 7-4h）。SuS 是蔗糖-淀粉代谢途径的关键酶，它的活性是库强的一个重要指标[20]。AGP、StS 和 SBE 是淀粉合成途径的关键酶，它们的活性与淀粉合成的速度和数量有密切关系[21]。覆草旱种后籽粒中蔗糖-淀粉代谢途径关键酶活性的提高，是其粒重增加和品质改善的重要酶学基础，而裸地旱种和覆膜旱种库强的减弱和淀粉合成效率的降低导致了产量降低和品质变劣。

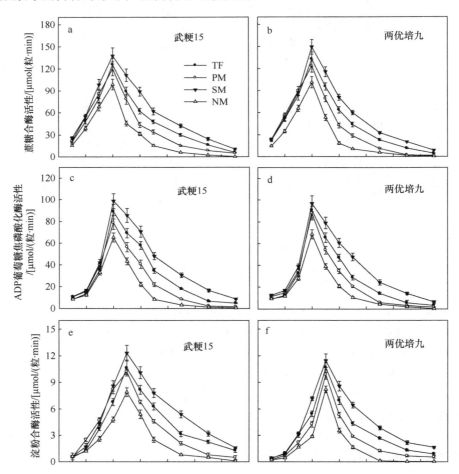

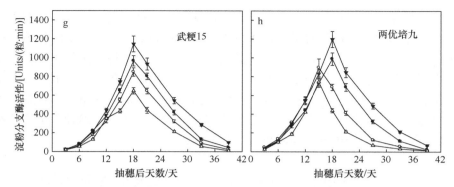

图 7-4　水稻籽粒蔗糖合酶（a，b）、腺苷二磷酸葡萄糖焦磷酸化酶（c，d）、
淀粉合酶（e，f）和淀粉分支酶（g，h）活性在种植方式间的差异

图中数据引自参考文献[3]和[11]；TF：常规水种；PM：覆膜旱种；SM：覆草旱种；NM：裸地旱种

7.1.5　覆草旱种对移栽水稻田甲烷和氧化亚氮排放的影响

与常规水种相比，各旱种方式均显著降低了水稻生长季稻田甲烷的排放量
（表 7-6）。覆膜旱种、覆草旱种和裸地旱种两个水稻品种的稻田平均甲烷排放量，
分别较常规水种降低了 84.5%、65.5% 和 75.3%。但水稻旱种显著增加了稻田氧化
亚氮的排放量，覆膜旱种、覆草旱种和裸地旱种两个水稻品种的稻田平均氧化亚氮
放量，分别较常规水种增加了 320%、679% 和 835%（表 7-6）。由于甲烷排放量占
全球增温潜势（甲烷的 CO_2 当量值与 N_2O 的 CO_2 当量值之和）的绝大部分（54%~
98%），因此，水稻旱种显著降低了全球增温潜势。覆膜旱种、覆草旱种和裸地旱
种两个水稻品种的稻田平均全球增温潜势，分别较常规水种降低了 75.7%、49.1%
和 55.2%。覆膜旱种、覆草旱种和裸地旱种两个水稻品种的平均温室气体强度（单
位产量的全球增温潜势），分别较常规水种降低了 71.7%、47.0% 和 21.0%（表 7-6）。

表 7-6　覆草旱种对移栽水稻田水稻生长季甲烷（CH_4）和氧化亚氮（N_2O）排放、
全球增温潜势和温室气体强度的影响

品种	处理	甲烷/ （kg CH_4-C/hm^2）	氧化亚氮/ （kg N_2O-N/hm^2）	全球增温潜势/ （kg CO_2 eq/hm^2）	温室气体强度/ （kg CO_2 eq/kg）
武粳 15	常规水种	185.2 a	0.32 d	4725 a	0.556 a
	覆膜旱种	30.6 d	1.39 c	1179 d	0.164 d
	覆草旱种	64.2 b	2.58 b	2374 b	0.297 c
	裸地旱种	48.9 c	3.05 a	2131 c	0.463 b
两优培九	常规水种	170.8 a	`0.35 d	4374 a	0.491 a
	覆膜旱种	24.6 d	1.42 c	1038 d	0.133 d
	覆草旱种	58.7 b	2.63 b	2251 b	0.259 b
	裸地旱种	39.5 c	3.21 a	1944 c	0.367 c

注：全球增温潜势= 25×CH_4 + 298×N_2O；温室气体强度=全球增温潜势/籽粒产量；不同字母表示在 P=0.05 水平上差异显著，同栏、同品种内比较

以上结果说明，在温度不是限制因素的南方稻区进行覆草旱种，并在主要生育期根据土壤水分状况进行补灌，不仅可以获得较高的产量，减少灌溉用水和提高灌溉水生产力，而且可以改善稻米品质，减少稻田全球增温潜势和温室气体强度。覆膜旱种和裸地旱种虽能减少灌溉水量，提高灌溉水生产力，减少稻田全球增温潜势和温室气体强度，但会显著降低产量和稻米品质。在覆草旱种条件下，结实期较高的根系活性、叶片光合速率和籽粒中蔗糖-淀粉代谢途径关键酶活性是获取较高产量和较好稻米品质的重要生理原因。

7.2 移栽水稻覆草旱种对籽粒灌浆及内源 ABA 和乙烯水平的影响

7.2.1 籽粒灌浆速率

与常规水种相比，覆膜旱种显著降低了粒重，覆草旱种则显著增加了粒重（参见表 7-1）。籽粒重量为灌浆速率与灌浆时间的乘积。为了分析不同旱种条件下粒重存在差异的原因，张自常[3]和 Zhang 等[22]以常规粳稻镇稻 88 和杂交籼稻汕优 63 为材料，观察了不同种植方式对籽粒灌浆的影响，并从内源激素脱落酸（ABA）含量和乙烯释放速率变化等方面解释其机制。

由图 7-5 和表 7-7 可知，覆草旱种较常规水种显著增加了粒重，覆膜旱种和裸地旱种则较常规水种显著降低了粒重，这与表 7-1 结果趋势一致。相对于常规水种，覆草旱种的平均灌浆速率增加了 8.49%，活跃灌浆期（自籽粒重量占最终重量的 5%至 95%的时期）缩短了 2.0%，覆膜旱种和裸地旱种的平均灌浆速率分别降低了 5.7%和 13.7%，活跃灌浆期分别缩短了 3.8%和 6.6%（图 7-5a～图 7-5d，表 7-7），表明灌浆速率的增大或减小是粒重增加或降低的主要原因。

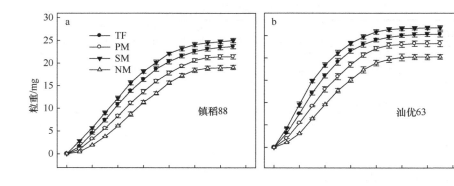

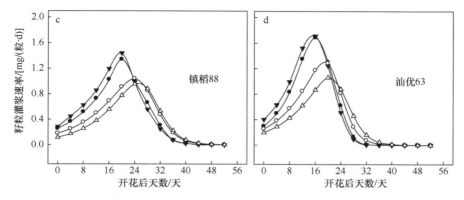

图 7-5 不同种植方式下水稻籽粒增重动态（a, b）和灌浆速率（c, d）
图中数据引自参考文献[3]和[22]；TF：常规水种；PM：覆膜旱种；SM：覆草旱种；NM：裸地旱种

表 7-7 覆草旱种对移栽水稻灌浆速率、活跃灌浆期和粒重影响

品种	种植方式	平均灌浆速率/[mg/（粒·d）]	活跃灌浆期/d	粒重/mg
镇稻 88	常规水种	0.751 b	28.3 a	23.6 b
	覆膜旱种	0.711 c	27.1 b	21.4 c
	覆草旱种	0.825 a	27.6 b	25.3 a
	裸地旱种	0.654 d	26.3 c	19.1 d
汕优 63	常规水种	0.828 b	27.5 a	25.3 b
	覆膜旱种	0.778 c	26.6 b	23.0 c
	覆草旱种	0.887 a	27.1 a	26.7 a
	裸地旱种	0.708 d	25.8 c	20.3 d

注：平均灌浆速率、活跃灌浆期和粒重根据图 7-5 数据用 Richards 生长方程 $W = A/(1+Be^{-kt})^{1/N}$ 进行拟合计算而得。方程中 W 为粒重（mg），A 为最终粒重（mg），t 为花后天数。B、k、N 为回归方程所确定的参数；不同字母表示在 $P=0.05$ 水平上差异显著，同栏、同品种内比较

7.2.2 籽粒 ABA 含量和乙烯释放速率

水稻籽粒灌浆是由受精子房发育成充实颖果的生理过程，植物激素对这一过程起重要的调控作用。在经典的 5 类植物激素中，ABA 和乙烯通常被认为是两类对逆境做出响应的激素，在干旱等逆境条件下，植物内源 ABA 和乙烯水平会升高，进而调节植物的生长发育[23-25]。Zhang 等[22]观察到，籽粒 ABA 含量变化与籽粒灌浆速率变化相一致，即 ABA 含量在灌浆初期很低，自开花后 4 天开始迅速增加，至花后 16 天或 24 天达到最大值，而后又快速下降，但籽粒 ABA 含量的高低在种植方式间有很大差异（图 7-6a，图 7-6b）。在 4 种植方式中，裸地旱

种的籽粒 ABA 含量最高，在整个灌浆期均显著高于常规水种。自开花至花后 16
天或 24 天，籽粒 ABA 含量在覆草旱种、覆膜旱种和常规水种间无显著差异，但
自花后 20 天或 24 天至花后 32 天，覆草旱种和覆膜旱种籽粒中 ABA 含量显著高
于常规水种（图 7-6a，图 7-6b）。

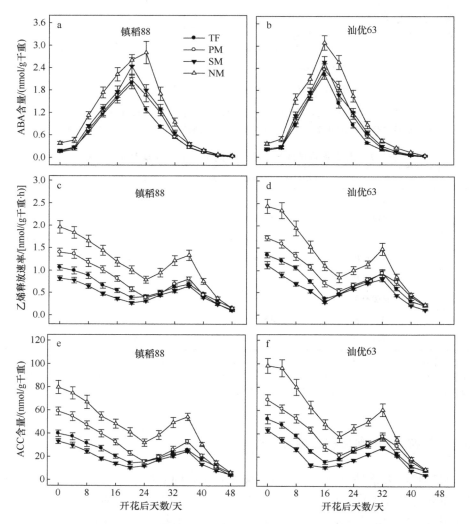

图 7-6　不同种植方式下水稻灌浆期籽粒脱落酸（ABA）含量（a，b）、乙烯释放速率（c，d）
和 1-氨基环丙烷-1-羧酸（ACC）含量（e，f）的变化

图中数据引自参考文献[3]和[22]；TF：常规水种；PM：覆膜旱种；SM：覆草旱种；NM：裸地旱种

与籽粒 ABA 含量变化相反，籽粒乙烯的释放速率在灌浆初期很高，随着灌

浆时间的增长而迅速下降，至花后 16 天或 24 天再开始上升，到花后 32 天或 36 天又开始下降（图 7-6c，图 7-6d）。在 4 种种植方式中，裸地旱种籽粒的乙烯释放速率最大。自开花至花后 16 天或 24 天，覆草旱种较常规水种显著降低了籽粒乙烯释放速率，覆膜旱种则较常规水种显著增加了籽粒乙烯释放速率；籽粒中 1-氨基环丙烷-1-羧酸（ACC，乙烯合成前体）含量的变化与籽粒乙烯释放速率的变化趋势一致（图 7-6e，图 7-6f）。相关分析表明，籽粒 ACC 含量与籽粒乙烯释放速率呈极显著的正相关（$r = 0.99^{**}$，$P < 0.01$）。说明在裸地旱种和覆膜旱种条件下，籽粒乙烯释放速率的增加与 ACC 含量的增加有密切关系。

从图 7-6 中可以看出，在裸地旱种和覆膜旱种条件下籽粒 ABA 含量与乙烯释放速率均增加。为了比较这两类激素增量的大小，图 7-7 展示了籽粒 ABA 与 ACC 比值（ABA/ACC）的变化动态。由图 7-7 可知，自开花至花后 16 天或 24 天，籽粒 ABA/ACC 比值随灌浆进程推进而上升，此后即下降。与常规水种相比，在开花至花后 16 天或 24 天，覆草旱种显著增加了 ABA 与 ACC 的比值，而覆膜旱种和裸地旱种则显著降低了 ABA 与 ACC 的比值（图 7-7a，图 7-7b）。说明在覆膜旱种和裸地旱种条件下，灌浆期籽粒乙烯含量的增加超过了 ABA 含量的增加。

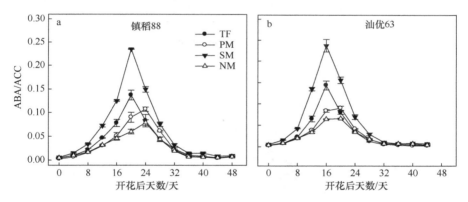

图 7-7　不同种植方式下水稻灌浆期籽粒脱落酸含量与 1-氨基环丙烷-1-
羧酸含量比值（ABA/ ACC）的变化

图中数据引自参考文献[3]和[22]；TF：常规水种；PM：覆膜旱种；SM：覆草旱种；NM：裸地旱种

回归分析的结果显示，籽粒中的 ABA 含量与籽粒灌浆速率呈渐近线函数关系：$G = 9.29X_1/(6.52 + X_1) - 0.61X_1$（$G$ 为灌浆速率，X_1 为 ABA 含量，$R^2 = 0.66^{**}$，$P < 0.01$）；乙烯释放速率与籽粒灌浆速率呈衰减的指数函数关系：$G = 0.32 + 2.72e^{-2.93}X_2$（$X_2$ 为乙烯释放速率，$R^2 = 0.55^{**}$，$P < 0.01$）；ABA/ACC 比值与灌浆速率则呈直线相关关系：$G = 0.31 + 7.11X_3$（X_3 为 ABA/ACC 比值，$R^2 = 0.77^{**}$，$P < 0.01$）（图 7-8a～图 7-8f）。说明增大 ABA 与乙烯含量的比值有利于水稻籽粒灌浆。

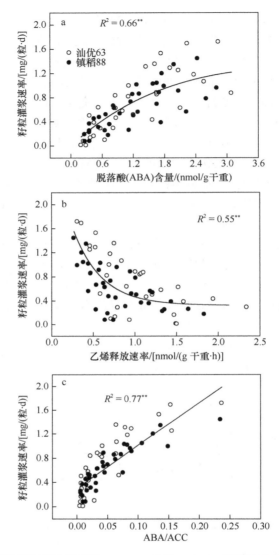

图 7-8　水稻灌浆期籽粒中脱落酸（ABA）含量（a）、乙烯释放速率（b）及脱落酸
与 1-氨基环丙烷-1-羧酸比值（ABA/ACC）（c）和籽粒灌浆速率的关系
图中数据引自参考文献[3]和[22]

7.2.3　化学调控物质的验证

　　为了验证 ABA 和乙烯对籽粒灌浆的调控作用，于抽穗后 7～11 天，分别对粒重低于覆草旱种的常规水种、覆膜旱种和裸地旱种 3 种种植方式的稻穗喷施化学调控物质乙烯利（促进乙烯释放）、氨基-乙氧基乙烯基甘氨酸（AVG，通过

抑制 ACC 合成进而抑制乙烯生成）、ABA 和氟草酮（通过抑制类胡萝卜素合成从而抑制 ABA 合成），观察促进或抑制 ABA 或乙烯生成后对籽粒灌浆和粒重的影响。结果表明，与对照（喷清水）相比，喷施 AVG 后显著降低了籽粒乙烯释放速率，喷施乙烯利后的结果则相反（表 7-8）。喷施 ABA 抑制物质氟草酮，显著降低了籽粒中 ABA 浓度。喷施 ABA+氟草酮，籽粒 ABA 含量与对照无显著差异（表 7-8）。

表 7-8　化学调控物质对移栽水稻籽粒乙烯释放和 ABA 含量的影响

种植方式	处理	花后 16 天		花后 24 天	
		ABA/ （nmol/g 干重）	乙烯/ [nmol/ (g 干重·h)]	ABA/ （nmol/g 干重）	乙烯/ [nmol/ (g 干重·h)]
常规水种	对照	2.2 b	0.36 c	0.86 b	0.52 b
	$50×10^{-3}$ mol/L 乙烯利	2.1 b	0.68 a	0.83 b	0.85 a
	$50×10^{-6}$ mol/L AVG	2.3 b	0.11 d	0.85 b	0.29 c
	$20×10^{-6}$ mol/L ABA	3.1 a	0.16 d	1.16 a	0.33 c
	$20×10^{-6}$ mol/L 氟草酮	1.3 c	0.49 b	0.57 c	0.73 c
	$20×10^{-6}$ mol/L ABA+氟草酮	2.1 b	0.32 c	0.84 b	0.51 b
覆膜旱种	对照	2.4 b	0.71 c	1.11 b	0.78 b
	$50×10^{-3}$ mol/L 乙烯利	2.3 b	1.02 a	1.06 b	0.98 a
	$50×10^{-6}$ mol/L AVG	2.4 b	0.33 d	1.09 b	0.51 c
	$20×10^{-6}$ mol/L ABA	3.0 a	0.46 d	1.38 a	0.64 c
	$20×10^{-6}$ mol/L 氟草酮	1.5 c	0.89 b	0.74 c	0.93 c
	$20×10^{-6}$ mol/L ABA+氟草酮	2.2 b	0.75 c	1.13 b	0.75 b
裸地旱种	对照	3.1 a	1.11 b	1.65 a	1.01 b
	$50×10^{-3}$ mol/L 乙烯利	3.1 a	1.38 a	1.61 a	1.31 a
	$50×10^{-6}$ mol/L AVG	3.0 a	0.69 c	1.63 a	0.56 c
	$20×10^{-6}$ mol/L ABA	3.2 a	1.06 b	1.69 a	0.96 b
	$20×10^{-6}$ mol/L 氟草酮	2.4 b	1.49 a	1.12 b	1.38 a
	$20×10^{-6}$ mol/L ABA+氟草酮	3.1 a	1.12 b	1.67 a	1.04 b

注：AVG：氨基-乙氧基乙烯基甘氨酸；不同字母表示在 $P=0.05$ 水平上差异显著，同栏、同种植方式内比较

　　化学调控物质对籽粒 ABA 含量的增加或减少效应，常规水种大于裸地旱种。在常规水种条件下，与未喷施化控物质的对照相比，喷施外源 ABA 后，籽粒中 ABA 含量显著增加；在裸地旱种条件下，则无显著影响（表 7-8）。这可能是由裸地旱种后土壤水分亏缺，籽粒中 ABA 含量较高，对外源 ABA 的敏感性降低所致[22]。

　　在常规水种和覆膜旱种条件下，喷施 ABA 或 AVG 显著提高了籽粒中蔗糖合酶（SuS）、ADP 葡萄糖焦磷酸化酶（AGP）和淀粉合酶（StS）的活性；喷施乙烯利和氟草酮，则使上述各酶活性显著降低（表 7-9）。在裸地旱种条件下，喷施 AVG 显著提高了上述各酶活性，喷施乙烯利和氟草酮则与喷施 AVG 的效果相反，喷施 ABA 对上述各酶活性影响很小（表 7-9）。

表 7-9　化学调控物质对移栽水稻籽粒中蔗糖合酶（SuS）、ADP 葡萄糖焦磷酸化酶（AGP）和淀粉合酶（StS）活性的影响　[单位：mmol/（g 干重·min）]

种植方式	处理	花后 16 天			花后 24 天		
		SuS	AGP	StS	SuS	AGP	StS
常规水种	对照	14.5 b	16.3 b	1.51 b	8.32 b	7.33 c	0.91 b
	50×10⁻³ mol/L 乙烯利	11.1 c	12.4 c	1.30 c	4.53 c	3.72 d	0.54 c
	50×10⁻⁶ mol/L AVG	16.5 a	18.3 a	1.81 a	9.92 a	9.81 a	1.28 a
	20×10⁻⁶ mol/L ABA	15.8 a	17.5 a	1.73 a	9.87 a	8.70 b	1.19 a
	20×10⁻⁶ mol/L 氟草酮	11.1 c	11.9 c	1.29 c	4.61 c	3.84 d	0.55 c
	20×10⁻⁶ mol/L ABA+氟草酮	14.2 b	16.1 b	1.49 b	8.26 b	7.26 c	0.87 b
覆膜旱种	对照	12.1 b	13.5 b	1.41 c	6.92 b	5.94 b	0.62 b
	50×10⁻³ mol/L 乙烯利	9.9 c	10.3 b	1.12 d	4.83 c	3.35 c	0.44 c
	50×10⁻⁶ mol/L AVG	14.4 a	15.0 a	1.73 a	8.96 a	7.56 a	0.95 a
	20×10⁻⁶ mol/L ABA	13.9 a	15.1 a	1.68 ab	8.35 a	7.34 a	0.8 9a
	20×10⁻⁶ mol/L 氟草酮	8.7 d	10.6 c	1.05d	4.59 c	3.19 c	0.46 c
	20×10⁻⁶ mol/L ABA+氟草酮	11.9 b	13.2 b	1.35 c	6.88 b	5.77 b	0.58 b
裸地旱种	对照	10.1 b	10.8 b	1.1 b	4.67 b	3.34 b	0.41 b
	50×10⁻³ mol/L 乙烯利	7.2 c	8.5 c	0.7 c	2.73 c	2.41 c	0.23 d
	50×10⁻⁶ mol/L AVG	12.9 a	13.1 a	1.3 a	6.75 a	5.76 a	0.76 a
	20×10⁻⁶ mol/L ABA	10.5 b	11.1 b	1.1 b	4.66 b	3.42 b	0.57 b
	20×10⁻⁶ mol/L 氟草酮	6.5 c	7.7 d	0.6 c	2.59 c	2.19 c	0.23 d
	20×10⁻⁶ mol/L ABA+氟草酮	9.9 b	10.5 b	1.0 b	4.44 b	3.29 b	0.42 c

注：AVG：氨基-乙氧基乙烯基甘氨酸；不同字母表示在 P=0.05 水平上差异显著，同栏、同种植方式内比较

　　无论是在常规水种还是在覆膜旱种或在裸地旱种条件下，与对照相比，喷施 AVG 后，籽粒灌浆速率增加，活跃灌浆期延长，粒重显著增加；喷施乙烯利或氟草酮，结果则相反（表 7-10）。在常规水种和覆膜旱种条件下，与对照相比，喷施 ABA 缩短了活跃灌浆期，增加了灌浆速率和粒重；在裸地旱种条件下，喷施 ABA 缩短了活跃灌浆期，对籽粒灌浆速率和粒重无显著影响（表 7-10）。

表 7-10　化学调控物质对移栽水稻灌浆速率、活跃灌浆期和粒重的影响

种植方式	处理	粒重/mg			活跃灌浆期/d	灌浆速率/[mg/（粒·d）]
		花后 16 天	花后 24 天	成熟期		
常规水种	对照	18.1 b	23.6 b	28.0 b	27.7 a	0.91 c
	50×10⁻³ mol/L 乙烯利	16.2 c	20.7 c	24.6 c	26.1 b	0.85 d
	50×10⁻⁶ mol/L AVG	19.5 a	25.8 a	29.5 a	27.9 a	0.95 b
	20×10⁻⁶ mol/L ABA	19.1 a	25.3 a	29.1 a	25.9 b	1.01 a
	20×10⁻⁶ mol/L 氟草酮	14.8 d	18.5 c	23.3 d	26.0 b	0.79 e
	20×10⁻⁶ mol/L ABA+氟草酮	17.7 b	23.2 b	27.8 b	27.5 a	0.91 c

续表

种植方式	处理	粒重/mg			活跃灌浆期/d	灌浆速率/ [mg/（粒·d）]
		花后 16 天	花后 24 天	成熟期		
覆膜旱种	对照	16.5 c	21.3 c	25.5 b	26.5 a	0.87 c
	50×10⁻³ mol/L 乙烯利	14.8 d	19.6 d	23.2 c	25.2 b	0.83 d
	50×10⁻⁶ mol/L AVG	18.5 a	23.9 a	28.5 a	27.1 a	0.95 b
	20×10⁻⁶ mol/L ABA	17.6 b	22.6 b	27.7 a	24.9 b	1.00 a
	20×10⁻⁶ mol/L 氟草酮	14.2 d	18.3 e	22.4 c	25.1 b	0.80 e
	20×10⁻⁶ mol/L ABA+氟草酮	16.4 c	20.9 c	25.4 b	26.6 a	0.86 c
裸地旱种	对照	15.3 b	19.7 b	22.4 b	24.5 b	0.83 ab
	50×10⁻³ mol/L 乙烯利	14.1 c	17.8 c	20.9 b	24.1 bc	0.78 c
	50×10⁻⁶ mol/L AVG	17.2 a	21.6 a	25.8 a	26.1 a	0.89 a
	20×10⁻⁶ mol/L ABA	15.6 b	19.9 b	22.9 b	23.6 c	0.87 a
	20×10⁻⁶ mol/L 氟草酮	13.7 c	17.3 c	20.4 b	24.0 bc	0.77 c
	20×10⁻⁶ mol/L ABA+氟草酮	15.5 b	19.6 b	22.1 b	24.2 bc	0.82 ab

注：AVG：氨基-乙氧基乙烯基甘氨酸；不同字母表示在 $P=0.05$ 水平上差异显著，同栏、同种植方式内比较

以上结果说明：①覆草旱种可以促进水稻籽粒灌浆，增加粒重，覆膜旱种和裸地旱种则会抑制籽粒灌浆，降低粒重；②籽粒灌浆速率和粒重的增大或减小与籽粒 ABA 及乙烯水平有密切关系，通过覆草旱种适度增加籽粒 ABA 水平（<3.44 nmol/g 干重）可以促进籽粒灌浆，覆膜旱种和裸地旱种则增加了籽粒乙烯水平造成籽粒灌浆速率的降低；③籽粒灌浆不仅与内源 ABA 和乙烯水平有关，而且与这两激素含量的比值有密切关系，在覆草旱种条件下籽粒灌浆速率和粒重的增加，ABA 与乙烯的比值（ABA/ACC）的增大也是一个重要原因；相反，在覆膜旱种特别是裸地旱种条件下籽粒灌浆速率和粒重的降低，ABA 的增量小于乙烯的增量，即 ABA 与 ACC 比值降低是一个重要生理机制。较高的 ABA 与乙烯比值有利于水稻籽粒灌浆，提高 ABA 与乙烯比值可作为促进籽粒灌浆的一条重要生理调控途径。

7.3　直播水稻覆草旱种

7.3.1　栽培概况

试验地点在江苏扬州，供试品种为扬稻 6 号（籼稻）和扬粳 4038（粳稻）。试验田前茬为小麦。小麦收割后将麦秸秆堆在田傍，拖拉机耕地后炒耙做畦，畦面宽 1.5m，畦沟宽 20cm、深 15cm。然后在畦面上施基肥：尿素（含 N 46%）120kg/hm²，过磷酸钙（含 P₂O₅ 13%）750kg/hm²，氯化钾（含 K₂O 58%）375kg/hm²。施肥两

天后将浸种 24h 的稻谷撒播在畦面，播种量（干谷）75kg/hm²。由于在水稻直播条件下，水稻播种后覆盖地膜会严重影响出苗，因此直播水稻覆盖旱种没有设置覆膜旱种处理，仅设置 3 种植方式处理：①常规水种（TF，对照），采用旱直播水稻常规灌溉方法，于播种期和幼苗期畦面保持湿润，自第 4 叶片抽出至成熟畦面保持浅水层。②覆草旱种（SM），水稻播种后将麦秸秆覆盖在畦面上，覆盖量 7.5t/hm²（干重），在出苗期畦面保持湿润，自 3 叶期开始，当畦面中心土壤水势达到–25kPa 时，畦面灌浅层水，自然落干至土壤水势为–25kPa 时再灌水，再落干，依此循环，在小区内安装土壤水分张力计监测土壤水势。③裸地旱种（NM），不覆盖麦秸秆，在出苗期畦面保持湿润，其余生育期灌溉时间参照覆草旱种。分别于播后 10 天、20 天、30 天和 55 天，相应生育期为 2 叶期、分蘖早期、分蘖中期和穗分化始期，施尿素 75kg/hm²，播后 75 天（雌雄蕊分化期）施尿素 90kg/hm²（各种植方式的总施氮量为 234.6kg/hm²）。施肥时各种植方式小区内灌浅水层。

7.3.2 产量和灌溉水生产力

无论是籼稻扬稻 6 号还是粳稻扬粳 4038，直播水稻裸地旱种后均较常规水种（对照）显著减产，减产幅度为 18.2%～27.3%，差异显著；覆草旱种虽较对照有一定程度的减产（减产幅度为 1.9%～6.0%），但与对照差异不显著（表 7-11）。从产量构成因素分析，裸地旱种减产是由于每穗颖花数、结实率和千粒重均较对照显著降低，尤以每穗颖花数降低的幅度最大。覆草旱种的每穗颖花数较对照显著降低，但结实率和千粒重较对照显著增加，结实率和千粒重的提高弥补了每穗颖花数降低的损失（表 7-11）。在相同旱种方式下，扬稻 6 号的产量高于扬粳 4038，这可能与品种的抗旱性有关，即扬稻 6 号的抗旱性强于扬粳 4038，但有待深入研究。旱种方式对直播水稻单位面积穗数无显著影响，这可能与直播水稻播种密度大有关。从表 7-11 还可以看出，覆草旱种和裸地旱种均较对照显著增加了收获指数，说明直播水稻旱种提高了物质生产效率。

表 7-11　覆草旱种对直播水稻产量及其构成因素的影响

品种	种植方式	穗数/（万个/hm²）	每穗颖花数	结实率/%	千粒重/g	产量/（t/hm²）	收获指数
	常规水种	251 a	155 a	82.3 b	26.1 b	8.33 a	0.483 b
扬稻 6 号	覆草旱种	245 a	142 b	87.3 a	27.0 a	8.17 a	0.504 a
	裸地旱种	254 a	135 c	78.2 c	25.4 c	6.81 b	0.509 a
	常规水种	278 a	132 a	86.2 b	25.4 b	8.01 a	0.488 b
扬粳 4038	覆草旱种	271 a	117 b	90.5 a	26.4 a	7.53 a	0.507 a
	裸地旱种	274 a	106 c	81.2 c	24.7 c	5.82 b	0.510 a

注：表中数据为 2009 年和 2010 年两年试验的平均值；不同字母表示在 P=0.05 水平上差异显著，同栏、同品种内比较

与常规水种（对照）比较，覆草旱种和裸地旱种的灌溉水量分别减少了52.5%～55.5%和39.3%～39.7%，灌溉水生产力分别提高了106%～112%和17%～30%（表 7-12）。说明在水稻直播条件下，覆草旱种在保持较高产量的同时，可以较大幅度地减少灌溉水量和提高水分利用效率。

表 7-12　覆草旱种对直播水稻灌溉水生产力的影响

品种	种植方式	灌溉水量/mm	灌溉水生产力	
			kg/m^3	%
扬稻 6 号	常规水种	518 a	1.61 c	100
	覆草旱种	246 c	3.32 a	206
	裸地旱种	325 b	2.10 b	130
扬粳 4038	常规水种	526 a	1.52 c	100
	覆草旱种	234 c	3.22 a	212
	裸地旱种	317 b	1.84 b	121

注：表中数据为 2009 年和 2010 年两年试验的平均值；灌溉水生产力=籽粒产量/灌溉水量；不同字母表示在 P=0.05 水平上差异显著，同栏、同品种内比较

7.3.3　稻米品质

与对照相比，覆草旱种显著增加了稻米出糙率、整精米率、胶稠度、清蛋白和谷蛋白含量，降低了垩白粒率、垩白度、醇溶蛋白含量；裸地旱种的结果则与覆草旱种的结果相反（表 7-13，表 7-14）。覆草旱种和裸地旱种对稻米直链淀粉含量、球蛋白和粗蛋白质含量无显著影响，两品种结果趋势一致。说明在总体上，覆草旱种可以提高直播水稻稻米的加工品质、外观品质和营养品质。

表 7-13　覆草旱种对直播水稻米部分加工品质、外观品质和蒸煮食味品质指标的影响

品种	种植方式	出糙率/%	整精米/%	垩白粒率/%	垩白度/%	胶稠度/mm	直链淀粉含量/%
扬稻 6 号	常规水种	77.6 b	57.9 b	32.4 b	9.58 b	58.4 b	17.4 a
	覆草旱种	79.5 a	62.3 a	28.1 c	6.81 c	62.8 a	18.0 a
	裸地旱种	70.7 c	52.7 c	36.7 a	12.8 a	54.8 c	17.6 a
扬粳 4038	常规水种	78.5 b	60.2 b	32.4 b	10.1 b	76.0 b	18.5 a
	覆草旱种	81.3 a	65.1 a	29.1 c	7.76 c	82.2 a	19.3 a
	裸地旱种	71.6 c	56.4 c	37.4 a	13.7 a	71.1 c	19.1 a

注：表中数据为 2009 年和 2010 年两年试验的平均值；不同字母表示在 P=0.05 水平上差异显著，同栏、同品种内比较

表 7-14　覆草旱种对直播水稻稻米蛋白质含量和组分的影响

品种	种植方式	粗蛋白质/%	清蛋白/%	谷蛋白/%	球蛋白/%	醇溶蛋白/%
扬稻 6 号	常规水种	9.16 a	0.60 b	6.58 b	0.84 a	0.88 b
	覆草旱种	9.30 a	0.72 a	7.02 a	0.82 a	0.59 c
	裸地旱种	9.34 a	0.52 c	6.12 c	0.89 a	1.40 a
扬粳 4038	常规水种	7.71 a	0.45 b	5.21 b	1.08 a	0.73 b
	覆草旱种	7.90 a	0.53 a	5.55 a	1.06 a	0.56 b
	裸地旱种	7.98 a	0.38 c	4.85 c	1.21 a	0.92 a

注：表中数据为 2009 年和 2010 年两年试验的平均值；不同字母表示在 $P=0.05$ 水平上差异显著，同栏、同品种内比较

覆草旱种还较对照显著提高了稻米淀粉黏滞谱（RVA）的峰值黏度和崩解值，显著降低了消减值，裸地旱种则有相反的结果（表 7-15）。因崩解值大、消减值小是稻米食味性好的特征[12-14]，故覆草旱种还可以改善直播水稻稻米的蒸煮食味品质。

表 7-15　覆草旱种对直播水稻稻米淀粉黏滞谱（RVA）特征值的影响　（单位：cP）

品种	种植方式	峰值黏度	热浆黏度	最终黏度	崩解值	消减值
扬稻 6 号	常规水种	2191 b	1577 b	2740 a	614 b	549 b
	覆草旱种	2347 a	1579 b	2799 a	768 a	452 c
	裸地旱种	2021 c	1629 a	2796 a	392 c	775 a
扬粳 4038	常规水种	2096 b	1524 b	2552 b	572 b	456 b
	覆草旱种	2332 a	1673 a	2667 a	659 a	335 c
	裸地旱种	1976 c	1584 b	2603 a	392 c	627 a

注：表中数据为 2009 年和 2010 年两年试验的平均值；不同字母表示在 $P=0.05$ 水平上差异显著，同栏、同品种内比较

7.3.4　覆草旱种取得高产优质和水分高效利用的原因分析

7.3.4.1　较高的抗氧化能力和叶片光合速率

在覆草旱种条件下，灌浆期叶片中过氧化酶、过氧化氢酶、超氧化物歧化酶活性显著高于常规水种（对照），灌浆中、后期过氧化产物丙二醛（MDA）含量则显著低于对照；在裸地旱种条件下，上述酶活性和 MDA 含量则与覆草旱种的结果相反（图 7-9a～图 7-9h）。

有研究表明，过氧化酶、过氧化氢酶和超氧化物歧化酶等是细胞抵御活性氧伤害的重要保护酶类[26]。直播水稻在覆草旱种条件下这几种酶的活性增强说明该种植方式能使直播水稻适应适度的干旱胁迫，有利于清除膜质过氧化产物

（MDA），降低质膜过氧化水平，增强细胞的抗氧化能力，减轻膜受到的伤害，进而提高叶片的光合速率（图 7-10a，图 7-10b），增强花后的物质生产，提高结实率和粒重。

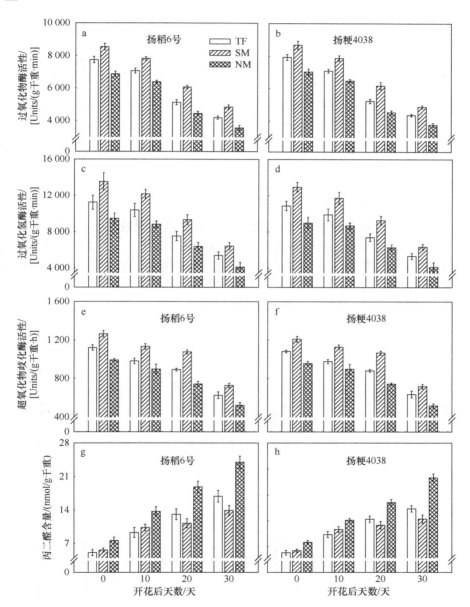

图 7-9　覆草旱种对直播水稻灌浆期剑叶抗氧化酶活性和丙二醛含量的影响
TF：常规水种；SM：覆草旱种；NM：裸地旱种

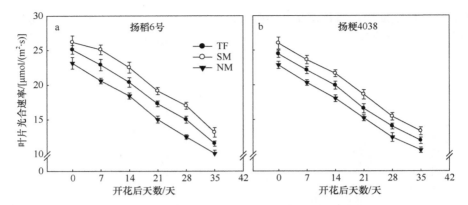

图 7-10　覆草旱种对直播水稻灌浆期剑叶光合速率的影响

TF：常规水种；SM：覆草旱种；NM：裸地旱种

7.3.4.2　较高的根系活性和根中促进型植物激素含量

与对照相比，覆草旱种显著增加了灌浆期根干重和根系氧化力（图 7-11a～图 7-11d），显著提高了根系细胞分裂素（玉米素+玉米素核苷，Z+ZR）和吲哚-3-乙酸（IAA）含量（图 7-12a～图 7-12d）。裸地旱种则降低了根系活性和根系中上述激素含量（图 7-11a～图 7-11d，图 7-12a～图 7-12d）。

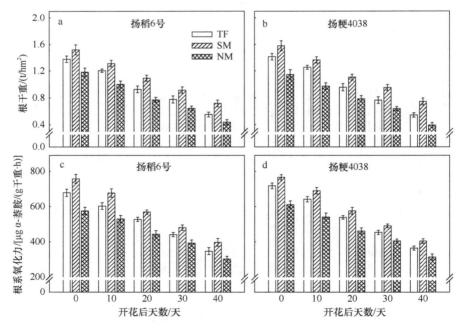

图 7-11　覆草旱种对直播水稻灌浆期根干重（a，b）和根系氧化力（c，d）的影响

TF：常规水种；SM：覆草旱种；NM：裸地旱种

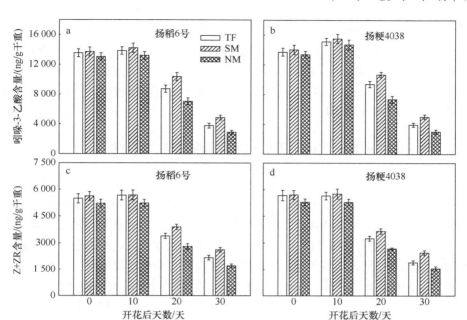

图 7-12 覆草旱种对直播水稻灌浆期根中吲哚-3-乙酸（a，b）
和玉米素+玉米素核苷（Z+ZR）（c，d）含量的影响
TF：常规水种；SM：覆草旱种；NM：裸地旱种

　　根系是植物吸收水分、养分的主要器官，同时也是重要的生理代谢器官，根系活性的高低直接影响地上部的生长发育和产量形成[27]。在覆草旱种条件下，水稻生长后期秸秆腐烂后释放的养分，以及土壤通透性的改善有利于根系生长和提高结实期的根系活性[5, 9, 10]。根系活性的增强可以提高根系吸收水分、养分的能力，为地上部生长提供更多的养分，进而促进地上部的生长发育[27, 28]；另外，地上部物质生产能力的增强又为地下部根系生长提供了充足的光合同化物，促进根系生长。直播水稻在覆草旱种条件下灌浆期根系活性强、叶片光合速率高，说明覆草旱种可以较好地协调直播水稻的根冠关系，从而获得较高的产量和较好的稻米品质。相反，在裸地旱种条件下，根系活性的降低使得地上部光合生产能力减弱，导致产量和品质下降。

　　植物激素如 IAA 和细胞分裂素（玉米素+玉米素核苷，Z+ZR）在植物生长发育、产量和品质形成中起着十分重要的作用[29-31]。IAA 可能通过促进细胞伸长和调节核酸与蛋白质合成，促进水稻等作物籽粒灌浆和同化物向籽粒运输[32]。Z+ZR 主要是在根系合成并在植物体内可转移的细胞分裂素[33, 34]，Yang 等[35, 36]和 Zhang 等[37]研究表明，灌浆期籽粒中 IAA 和 Z+ZR 含量与胚乳细胞数、籽粒中蔗糖-淀粉代谢途径关键酶，如蔗糖合酶、腺苷二磷酸葡萄糖焦磷酸化酶、淀粉合酶和淀粉分支酶活性呈显著或极显著正相关，他们由此推测，IAA 和 Z+ZR 通过调节胚乳细胞的发育，调节籽粒中蔗糖-淀粉代谢途径关键酶活性，调控籽粒的发育充实，进而调控稻米品质的形成。在覆草旱种条件下，直播水稻灌浆期根系生长素（IAA）和细胞分裂素（Z+ZR）含量显著增加，是直播水稻覆草旱种后产量较高、品质改善的另一个重要生理原因。

7.3.5 覆草旱种对直播水稻田甲烷和氧化亚氮排放的影响

直播水稻两个品种的稻田平均甲烷排放量，覆草旱种和裸地旱种分别较常规水种降低了 63.1% 和 66.4%，但稻田的氧化亚氮排放量，覆草旱种和裸地旱种分别较常规水种增加了 299% 和 363%（表 7-16）。覆草旱种的氧化亚氮排放量显著少于裸地旱种，主要是麦秸秆覆盖后在水稻生育中、后期会腐烂，在自然分解成有机质过程中对 N_2O 形成具有抑制作用[38, 39]。甲烷排放量占全球增温潜势（甲烷的 CO_2 当量值与 N_2O 的 CO_2 当量值之和），常规水种、覆草旱种和裸地旱种分别为 94.8%、62.5% 和 56.7%，即无论在何种种植方式下，甲烷排放量是直播水稻田全球增温潜势的主要部分。因此，覆草旱种和裸地旱种两个水稻品种的稻田平均全球增温潜势，分别较常规水种降低了 44.1% 和 43.8%。覆草旱种和裸地旱种的温室气体强度（单位产量的全球增温潜势），分别较常规水种降低了 41.8% 和 27.0%（表 7-16）。

表 7-16 覆草旱种对直播水稻田水稻生长季甲烷（CH_4）和氧化亚氮（N_2O）排放、全球增温潜势和温室气体强度的影响

品种	种植方式	甲烷/ (kg CH_4-C/hm²)	氧化亚氮/ (kg N_2O-N/hm²)	全球增温潜势/ (kg CO_2 eq/hm²)	温室气体强度/ (kg CO_2 eq/kg)
	常规水种	154.5 a	0.73 c	4080 a	0.490 a
扬稻 6 号	覆草旱种	57.3 b	2.89 b	2294 b	0.281 c
	裸地旱种	52.4 c	3.32 a	2299 b	0.338 b
	常规水种	155.2 a	0.71 c	4092 a	0.511 a
扬粳 4038	覆草旱种	56.9 b	2.86 b	2275 b	0.302 c
	裸地旱种	51.8 c	3.35 a	2293 b	0.394 b

注：全球增温潜势=25×CH_4+298×N_2O；温室气体强度=全球增温潜势/籽粒产量；不同字母表示在 $P=0.05$ 水平上差异显著，同栏、同品种内比较

以上结果说明，与常规水种（水稻旱直播常规灌溉方法）相比，直播水稻覆草旱种后不会明显减产，可以大幅度地减少灌溉水量，提高灌溉水生产力，可以提高稻米的加工品质、营养品质和蒸煮食味品质，减少稻田全球增温潜势和温室气体强度。在覆草旱种条件下，灌浆期地上部植株较高的抗氧化能力和叶片光合速率，根系较高的活性和根中较高的生长素与细胞分裂素含量是直播水稻覆草旱种高产、优质与水分高效利用的重要生理基础。虽然覆草旱种可以减少直播水稻

田的全球增温潜势，但会明显增加稻田的氧化亚氮的排放量，增加氮素损失。如何减少覆草旱种后直播水稻田的氧化亚氮的排放，这是今后需要深入研究的问题。

参 考 文 献

[1] 彭少兵, 杨建昌. 水稻高产高效优质栽培研究的现状(英文). 中国水稻科学, 2003, 17(3): 275-280.

[2] Peng S B, Shen K, Wang X, et al. A new rice cultivation technology: plastic film mulching. International Rice Research Notes, 1999, 24: 9-10.

[3] 张自常. 水稻高产优质节水灌溉技术及其生理基础. 扬州: 扬州大学博士学位论文, 2012.

[4] 梁永超, 胡锋, 杨茂成, 等. 水稻覆膜旱作高产节水机理研究. 中国农业科学, 1999, 32(1): 26-32.

[5] Fan M S, Liu X J, Jiang R F, et al. Crop yields, internal nutrient efficiency, and changes in soil properties in rice-wheat rotations under non-flooded mulching cultivation. Plant and Soil, 2005, 277: 265-276.

[6] Liu X, Wu L, Pang L, et al. Effects of plastic film mulching cultivation under non-flooded condition on rice quality. Journal of the Science of Food and Agriculture, 2007, 87: 334-339.

[7] 黄义德, 张自立, 魏凤珍, 等. 水稻覆膜旱作的生态生理效应. 应用生态学报, 1999, 10(3): 305-308.

[8] 刘天学, 纪秀娥. 焚烧秸秆对土壤有机质和微生物的影响研究. 土壤, 2003, 35(4): 347-348.

[9] Fan M S, Lu S H, Jiang R F, et al. Long-term non-flooded mulching cultivation influences rice productivity and soil organic carbon. Soil Use and Management, 2012, 28: 544-550.

[10] Liu X J, Ai Y W, Zhang F S, et al. Crop production, nitrogen recovery and water use efficiency in rice-wheat rotations as affected by non-flooded mulching cultivation (NFMC). Nutrient Cycling Agroecosystem, 2005, 71: 289-299.

[11] Zhang Z C, Zhang S F, Yang J C, et al. Yield, grain quality and water use efficiency of rice under non-flooded mulching cultivation. Field Crops Research, 2008, 108: 71-81.

[12] 隋炳明, 李欣, 严松, 等. 稻米淀粉 RVA 谱特征与品质性状相关性研究. 中国农业科学, 2005, 38(4): 657-663.

[13] 舒庆尧, 吴殿星, 夏英武, 等. 稻米淀粉 RVA 谱特征与食用品质的关系. 中国农业科学, 1998, 31(3): 1-4.

[14] 李欣, 张蓉, 隋炳明, 等. 稻米淀粉黏滞性谱特征的表现及其遗传. 中国水稻科学, 2004, 18(5): 384-390.

[15] Funaba M, Ishibashi Y, Molla A H, et al. Influence of low/high temperature on water status in developing and maturing rice grains. Plant Production Science, 2006, 9: 347-354.

[16] 程方民, 钟连进, 孙宗修. 灌浆结实期温度对早籼水稻籽粒淀粉合成代谢的影响. 中国农业科学, 2003, 36(5): 492-501.

[17] 程方民, 蒋德安, 吴平, 等. 早籼稻籽粒灌浆过程中淀粉合成酶的变化及温度效应特征. 作物学报, 2001, 27(2): 201-206.

[18] 刘立军, 袁莉民, 王志琴, 等. 旱种水稻倒伏生理原因分析与对策的初步研究. 中国水稻科学, 2002, 16(3): 225-230.

[19] Li Y S, Wu L H, Lu X H, et al. Soil microbial biomass as affected by non-flooded plastic mulching cultivation in rice. Biology and Fertilizer of Soils, 2006, 43: 107-111.

[20] Kato T. Change of sucrose synthase activity in developing endosperm of rice cultivars. Crop Science, 1995, 35: 827-831.

[21] Ahmadi A, Baker D A. The effect of water stress on the activities of key regulatory enzymes of the sucrose to starch pathway in wheat. Plant Growth Regulation, 2001, 35: 81-89.

[22] Zhang Z C, Xue Y G, Wang Z Q, et al. The relationship of grain filling with abscisic acid and ethylene under non-flooded mulching cultivation. Journal of Agricultural Science, 2009, 147: 423-436.

[23] Cheng C Y, Lur H S. Ethylene may be involved in abortion of the maize caryopsis. Physiologia Plantarum, 1996, 98: 245-252.

[24] Mohapatra P K, Naik P K, Patel R. Ethylene inhibitors improve dry matter partitioning and development of late flowering spikelets on rice panicles. Australian Journal of Plant Physiology, 2000, 27: 311-323.

[25] Yang J C, Zhang J H, Liu K, et al. Abscisic acid and ethylene interact in wheat grains in response to soil drying during grain filling. New Phytologist, 2006, 171: 293-303.

[26] Berry J, Bjorkman O. Photosynthetic response and adaptation to temperature in higher plants. Annual Review of Plant Physiology, 1980, 31: 491-543.

[27] Yang J C, Zhang H, Zhang J H. Root morphology and physiology in relation to the yield formation of rice. Journal of Integrative Agriculture, 2012, 11: 920-926.

[28] Stoop W A, Uphoff N, Kassam A. A review of agricultural research issues raised by the system of rice intensification (SRI) from Madagascar: opportunities for improving farming system for resource-poor farmers. Agricultural Systems, 2002, 71: 249-274.

[29] Kende H, Zeevaart J A D. The five "classical" plant hormones. Plant Cell, 1997, 9: 1197-1210.

[30] Brenner M L, Cheikh N. The role of hormones in photosynthate partitioning and seed filling. *In*: Davies P J. Plant Hormones, Physiology, Biochemistry and Molecular Biology. Dordrecht, The Netherlands: Kluwer Academic Publishers, 1995: 649-670.

[31] Davies P J. Introduction. *In*: Davies P J. Plant Hormones, Biosynthesis, Signal Transduction, Action! Dordrecht, The Netherlands: Kluwer Academic Publishers, 2004: 1-35.

[32] Lur H, Setter T L. Role of auxin in maize endosperm development: timing of nuclear DNA endoreduplication. Zein expression and cytokinins. Plant Physiology, 1993, 103: 273-280.

[33] 杨建昌, 彭少兵, 顾世梁, 等. 水稻结实期籽粒和根系中玉米素与玉米素核苷含量的变化及其与籽粒充实的关系. 作物学报, 2001, 27(1): 35-42.

[34] 杨建昌, 仇明, 王志琴, 等. 水稻发育胚乳中细胞增殖与细胞分裂素含量的关系. 作物学报, 2004, 30(1): 11-17.

[35] Yang J C, Zhang J H, Wang Z Q, et al. Hormones in the grains in relation to sink strength and post-anthesis development of spikelets in rice. Plant Growth Regulation, 2003, 41: 185-195.

[36] Yang J C, Zhang J H, Huang Z L, et al. Correlation of cytokinin levels in the endosperm and roots with cell number and cell division activity during endosperm development in rice. Annals of Botany, 2002, 90: 369-377.

[37] Zhang H, Chen T T, Wang Z Q, et al. Involvement of cytokinins in the grain filling of rice under alternate wetting and drying irrigation. Journal of Experimental Botany, 2010, 61: 3719-3733.

[38] 邵美红, 孙加焱, 阮关海. 稻田温室气体排放与减排研究综述. 浙江农业学报, 2011, 23(1): 181-187.

[39] Xu H, Xing G, Cai Z C, et al. Nitrous oxide emissions from three rice paddy fields in China. Nutrient Cycling in Agroecosystems, 1997, 49: 23-28.

第8章 花后适度土壤干旱

花后适度土壤干旱（post-anthesis moderate soil-drying）是指在水稻开花受精的水分敏感期后控制水分供应，使叶片光合作用不受到明显抑制，植株水分状况在夜间得到恢复，促进茎中储存的非结构性碳水化合物（NSC）向籽粒转运和籽粒灌浆的一种方法。

谷类作物籽粒灌浆是产量形成的最后阶段，籽粒充实的优劣直接决定了粒重和产量的高低[1, 2]。水稻籽粒灌浆所需的光合同化物来自两个方面：花后光合作用和花前储存在茎和其他器官（主要为叶鞘）的NSC[3-5]。在通常情况下，水稻花前储存在茎（含叶鞘，下同）中NSC对籽粒产量的贡献占最后籽粒重量的1/6到1/3，其量的多寡主要取决于生长条件和氮素供应水平[5-7]。作者[8]曾观察到，水稻花前储存在茎中的 NSC 不仅是籽粒灌浆物质的一部分，而且是启动灌浆的重要物质基础，其转运率和转运量左右了籽粒灌浆速率，进而影响粒重和最终产量。因此，促进同化物向籽粒转运是促进水稻籽粒灌浆和提高产量的一条重要途径。但同化物向籽粒转运与植株衰老过程有密切关系，而植株衰老与光合作用又是此长彼消的一对矛盾[9, 10]。植株衰老过快，光合作用会严重降低，影响籽粒充实。相反，植株不能适时衰老，同化物就不能顺畅地向籽粒转运，进而延缓籽粒灌浆、降低灌浆速率，造成籽粒充实不良。在生产上，部分水稻品种或在高氮水平下茎、叶鞘中同化物向籽粒转运率低、籽粒充实不良是突出问题，由此造成的产量损失可在 20%以上[11-14]。因此，协调水稻植株衰老、光合作用与物质转运的关系对于促进籽粒充实非常重要，但也是作物学研究领域长期未解决的一个难题，存在着尚待揭示与解答的主要科学问题。

科学问题 1：协调水稻植株衰老、光合作用与同化物向籽粒转运关系的途径。通过何种途径可以协调植株衰老、光合作用与同化物向籽粒转运的关系？如何通过栽培途径或方法做到既可以不明显抑制叶片光合作用，又可以适时、适度启动植株的衰老过程，促进同化物向籽粒转运，加速籽粒灌浆，进而提高产量？

科学问题 2：促进同化物向籽粒转运和籽粒灌浆的生理调控机制。协调水稻植株衰老、光合作用与同化物向籽粒转运之间关系的生理调控途径是什么？植物激素如何调控这种关系，其调控机制是什么？

探明以上科学问题，对于阐明促进谷类作物同化物向籽粒转运和籽粒灌浆的调控途径与机制，解决目前生产上部分水稻品种或在高氮水平下同化物向籽粒转运率低、籽粒灌浆慢和充实不良等问题具有十分重要的理论和实践意义。

8.1 花后适度土壤干旱促进同化物向籽粒转运和籽粒灌浆

植株衰老、光合作用和同化物向籽粒转运受植株水分状况调控[15-17]。通常，水稻花后遭受干旱胁迫会使植株早衰，物质生产减少，灌浆期缩短，粒重降低。虽然干旱胁迫可以增加茎中储存的 NSC 向籽粒转运,加速籽粒灌浆,但因茎中 NSC 向籽粒转运增加之得不能补偿物质生产减少和灌浆期缩短之失，所以造成粒重与产量降低[15-17]。Yang 等[18-20]假设，如果采用适度土壤干旱（moderate soil-drying）的方法，即叶片光合作用不受到严重抑制，植株的水分状况在夜间得到恢复，则可以使茎中 NSC 向籽粒转运增加之得超过光合作用减少和灌浆期缩短之失，从而促进籽粒灌浆充实。为了验证这一假设，Yang 等[18-21]设置了不同时段和不同土壤干旱程度的试验。他们发现：在水稻开花受精的水分敏感期后控制水分供应，使耕层 15～20cm 处的土壤水势平均不低于–25kPa，或使灌浆前、中、后期中午剑叶的叶片水势分别不低于–0.95MPa、–1.05MPa 和–1.15MPa（表 8-1），可以使叶片光合作用不受到明显抑制，植株的水分状况在夜间得到恢复（图 8-1a，图 8-1b）。这一方法不仅可以增加茎中储存的 NSC 向籽粒转运，而且可以促进籽粒灌浆；不会明显降低叶片光合速率，可以适时（花后 12～15 天）、适度（与供水充足的植株相比，灌浆期叶片平均叶绿素含量降低的幅度小于 10%）启动植株的衰老过程，促进同化物向籽粒转运（图 8-2a，图 8-2b，表 8-2）。他们将这一方法称之为适度土壤干旱或有控制的土壤干旱（controlled soil-drying）[18-23]。

表 8-1 水稻适度土壤干旱的低限水势指标

品种类型	离地表 15～20cm 土壤水势/–kPa	灌浆期中午叶片水势/–MPa		
		前期	中期	后期
常规粳稻	22.5	0.90	1.00	1.10
常规籼稻	25.0	0.95	1.05	1.15
杂交籼稻	27.5	1.00	1.10	1.20

注：表中数据根据参考文献[18-23]整理

采用适度干旱的方法，可以显著促进籽粒灌浆，提高灌浆期平均灌浆速率（表 8-2）；可显著提高物质转运率低、籽粒灌浆慢的品种（如部分亚种间杂交稻组合）或物质转运率较高、籽粒灌浆较快的高产品种在高施氮量情况下的产量（表 8-2）。对于在正常供氮量下物质转运率较高、籽粒灌浆较快的高产品种，采用适度土壤干旱的方法，可显著减少灌溉水量，对粒重和产量无明显不利影响（表 8-2）。

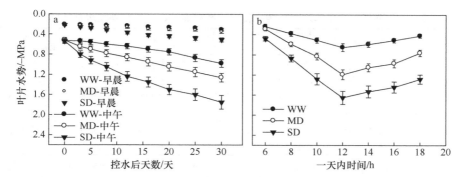

图 8-1　土壤干旱程度对水稻花后不同时期（a）和一天内（b）剑叶叶片水势的影响

图中数据引自参考文献[18-23]；WW：供水充足（田间土壤水势为 0～-5kPa）；MD：适度土壤干旱，土壤水势为 -22.5～-27.5kPa；SD：重度土壤干旱，土壤水势为-50kPa

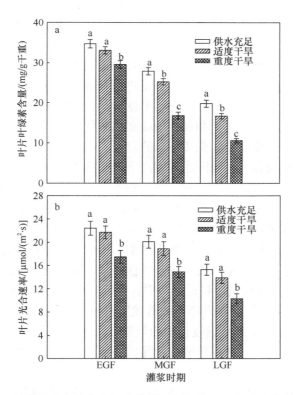

图 8-2　土壤干旱程度对水稻灌浆期叶片叶绿素含量（a）和光合速率（b）的影响

图中数据引自参考文献[18-23]；EGF：灌浆早期；MGF：灌浆中期；LGF：灌浆后期；不同字母表示在 P=0.05 水平上差异显著，同时期内比较

表 8-2   适度土壤干旱对水稻物质转运、籽粒灌浆、产量和灌溉水量的影响

品种类型	水分处理	施氮量	茎中 NSC 转运率/%	平均灌浆速率/[mg/（粒·d）]	千粒重/g	产量/（g/m²）	开花至成熟灌溉水量/（L/m²）
水稻常规高产品种	供水充足	正常量	46±3.2 c	0.67±0.01 c	26.3±0.32 b	834±21 b	156±14 a
	供水充足	高氮量	23±2.1 d	0.55±0.02 d	25.2±0.27 c	746±15 c	162±13 a
	适度干旱	正常量	71±4.8 a	0.76±0.02 a	26.1±0.30 b	821±19 b	112±11 b
	适度干旱	高氮量	57±3.5 b	0.71±0.01 b	27.4±0.35 a	888±25 a	116±12 b
亚种间杂交稻	供水充足	正常量	15±1.3 b	0.51±0.01 b	25.4±0.31 b	940±32 b	165±16 a
	适度干旱	正常量	60±5.2 a	0.60±0.03 a	26.6±0.43 a	1018±43 a	120±10 b

注：表中数据引自参考文献[18-23, 55-58]；离地表 15～20cm 处的土壤水势：供水充足为 0～-5kPa；适度干旱为 -22.5～-27.5kPa；正常施氮量为 150～180kg/hm²；高施氮量为 240～270kg/hm²；不同字母表示在 $P=0.05$ 水平上差异显著，同栏、同类型品种内比较

适度土壤干旱可以协调植株衰老、光合作用与同化物向籽粒转运的关系，促进籽粒灌浆，这一发现为解决谷类作物植株衰老与光合作用的矛盾，以及既高产又节水的难题提供了新的途径和方法[28-30]。对于促进我国水稻生产的指导意义主要有以下几个方面。

首先，光合同化物向籽粒转运率低、籽粒灌浆慢是一些水稻品种，特别是部分籼/粳亚种间杂交稻品种（组合）存在的严重问题，其后果是不能将物质生产优势转化为经济产量优势，导致籽粒充实不良[11, 13, 27, 28]。采用适度土壤干旱方法，有助于解决部分亚种间杂交稻和部分超级稻品种营养生长势过强、光合同化物向籽粒转运率低、籽粒灌浆慢和充实不良的问题。

其次，为了追求高产，我国水稻生产上氮肥施用量普遍偏多。施用多量氮肥往往造成籽粒灌浆缓慢，贪青迟熟，收获指数降低，甚至发生倒伏[29-31]。采用适度土壤干旱的方法，可以克服由氮肥施用过量而造成的贪青，促进同化物向籽粒转运，加速籽粒灌浆，提高收获指数，进而提高产量和肥、水利用效率。

再次，我国许多地方水稻在生长季节受到不利气候条件的影响，如水稻生长后期的低温寒潮等，这些不利的气候条件往往造成减产等严重后果[19, 32]。实施花后适度土壤干旱，可以促进水稻适当早熟，从而使水稻在寒潮来临之前可以收获，避开不利气候的影响。特别是近年来随着我国机械化插秧和直播水稻面积的扩大，稻-麦轮作区水稻和小麦迟播迟收已成为限制产量的一个重要因素[33, 34]。采用适度土壤干旱的方法，可以加速籽粒灌浆，尤其是促进弱势粒灌浆，适时收获，提早让茬（可提早 3～5 天）。

最后，水资源短缺始终是制约我国农业生产的瓶颈问题[35-37]。采用适度土壤干旱方法，可以节约水资源，提高水分利用效率，有利于农业的可持续发展。

有研究表明，适度土壤干旱促进同化物转运和籽粒灌浆的方法，不仅适用于稻、麦等谷类作物，而且可应用于番茄（*Lycopersicon esculentum*）、大豆（*Glycine* max）、棉花（*Gossypium*）等多种作物，提高这些作物的产量和品质[38-40]。

为了使促进同化物转运和籽粒灌浆的水分控制方法应用于生产实践，Yang等[41]在水稻上建立了比较简单的控水方法，即在田间安装聚氯乙烯（PVC）管，根据 PVC 管内离地表的水位进行灌溉，当 PVC 管内离地表的水位为砂土 10cm、壤土 12cm、黏土 15cm 时，田间灌 2～3cm 水层，自然落干至 PVC 管内离地表水位达 10～15cm 时再灌水，依此循环。这一方法简单易行，已在生产上大面积推广应用（参见第 3 和第 4 章）。

通常，土壤干旱会加剧高温对作物的伤害[42, 43]。但 Yang 等[44]和 Zhang 等[45]的研究表明，在适度土壤干旱条件下作物冠层温度与正常供水的对照冠层温度没有显著差异，因此适度土壤干旱不会加剧高温对作物的伤害。不仅如此，段骅等[46]观察到，在水稻抽穗开花期高温条件下，采用轻干湿交替灌溉（土壤落干至土壤水势为−15kPa 时复水）方法可以显著较水层灌溉降低冠层湿度，因而减轻了高温对水稻的伤害，获得较高的产量和较好的稻米品质。

8.2　植物激素对同化物转运和籽粒灌浆的调控作用

8.2.1　ABA 促进同化物向籽粒转运

ABA 通常被认为与植物的衰老有关[47, 48]。但 Yang 等[18, 22, 23, 49, 50]研究发现，ABA 不仅能调控水稻和小麦的衰老，而且能促进茎中存储的 NSC 向籽粒转运。他们的试验数据显示，花后土壤干旱处理显著增加了水稻根系伤流液和叶片中ABA 浓度或含量，促进了茎中 NSC 及标记 ^{14}C 向籽粒的转运（图 8-3a～图 8-3d）。根系伤流液中 ABA 浓度与茎中 NSC 及标记 ^{14}C 向籽粒的转运率呈极显著正相关（图 8-4a，图 8-4b）；低浓度（10～20μmol/L）外源 ABA 处理降低了叶片叶绿素含量，显著增加了茎中 NSC 及标记 ^{14}C 向籽粒的转运（表 8-3）。表明 ABA 参与调控植株衰老和茎中储存同化物向籽粒转运的过程，花后适度土壤干旱通过增加内源 ABA 水平，促进茎中存储的 NSC 向籽粒转运。

8.2.2　ABA 和乙烯相互作用调控籽粒灌浆

ABA 和乙烯是植物应答逆境产生的两种重要激素[51, 52]。以往研究认为，干旱等逆境条件造成谷类作物籽粒败育或充实不良与内源 ABA 和乙烯水平的增加密切相关[51-54]。但 Yang 等[50, 55-58]研究表明，ABA 对籽粒灌浆的调控作用呈现出剂量效应，即低浓度促进，高浓度抑制；乙烯则可降低籽粒中蔗糖-淀粉代谢途径关键酶活性，抑制籽粒灌浆。在水稻和小麦的活跃灌浆期（籽粒快速增重期），籽粒

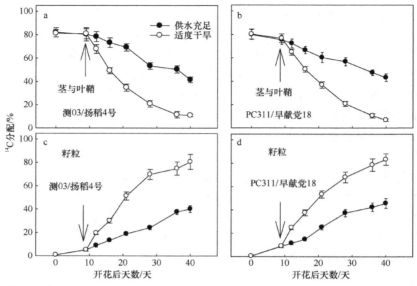

图 8-3　花后适度土壤干旱对标记 ^{14}C 在水稻茎和叶鞘（a，b）及籽粒（c，d）中分配的影响

图中数据引自参考文献[18-23]；箭头表示土壤干旱处理开始的时间

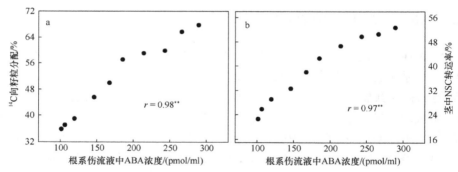

图 8-4　水稻花后根系伤流液中脱落酸（ABA）浓度与 ^{14}C 向籽粒分配（a）及茎中非结构性碳水化合物（NSC）转运率（b）的关系

图中数据引自参考文献[18-23, 49, 50, 55-58]

表 8-3　喷施脱落酸（ABA）及其抑制剂对水稻叶绿素含量和茎中非结构性碳水化合物（NSC）转运的影响

处理	茎与叶鞘 ABA 含量/（ng/g 干重）	叶片叶绿素含量/（mg/g 干重）	籽粒中 ^{14}C/%	NSC 转运率/%
对照（喷清水）	46.4 b	25.8 b	45.5 b	43.6 b
20μmol/L ABA	78.5 a	16.9 c	78.9 a	67.9 a
20μmol/L 氟草酮	22.3 c	34.6 a	32.1 c	27.8 c

注：表中数据引自参考文献[18-23, 49, 50, 55-58]；脱落酸（ABA）含量和叶绿素含量为灌浆前、中、后期 3 次测定的平均值；籽粒中 ^{14}C（%）=成熟期籽粒中 ^{14}C 放射性/成熟期地上部植株总放射性性×100；NSC 转运率（%）=（抽穗期茎与叶鞘中 NSC–成熟期茎与叶鞘中 NSC）/抽穗期茎与叶鞘中 NSC×100；不同字母表示在 $P=0.05$ 水平上差异显著，同栏内比较

充实需要较高的 ABA 浓度和较高的 ABA 与乙烯的比值[57, 58]。水稻和小麦的弱势粒充实差、粒重低,较低的 ABA 含量和较高的乙烯释放速率或较高的 1-氨基环丙烷-1-羧酸(ACC,乙烯合成的前体)含量是一个重要原因[50, 57]。水稻花后进行适度土壤干旱处理,可以显著增加籽粒特别是弱势粒的 ABA 含量,降低乙烯释放速率和 ACC 含量,提高 ABA 与乙烯的比值(ABA/ACC)(图 8-5a~图 8-5c,图 8-6),进而促进籽粒特别是弱势粒灌浆,增加粒重;在严重干旱条件下,籽粒乙烯释放速率或 ACC 含量的增加超过了 ABA 含量的增加,使得 ABA 与乙烯的比值(ABA/ACC)降低,导致籽粒灌浆速率减小,粒重降低[57-59]。相关分析表明,水稻活跃灌浆期籽粒灌浆速率与籽粒 ABA 含量及 ABA 与 ACC 的比值(ABA/ACC)呈显著正相关,与乙烯释放速率呈显著负相关(图 8-7a~图 8-7c)。通过喷施 ABA 或乙烯合成抑制物质硝酸钴增加籽粒 ABA 或降低籽粒乙烯水平,可促进籽粒灌浆和增加粒重;通过喷施 ABA 合成抑制物质覆草酮或乙烯释放促进物质乙烯利,则会降低籽粒灌浆速率和粒重(表 8-4)。说明 ABA 与乙烯的相互作用可调控籽粒灌浆。通过适度土壤干旱等方法适当提高 ABA 水平及 ABA 与乙烯的比值,可以促进水稻籽粒灌浆充实。

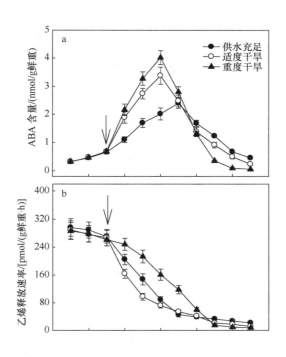

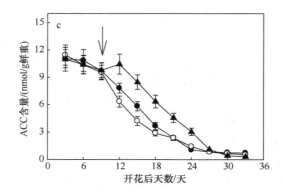

图 8-5　土壤干旱程度对水稻籽粒脱落酸（ABA）含量（a）、乙烯释放速率（b）和 1-氨基环丙烷-1-羧酸（ACC）含量（c）的影响

图中数据引自参考文献[50, 57-59]；图中箭头表示土壤干旱处理开始的时间

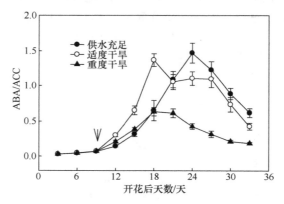

图 8-6　土壤干旱程度对水稻籽粒脱落酸（ABA）与 1-氨基环丙烷-1-羧酸（ACC）比值（ABA/ACC）的影响

图中数据引自参考文献[50, 57-59]；箭头表示土壤干旱处理开始的时间

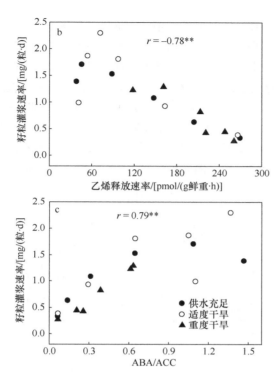

图 8-7　水稻籽粒灌浆速率与内源籽粒脱落酸（ABA）含量（a）、乙烯释放速率（b）
及 ABA 与 1-氨基环丙烷-1-羧酸（ACC）比值（ABA/ACC）（c）的关系

图中数据根据参考文献[50, 55-57]整理

表 8-4　喷施脱落酸（ABA）等化学物质对水稻籽粒灌浆的影响

处理	籽粒 ABA 含量/ （μg/g 干重）	乙烯释放速率/ [ng/（g 干重·h）]	活跃灌浆期/d	灌浆速率/ [mg/（粒·d）]	粒重/mg
对照（喷清水）	0.35 b	13.2 c	26 b	0.88 c	25.2 b
20μmol/L ABA	0.52 a	11.3 d	22 c	1.17 a	28.7 a
20μmol/L 氟草酮	0.23 c	15.1 b	22 c	0.73 e	17.9 c
50μmol/L 硝酸钴	0.36 b	7.95 e	28 a	0.92 b	28.5 a
50mmol/L 乙烯利	0.34 b	16.8 a	20 d	0.85 c	18.8 c

注：表中数据根据参考文献[50, 57-59]整理；籽粒 ABA 含量和乙烯释放速率为灌浆前、中、后期 3 次测定的平均值；粒重在成熟期测定；活跃灌浆期和灌浆速率根据 Richards 方程计算而得；不同字母表示在 $P=0.05$ 水平上差异显著，同栏内比较

8.2.3　增大 ABA 与赤霉素（GAs）比值可以促进籽粒灌浆

研究表明，一些籽粒灌浆缓慢的水稻品种，或在高施氮量下籽粒灌浆速率小、充实不良，活跃灌浆期内源 GAs（GA_1+GA_4）水平过高、ABA 与 GAs 比值低也是一个重要原因[56, 60]。水稻花后适度土壤干旱可以增加内源 ABA 含量和降低籽

粒 GAs 含量，提高 ABA 与 Gas 的比值（图 8-8a，图 8-8c），进而可以促进淀粉在籽粒中累积，增加粒重[56, 60]。在花后 9 天连续喷施低浓度外源 ABA，所得结果与适度干旱处理的结果十分相似，即籽粒中 ABA 含量增加，GAs 含量减少，灌浆速率增大，茎中储存的 NSC 向籽粒转运增多（表 8-5）。表明在适度土壤干旱条件下，籽粒中激素间平衡的改变，特别是乙烯或 GAs 的减少和 ABA 的增加，是促进茎中储存同化物向籽粒转运、增加籽粒灌浆速率和粒重的一个重要生理机制。适度土壤干旱对灌浆前、中期籽粒中细胞分裂素（玉米素+玉米素核苷）和生长素（吲哚-3-乙酸）含量的影响较小（图 8-8b，图 8-8d），故不会影响籽粒灌浆[49, 56, 61]。

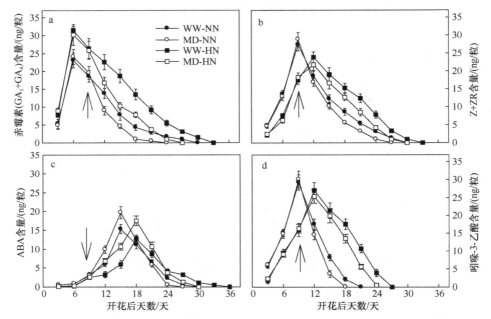

图 8-8 适度土壤干旱与施氮量对水稻籽粒赤霉素（GA₁+GA₄）（a）、玉米素+玉米素核苷（Z+ZR）（b）、脱落酸（ABA）（c）和吲哚-3-乙酸含量（d）的影响

图中数据引自参考文献[56]；WW：供水充足；MD：适度土壤干旱；NN：正常供氮量（180kg N/hm²）；HN：高施氮量（270kg N/hm²）；箭头表示土壤干旱处理开始的时间

表 8-5 喷施脱落酸（ABA）对 ABA 与赤霉素（GAs）比值、籽粒灌浆和粒重的影响

品种	处理	ABA/ （ng·粒）	GAs/ （ng·粒）	ABA/ GAs	籽粒灌浆速率/ [mg/（粒·d）]	粒重/mg
武育粳 3 号	对照（喷清水）	6.9 d	19.1 a	0.36 d	0.63 d	25.4 d
	25μmol/L ABA	17.1 b	15.2 c	1.30 b	0.83 b	26.9 b
扬稻 4 号	对照（喷清水）	9.1 c	17.0 b	0.54 c	0.68 c	26.2 c
	25μmol/L ABA	19.6 a	13.0 d	1.51 a	0.89 a	27.6 a

注：表中数据引自参考文献[50, 55-57]；籽粒中 ABA 含量、GAs（GA₁+GA₄）含量和 ABA/GAs 为花后 12 天和 20 天 2 次测定的平均值；粒重在成熟期测定；籽粒灌浆速率根据 Richards 方程计算而得；不同字母表示在 P=0.05 水平上差异显著，同栏内比较

表 8-6 列出了水稻和小麦不同灌浆期籽粒与茎叶鞘中适宜的 ABA 含量及 ABA 与 ACC、ABA 与 GAs 的比值，可作为通过调控激素水平促进水稻同化物向籽粒转运和籽粒灌浆的参考指标。

表 8-6　促进水稻同化物转运和籽粒灌浆的内源脱落酸（ABA）含量
及其与 1-氨基环丙烷-1-羧酸（ACC）及赤霉素（GAs）的比值

器官	指标名称	灌浆前期	灌浆中期	灌浆后期
籽粒	ABA/（μg/g 干重）	0.30～0.51	0.72～0.90	0.42～0.62
	ABA/ACC	1.12～1.33	2.52～2.84	0.53～0.75
	ABA/GAs	0.42～0.52	1.33～1.52	1.76～1.92
茎、叶鞘、叶片	ABA/（μg/g 干重）	0.05～0.07	0.11～0.32	0.03～0.05

注：表中数据引自参考文献[50, 55-58]

8.2.4　多胺与乙烯相互作用调控水稻籽粒灌浆

多胺是一类新型植物激素，参与细胞分裂、形态建成、胚胎形成、果实形成和生长、衰老及对逆境响应等生理过程[62-64]。在多胺合成途径中，S-腺苷-L-甲硫氨酸（SAM）是生成亚精胺（三胺）和精胺（四胺）的前体，SAM 也是乙烯合成的前体[63-65]。Chen 等[66]推测，多胺和乙烯可能在生物合成过程中存在着竞争，它们之间的相互作用对土壤干旱等环境做出响应，进而调控水稻的籽粒灌浆。为了验证这一推测，他们以水稻为材料，自抽穗后 8 天至成熟进行保持浅水层（对照）、轻度土壤落干和重度土壤落干 3 种土壤水分处理，观察在不同土壤水分条件下水稻强、弱势粒中多胺和乙烯水平的变化特点及其与籽粒灌浆的关系。结果表明，与对照相比，轻度土壤落干显著提高了弱势粒细胞增殖速率、籽粒灌浆速率和粒重，而重度土壤落干的结果则相反（图 8-9a～图 8-9d）。强势粒的胚乳细胞增殖速率、籽粒灌浆速率和粒重在 3 种土壤水分处理间没有显著差异（图 8-9a～图 8-9d）。轻度土壤落干显著增加了弱势粒中游离精胺和亚精胺含量，显著降低了乙烯释放速率、ACC 和过氧化氢含量；重度土壤落干的结果与轻度土壤落干的结果相反（图 8-10a～图 8-10c，图 8-11a，图 8-11b，图 8-12）。灌浆期籽粒中亚精胺和精胺含量、多胺合成关键酶如 S-腺苷-L-甲硫氨酸脱羧酶和亚精胺合成酶活性，以及亚精胺和 ACC 的比值、精胺和 ACC 的比值与胚乳细胞增殖速率及籽粒灌浆速率呈极显著正相关；乙烯释放速率、ACC 含量、乙烯或多胺代谢相关酶（ACC 合成酶和多胺氧化酶）活性及过氧化氢含量与胚乳细胞增殖速率、籽粒灌浆速率呈极显著负相关（表 8-7）。对稻穗施用亚精胺、精胺或乙烯合成抑制剂氨基乙氧基乙烯甘氨酸（AVG），显著降低了弱势粒中乙烯释放速率和 ACC 含量，但显著增加了亚精胺和精胺含量、籽粒灌浆速率和粒重；施用 ACC 或亚精胺和精胺合成抑制剂甲基乙二醛双脒基腙（MGBG），结果则相反（表 8-8～表 8-10）。这些结果证明了多胺（亚精胺和精胺）和乙烯对土壤干旱的响应存在着代谢互作，通过调控籽粒内过氧化氢水平，调控水稻籽粒灌浆。花后适度土壤干旱等可以增加水稻籽粒多胺（亚精胺和精胺）水平，降低籽粒乙烯和过氧化氢水平，增加籽粒多胺与乙烯比值，从而促进胚乳细胞增殖和籽粒充实，提高粒重。

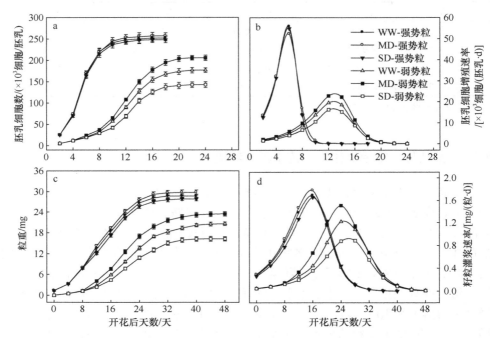

图 8-9　土壤干旱程度对水稻胚乳细胞数和细胞增殖速率（a，b）
与籽粒增重及灌浆速率（c，d）的影响

图中数据引自参考文献[66]；WW：供水充足；MD：适度土壤干旱；SD：重度土壤干旱

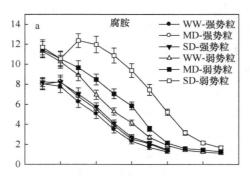

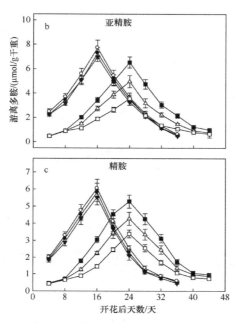

图 8-10　土壤干旱程度对水稻籽粒中游离多胺含量的影响

图中数据引自参考文献[66]；WW：供水充足；MD：适度土壤干旱；SD：重度土壤干旱

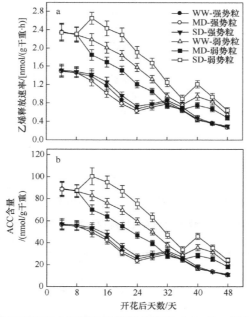

图 8-11　土壤干旱程度对水稻籽粒乙烯释放速率（a）和 1-氨基环丙烷-1-羧酸
（ACC）（b）含量的影响

图中数据引自参考文献[66]；WW：供水充足；MD：适度土壤干旱；SD：重度土壤干旱

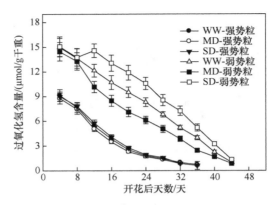

图 8-12　土壤干旱程度对水稻籽粒中过氧化氢含量的影响

图中数据引自参考文献[66]；WW：供水充足；MD：适度土壤干旱；SD：重度土壤干旱

表 8-7　水稻籽粒多胺和乙烯水平与胚乳细胞增殖速率及籽粒灌浆速率的相关

与相关	平均胚乳细胞分裂速率	平均籽粒灌浆速率
腐胺（Put）	−0.763	−0.571
亚精胺（Spd）	0.925**	0.995**
精胺（Spm）	0.923**	0.963**
1-氨基环丙烷-1-羧酸（ACC）含量	−0.981**	−0.948**
乙烯释放速率	−0.984**	−0.956**
精氨酸脱羧酶	−0.691	−0.558
鸟氨酸脱羧酶	−0.478	0.548
S-腺苷-L-甲硫氨酸脱羧酶	0.998**	0.998**
亚精胺合成酶	0.994**	0.997**
ACC 合成酶	−0.955**	−0.940**
ACC 氧化酶	−0.957**	−0.939**
多胺氧化酶	−0.953**	−0.858*
腐胺/ACC	0.712	0.639
亚精胺/ACC	0.972**	0.996**
精胺/ACC	0.981**	0.981**
过氧化氢含量	−0.957**	−0.979**

注：表中数据引自参考文献[66]；*和**分别表示在 $P=0.05$ 和 $P=0.01$ 水平上显著（$n=6$）

表 8-8　喷施化学调控物质对水稻弱势粒腐胺、亚精胺和精胺含量的影响

（单位：μmol/g 干重）

处理	花后 12 天			花后 20 天		
	腐胺	亚精胺	精胺	腐胺	亚精胺	精胺
对照（喷清水）	9.26 b	1.54 b	1.03 c	4.39b	3.18 b	3.27 c
2mmol/L 腐胺	11.7 a	1.51 b	1.11 c	6.27 a	3.22 b	3.19 c
1mmol/L 亚精胺	9.43 b	2.74 a	1.89 b	4.14 b	4.68 a	4.13 b
1mmol/L 精胺	9.42 b	1.63 b	2.65 a	4.52 b	3.21 b	4.96 a

续表

处理	花后 12 天			花后 20 天		
	腐胺	亚精胺	精胺	腐胺	亚精胺	精胺
5mmol/L 甲基乙二醛双脒基腙（MGBG）	12.2 a	0.65 d	0.59 d	6.58 a	2.14 d	2.06 d
1mmol/L 亚精胺+5mmol/L MGBG	9.42 b	1.49 b	1.07 c	4.43 b	3.15 b	3.13 c
50mmol/L 乙烯利	11.7 a	0.97 c	0.62 d	6.32 a	2.75 c	2.15 d
50μmol/L 1-氨基环丙烷-1-羧酸（ACC）	11.4 a	1.01 c	0.61 d	6.14 a	2.58 c	2.21 d
50μmol/L 氨基乙氧基乙烯甘氨酸（AVG）	7.12 c	2.86 a	1.93 b	3.25 c	4.76 a	4.32 b

注：表中数据引自参考文献[66]；不同字母表示在 $P=0.05$ 水平上差异显著，同栏内比较

表 8-9　喷施化学调控物质对水稻弱势粒乙烯释放速率
和 1-氨基环丙烷-1-羧酸（ACC）含量的影响

处理	花后 12 天		花后 20 天	
	乙烯/[nmol/ （g 干重·h）]	ACC/[nmol/ g 干重]	乙烯/[（nmol/ （g 干重·h））	ACC/[nmol/ g 干重]
对照（喷清水）	2.36 b	81.7 b	1.74 b	65.7 b
2mmol/L 腐胺	2.23 b	78.6 b	1.76 b	64.4 b
1mmol/L 亚精胺	1.37 c	57.8 c	1.14 c	51.5 c
1mmol/L 精胺	1.32 c	58.4 c	1.19 c	53.7 c
5mmol/L 甲基乙二醛双脒基腙 （MGBG）	3.45 a	97.1 a	2.45 a	76.8 a
1mmol/L 亚精胺+5mmol/L MGBG	2.42 b	82.6 b	1.82 b	66.2 b
50mmol/L 乙烯利	3.21 a	96.3 a	2.53 a	74.6 a
50μmol/L 1-氨基环丙烷-1-羧酸 （ACC）	3.35 a	98.8 a	2.61 a	75.2 a
50μmol/L 氨基乙氧基乙烯甘氨酸 （AVG）	1.29 c	55.5 c	1.15 c	50.6 c

注：表中数据引自参考文献[66]；不同字母表示在 $P=0.05$ 水平上差异显著，同栏内比较

表 8-10　喷施化学调控物质对水稻弱势粒活跃灌浆期、平均灌浆速率和粒重的影响

处理	活跃灌浆期/d	平均灌浆速率/[mg/（粒·d）]	粒重/mg
对照（喷清水）	28.5 a	0.584 b	18.5 b
2mmol/L 腐胺	28.3 a	0.579 b	18.2 b
1mmol/L 亚精胺	28.9 a	0.674 a	21.7 a
1mmol/L 精胺	29.1 a	0.675 a	21.8 a
5mmol/L 甲基乙二醛双脒基腙（MGBG）	25.2 b	0.478 c	13.4 c
1mmol/L 亚精胺+5mmol/L MGBG	28.3 a	0.567 b	17.8 b
50mmol/L 乙烯利	24.6 b	0.498 c	13.6 c
50μmol/L 1-氨基环丙烷-1-羧酸（ACC）	24.5 b	0.489 c	13.3 c
50μmol/L 氨基乙氧基乙烯甘氨酸（AVG）	28.7 a	0.693 a	22.1 a

注：表中数据引自参考文献[66]；不同字母表示在 $P=0.05$ 水平上差异显著，同栏内比较

从以上结果可以看出，植物激素对籽粒灌浆的调控作用，在很多情况下是多种激素相互作用的结果。在何种情形下需要提高 ABA 与乙烯比值，或 ABA 与 GAs 比值，或多胺与乙烯比值？其适用范围因植株内、外部环境或调控对象不同而不同。促进水稻弱势粒灌浆，主要通过提高 ABA 与乙烯比值，或提高 ABA 水平或减少乙烯合成[57-59]；应对贪青品种或在高氮水平下籽粒灌浆慢的问题，可以提高 ABA 与赤霉素比值，或增加 ABA 或降低 GAs 水平[56, 60]；减少干旱、高温等逆境对籽粒灌浆的不利影响，可通过提高多胺与乙烯比值，或提高 ABA 或降低乙烯水平[63, 66]。

8.3　促进同化物转运和籽粒灌浆的相关酶活性

8.3.1　花后适度土壤干旱增强稻茎中 α-淀粉酶活性和蔗糖磷酸合成酶活化态

水稻花前储存在茎中的 NSC 主要为淀粉[67]。淀粉必须降解为葡萄糖等己糖，再合成蔗糖，然后以蔗糖的形式由茎转运到籽粒[1, 68]。淀粉的降解在几种酶的作用下通过淀粉水解和磷酸化作用完成。这些酶包括：α-淀粉酶（EC 3.2.1.1）、β-淀粉酶（EC 3.2.1.2）、α-葡萄糖苷酶（EC 3.2.1.20）和淀粉磷酸化酶（EC 2.4.1.1）；蔗糖磷酸合成酶（SPS，EC 2.4.1.14）在蔗糖的再合成中起关键的作用[69-71]。Yang 等[72]研究发现，花后适度土壤干旱显著增加了水稻灌浆期茎中 α-淀粉酶和 β-淀粉酶活性，前者活性的增强尤为明显（图 8-13a～图 8-13d），并与茎中淀粉输出率呈极显著正相关（表 8-11）。其他两种淀粉降解酶 α-葡萄糖苷酶和淀粉磷酸化酶的活性，在适度土壤干旱与对照（供水充足）之间无显著差异（图 8-13e～图 8-13h），与茎中可溶性糖含量的相关性也不显著（表 8-11）。适度土壤干旱增加了茎中 SPS 在基质浓度限制（V_{limit}）和基质浓度饱和（V_{max}）状况下的活性，以 V_{limit} 的活性增加更多，即 SPS 的活化态（V_{limit}/V_{max}）增强（图 8-14a～图 8-14f）。SPS 活性与茎中蔗糖含量呈极显著正相关（表 8-11）。说明花后适度土壤干旱通过增强稻茎中 α-淀粉酶活性和 SPS 活化态，促进淀粉快速水解和碳同化物向籽粒的再调运。

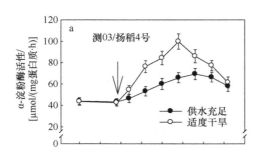
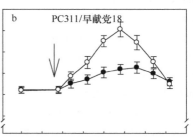

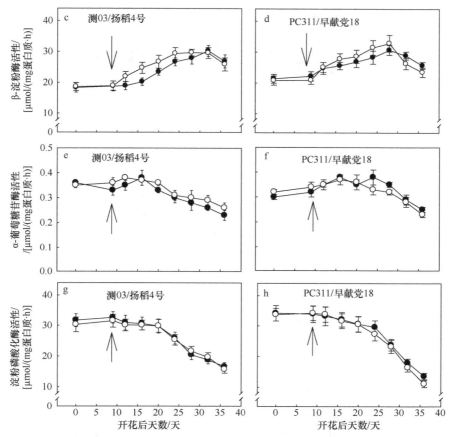

图 8-13　花后适度土壤干旱对水稻茎中 α-淀粉酶（a，b）、β-淀粉酶（c，d）、
α-葡萄糖苷酶（e，f）和淀粉磷酸化酶（g，h）活性的影响

图中数据引自参考文献[72]；箭头表示土壤干旱处理开始的时间

表 8-11　水稻花后茎中淀粉水解酶和蔗糖磷酸合成酶（SPS）活性与茎中淀粉转运量
及籽粒中 ^{14}C 增加的相关

与相关	测 03/扬稻 4 号		PC311/旱献党 18	
	茎中淀粉输出率	籽粒中 ^{14}C 增加	茎中淀粉输出率	籽粒中 ^{14}C 增加
基质浓度饱和态 SPS 活性	0.88**	0.84**	0.66*	0.81**
基质浓度限制态 SPS 活性	0.96**	0.97**	0.82**	0.86**
活化态 SPS 活性	0.89**	0.85**	0.87**	0.87**
α-淀粉酶活性	0.93**	0.97**	0.92**	0.97**
β-淀粉酶活性	0.87**	0.89**	0.88**	0.89**
α-葡萄糖苷酶活性	−0.15	0.12	−0.02	0.19
淀粉磷酸化酶活性	−0.78**	−0.63*	−0.87**	−0.76**

注：表中数据根据参考文献[72]整理；*和**分别表示在 $P=0.05$ 和 $P=0.01$ 水平上显著（$n=10$）

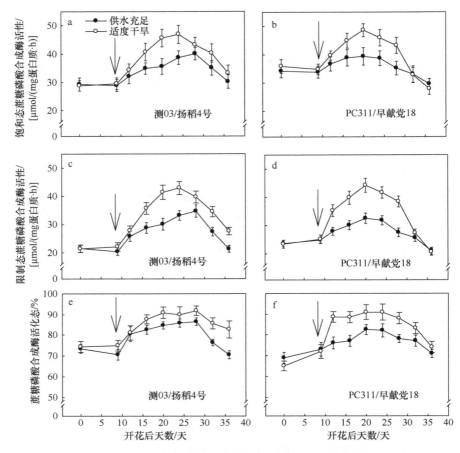

图 8-14 花后适度土壤干旱对水稻茎中蔗糖磷酸合成酶活性在基质浓度饱和态（a，b）、
基质浓度限制态（c，d）及活化态（e，f）的影响

图中数据引自参考文献[72]；箭头表示土壤干旱处理开始的时间

8.3.2 花后适度土壤干旱增强水稻籽粒蔗糖-淀粉代谢途径关键酶活性

水稻籽粒的主要成分是淀粉[67, 71]。光合同化物以蔗糖为运输形式从源（叶、茎或叶鞘）输送到籽粒，经一系列酶的催化反应形成淀粉[67, 71]。在蔗糖-淀粉代谢途径中，SuS、腺苷二磷酸葡萄糖焦磷酸化酶（AGP，EC 2.7.7.27）、淀粉合酶（StS，EC 2.4.1.21）和淀粉分支酶或 Q-酶（SBE，EC 2.4.1.18）在淀粉的合成过程中起重要的作用[67, 68, 73-76]。有研究者[77, 78]认为，谷类作物籽粒在灌浆期遭遇干旱等逆境会降低籽粒蔗糖-淀粉代谢途径关键酶活性，从而抑制籽粒库生理活性。但 Yang 等[22, 23]研究发现，在水稻籽粒灌浆过程中，适度土壤干旱可以增强 SuS、SBE 和可溶性 StS 活性（图 8-15a，图 8-15b，图 8-16c～图 8-16f），进而增加了库强，

促进光合同化物向籽粒的转运和淀粉在籽粒的合成。适度土壤干旱对水稻籽粒可溶性和非可溶性酸性转化酶活性及 AGP 活性的影响很小（图 8-15c～图 8-15f，图 8-16a，图 8-16b）。相关分析表明，籽粒淀粉累积速率与 SuS、SBE 和可溶性 StS 活性呈显著正相关，与可溶性酸性转化酶活性、非可溶性酸性转化酶活性及 AGP 活性的相关性不显著（图 8-17a～图 8-17c，图 8-18a～图 8-18c）。说明花后适度土壤干旱主要增强籽粒中 SuS、SBE 和可溶性 StS 活性，促进籽粒淀粉合成。

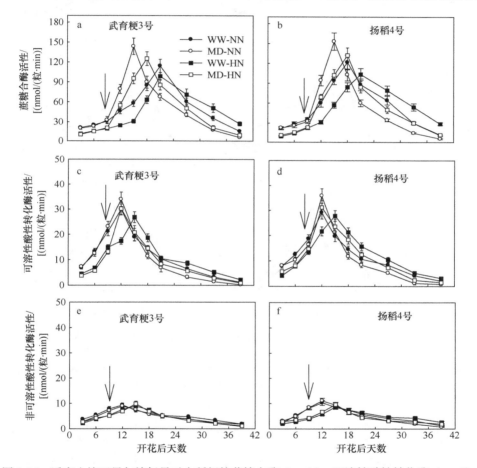

图 8-15　适度土壤干旱与施氮量对水稻籽粒蔗糖合酶（a，b）、可溶性酸性转化酶（c，d）和非可溶性酸性转化酶（e，f）活性的影响

图中数据引自参考文献[22]；WW：供水充足；MD：适度土壤干旱；NN：正常供氮量（180kg N/hm²）；HN：高施氮量（270kg N/hm²）；箭头表示土壤干旱处理开始的时间

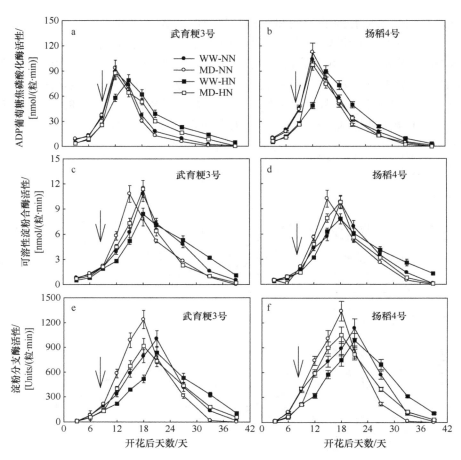

图 8-16　适度土壤干旱与施氮量对水稻籽粒腺苷二磷酸葡萄糖焦磷酸化酶（a，b）、
可溶性淀粉合酶（c，d）和淀粉分支酶（e，f）活性的影响

图中数据引自参考文献[22]；WW：供水充足；MD：适度土壤干旱；NN：正常供氮量（180kg N/hm²）；
HN：高施氮量（270kg N/hm²）；箭头表示土壤干旱处理开始的时间

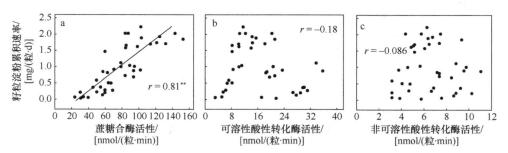

图 8-17　籽粒淀粉累积速率与籽粒中蔗糖合酶（a）、可溶性酸性转化酶（b）
和非可溶性酸性转化酶（c）活性的关系

图中数据引自参考文献[22, 23]

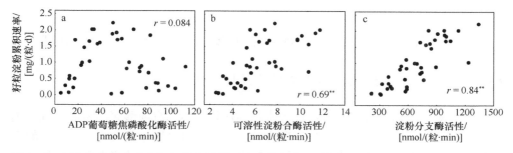

图 8-18　籽粒淀粉累积速率与籽粒中腺苷二磷酸葡萄糖焦磷酸化酶（a）、可溶性淀粉合酶（b）和淀粉分支酶（c）活性的关系

图中数据引自参考文献[22, 23]

8.3.3　ABA 对茎和籽粒中糖代谢相关酶活性起重要调控作用

早先的研究认为，谷类作物籽粒在灌浆期遇干旱会增加内源 ABA 含量，降低籽粒蔗糖-淀粉代谢途径中酶活性，从而抑制库的活性和同化物在库端的卸载[77-79]。但近年的研究发现，水稻灌浆期茎中与糖代谢有关的一些酶，如 β-淀粉酶、淀粉磷酸化酶和蔗糖磷酸合成酶等的活性及基因表达与茎中 ABA 含量及 ABA 合成相关基因（*NCED1*）的表达密切相关，茎中较高的 ABA 含量及 *NCED1* 表达有利于糖代谢相关基因的表达和酶活性的增强，从而促进茎中同化物向籽粒转运[80, 81]。在水稻或小麦籽粒中，灌浆期 ABA 通过调控籽粒中蔗糖-淀粉代谢途径关键酶活性及相关蛋白质表达，调控籽粒淀粉合成[22, 23, 59, 73, 80]。通过花后适度土壤干旱或喷施低浓度 ABA 适度提高籽粒 ABA 水平，可以增强籽粒中蔗糖-淀粉代谢途径关键酶活性及相关蛋白质表达，促进籽粒中淀粉合成和累积（表 8-12）。以上结果说明，ABA 对茎和籽粒中糖代谢相关酶活性起重要调控作用，适度提高体内 ABA 水平有利于茎中同化物向籽粒转运和籽粒灌浆。

表 8-12　喷施化学物质对水稻弱势粒中脱落酸（ABA）含量、籽粒淀粉合成相关酶和茎中蔗糖磷酸合酶活性的影响

ABA 含量/酶活性	对照（喷清水）	20μmol/L ABA	50μmol/L ABA	20μmol/L 氟草酮	20μmol/L ABA + 20μmol/L 氟草酮
籽粒 ABA 含量/（nmol/g 干重）	1.28 c	1.68 b	2.19 a	0.73 d	1.22 c
籽粒 SuS/[nmol/（粒·min）]	85.8 b	129 a	68.7 c	51.3 d	84.9 b
籽粒 AGP/[nmol/（粒·min）]	63.9 b	89.5 a	51.6 c	42.5 d	64.3 b
籽粒可溶性 StS/[nmol/（粒·min）]	44.6 b	56.8 a	34.5 c	25.6 d	45.2 b
籽粒颗粒型 StS/[nmol/（粒·min）]	65.9 b	74.3 a	51.3 c	39.7 d	64.3 b
籽粒 SBE/[U/（粒·min）]	735 b	856 a	609 c	505 d	729 b
茎中 SPS/[μmol/（mg 蛋白质·h）]	24.5 b	33.6 a	32.3 a	18.6 c	23.9 b

注：表中数据引自参考文献[18-23, 55-58]；不同字母表示在 *P*=0.05 水平上差异显著，同行内不同处理间比较

8.4 关于花后适度土壤干旱需要深入研究的几个问题

8.4.1 根系信号对适度土壤干旱的响应及其作用

目前关于花后适度土壤干旱促进水稻同化物转运和籽粒灌浆的机制研究，主要局限于地上部分，对地下部根系研究其少。植物根系既是吸收水分和养分的主要器官，又是多种激素、有机酸和氨基酸合成的重要场所，其形态和生理特性与地上部的生长发育、产量和品质形成均有着密切的关系[82-84]。有研究表明，ABA通常由根系产生并传输到地上部调控植株的生长发育[85-87]。但目前有关 ABA 等根系信号传导调控同化物转运和籽粒灌浆的分子机制知之其少。今后需要重点研究：①在适度土壤干旱条件下根系信号的种类与传导方式及其对植株衰老、光合作用、同化物转运和籽粒灌浆的调控作用与机制；②冠层结构与功能对根系信号产生与传导的影响及其机制；③调控根系信号产生与传导的途径和技术及其原理。

8.4.2 氮素向籽粒转运的机制

水稻籽粒重量的 80%～90%是碳水化合物，碳水化合物向籽粒转运状况是决定粒重的关键因素[67, 71]。因此，现有研究主要集中在水稻碳同化物转运的调控途径与生理机制方面，对氮素转运的调控途径与机制研究较少。王维[88]曾观察到，采用适度土壤干旱的方法不仅可以促进碳同化物向籽粒转运，而且可以促进营养器官中氮素向籽粒转运，进而提高氮素收获指数。今后需重点研究：①水稻等谷类作物花后营养器官中氮素向籽粒转运的特点与机制；②协调植株花后碳氮转运、碳氮代谢关系的途径及其机制。开展上述研究，可以为实现作物高产和氮素高效利用提供理论与实践依据。

8.4.3 减少水稻颖花/小花退化的调控途径及其机制

水稻等谷类作物的颖花或小花退化是进一步高产的重要限制因素，揭示颖花或小花退化机制、减少颖花或小花退化已成为科学和生产上的一个难题[89]。Yang等[90]和 Zhang 等[91]研究表明，在水稻幼穗发育期或减数分裂期采用适度干旱的方法，可以减少颖花退化，提高结实率。今后需要进一步研究谷类作物颖花或小花退化的机制和调控途径，以及适度土壤干旱减少水稻颖花退化的调控机制，以进一步提高谷类作物的增产潜力。

8.4.4 适度土壤干旱对水稻籽粒品质的影响及其机制

以往有关土壤干旱对水稻等谷类作物籽粒灌浆和产量的影响及其机制研究较多，有关土壤干旱对籽粒品质的影响机制研究较少。徐云姬[92]近年的研究表明，采用适度土壤干旱的方法不仅可以促进水稻籽粒灌浆，而且可以改善籽粒品质，但其机制不清楚。今后应重点研究：①适度土壤干旱对水稻等籽粒各品质指标的影响；②适度土壤干旱改善籽粒品质的机制。通过研究，为水稻优质高产的育种与栽培提供理论和实践指导。

参 考 文 献

[1] Venkateswarlu B, Visperas R M. Source-sink relationships in crop plants. International Rice Research Institute Paper Series, 1987, 125: 1-19.

[2] Panda B B, Sekhar S, Dash S K, et al. Biochemical and molecular characterization of exogenous cytokinin application on grain filling in rice. BMC Plant Biology, 2018, 18: 89 DOI: 10. 1186/s12870-018-1279-4.

[3] Kobata T, Palta J A, Turner N C. Rate of development of postanthesis water deficits and grain filling of spring wheat. Crop Science, 1992, 32: 1238-1242.

[4] Pheloung P C, Siddique K H M. Contribution of stem dry matter to grain yield in wheat cultivars. Austrian Journal of Plant Physiology, 1991, 18: 53-64.

[5] Okamura M, Arai-Sanoh Y, Yoshida H, et al. Characterization of high-yielding rice cultivars with different grain-filling properties to clarify limiting factors for improving grain yield. Field Crops Research, 2018, 219: 139-147.

[6] Gebbing T, Schnyder H. Pre-anthesis reserve utilization for protein and carbohydrate synthesis in grains of wheat. Plant Physiology, 1999, 121: 871-878.

[7] Li G H, Pan J F, Cui K H, et al. Limitation of unloading in the developing grains is a possible cause responsible for low stem non-structural carbohydrate translocation and poor grain yield formation in rice through verification of recombinant inbred lines. Frontiers in Plant Science, 2017, 8: DOI: 10. 3389/fpls. 2017. 0136(e1369).

[8] 杨建昌. 亚种间杂交稻籽粒充实特征及其生理基础研究. 北京: 中国农业大学博士学位论文, 1996.

[9] Gan S, Amasino R M. Making sense of senescence. Plant Physiology, 1997, 113: 313-319.

[10] Nooden L D, Guiamet J J, John I. Senescence mechanisms. Physiologia Plantarum, 1997, 101: 746-753.

[11] Gong Y, Zhang J, Gao J, et al. Slow export of photoassimilate from stay-green leaves during late grain filling stage in hybrid winter wheat (*Triticum aestivum* L.). Journal of Agronomy and Crop Science, 2005, 191: 292-299.

[12] Zhang J H, Sui X Z, Su B L, et al. An improved water-use efficiency for winter wheat grown under reduced irrigation. Field Crops Research, 1998, 59: 91-98.

[13] Yang J C, Peng S B, Zhang Z J, et al. Grain and dry matter yields and partitioning of assimilates in japonica/indica hybrid rice. Crop Science, 2002, 42: 766-772.

[14] Mi G, Tang L, Zhang F, et al. Carbohydrate storage and utilization during grain filling as

regulated by nitrogen application in two wheat cultivars. Journal of Plant Nutrition, 2002, 25: 213-229.

[15] Austin R B, Morgan C L, Ford M A, et al. Contributions to grain yield from pre-anthesis assimilation in tall and dwarf barley phenotypes in two contrasting seasons. Annals of Botany, 1980, 45: 309-319.

[16] Asseng S, van Herwaarden A F. Analysis of the benefits to wheat yield from assimilates stored prior to grain filling in a range of environments. Plant and Soil, 2003, 256: 217-219.

[17] Bidinger F, Musgrave R B, Fischer R A. Contribution of stored pre-anthesis assimilate to grain yield in wheat and barley. Nature, 1977, 270: 431-433.

[18] Yang J C, Zhang J H, Wang Z Q, et al. Water deficit-induced senescence and its relationship to the remobilization of pre-stored carbon in wheat during grain filling. Agronomy Journal, 2001, 93: 196-206.

[19] Yang J C, Zhang J H, Huang Z L, et al. Remobilization of carbon reserves is improved by controlled soil-drying during grain filling of wheat. Crop Science, 2000, 40: 1645-1655.

[20] Yang J C, Zhang J H, Wang Z Q, et al. Remobilization of carbon reserves in response to water-deficit during grain filling of rice. Field Crops Research, 2001, 71: 47-55.

[21] Zhang H, Xue Y G, Wang Z Q, et al. An alternate wetting and moderate soil drying regime improves root and shoot growth in rice. Crop Science, 2009, 49: 2246-2260.

[22] Yang J C, Zhang J H, Wang Z Q, et al. Activities of enzymes involved in source-to-starch metabolism in rice grains subjected to water stress during filling. Field Crops Research, 2003, 81: 69-81.

[23] Yang J C, Zhang J H, Wang Z Q, et al. Activities of key enzymes in sucrose-to-starch conversion in wheat grains subjected to water deficit during grain filling. Plant Physiology, 2004, 135: 1621-1629.

[24] Morison J I L, Baker N R, Mullineaux P M, et al. Improving water use in crop production. Philosophical Transactions-Royal Society, Biological Sciences, 2008, 363: 639-658.

[25] Farooq M, Hussain M, Siddique H M. Drought stress in wheat during flowering and grain filling periods. Critical Review of Plant Science, 2014, 33: 331-349.

[26] Chaves M M, Oliveita M M. Mechanisms underlying plant resilience to water deficits: prospects for water-saving agriculture. Journal of Experimental Botany, 2004, 55: 2365-2384.

[27] 朱庆森, 张祖建, 杨建昌, 等. 亚种间杂交稻产量源库特征. 中国农业科学, 1997, 30(3): 52-59.

[28] Yuan L P. Hybrid rice breeding in China. In: Virmani S S, Siddiq E A, Muralidharan K. Advances in Hybrid Rice Technology. Proceedings of the Third International Symposium on Hybrid Rice, Hyderabad, India, 14-16 Nov. 1996. Los Baňos, Philippines: International Rice Research Institute, 1998: 27-33.

[29] Peng S B, Buresh R J, Huang J L, et al. Strategies for overcoming low agronomic nitrogen use efficiency in irrigated rice systems in China. Field Crops Research, 2006, 96: 37-47.

[30] Peng S B, Buresh R J, Huang J L, et al. Improving nitrogen fertilization in rice by site-specific N management. A review. Agronomy for Sustainable Development, 2010, 30: 649-656.

[31] Zhang H, Kong X S, Hou D P, et al. Progressive integrative crop managements increase grain yield, nitrogen use efficiency and irrigation water productivity in rice. Field Crops Research, 2018, 215: 1-11.

[32] 王邦锡, 杜元, 齐明启, 等. 小麦在干热风条件下的生理变化. 植物学报, 1978, 20(1): 37-43.

[33] Farooq M, Siddique K H M, Rehman H, et al. Rice direct seeding: experiences, challenges and opportunities. Soil and Tillage Research, 2011, 111: 87-98.

[34] Liu H, Hussain S, Zheng M, et al. Dry direct-seeded rice as an alternative to transplanted-flooded rice in Central China. Agronomy for Sustainable Development, 2015, 35: 285-294.

[35] Yang J C, Liu K, Wang Z Q, et al. Water-saving and high-yielding irrigation for lowland rice by controlling limiting values of soil water potential. Journal of Integrative Plant Biology, 2007, 49: 1445-1454.

[36] Luo L J. Breeding for water-saving and drought-resistance rice (WDR) in China. Journal Experimental Botany, 2010, 61: 3509-3517.

[37] Zhou Q, Ju C X, Wang Z Q, et al. Grain yield and water use efficiency of super rice under soil water deficit and alternate wetting and drying irrigation. Journal of Integrative Agriculture, 2017, 16: 1028-1043.

[38] Yan F, Li X N, Liu F L. ABA signaling and stomatal control in tomato plants exposure to progressive soil drying under ambient and elevated atmospheric CO_2 concentration. Environmental and Experimental Botany, 2017, 139: 99-104.

[39] He J, Du L Y, Wang T, et al. Old and new cultivars of soya bean (*Glycine max* L.) subjected to soil drying differ in abscisic acid accumulation, water relations characteristics and yield. Journal of Agronomy and Crop Science, 2016, 202: 372-383.

[40] Luo H H, Zhang Y L, Zhang W F. Effects of water stress and rewatering on photosynthesis, root activity, and yield of cotton with drip irrigation under mulch. Photosynthetica, 2016, 54: 65-73.

[41] Yang J C, Zhou Q, Zhang J H. Moderate wetting and drying increases rice yield and reduces water use, grain arsenic level, and methane emission. The Crop Journal, 2017, 5: 151-153.

[42] 段骅, 唐琪, 剧成欣, 等. 抽穗灌浆早期高温与干旱对不同水稻品种产量和品质的影响. 中国农业科学, 2012, 45(22): 4561-4573.

[43] 段骅, 杨建昌. 高温对水稻的影响及其机制的研究进展. 中国水稻科学, 2012, 26(4): 393-400.

[44] Yang J C, Zhang J H, Wang Z Q, et al. Postanthesis water deficits enhance grain filling in two-line hybrid rice. Crop Science, 2003, 43: 2099-2108.

[45] Zhang Z C, Zhang S F, Yang J C, et al. Yield, grain quality and water use efficiency of rice under non-flooded mulching cultivation. Field Crops Research, 2008, 108: 71-81.

[46] 段骅, 俞正华, 徐云姬, 等. 灌溉方式对减轻水稻高温危害的作用. 作物学报, 2012, 38(1): 107-120.

[47] Kende H, Zeevaart J A D. The five "classical" plant hormones. Plant Cell, 1997, 9: 1197-1210.

[48] Tadas P, Agata P, Philip D R, et al. Identification of senescence-associated genes from daylily petals. Plant Molecular Biology, 1999, 40: 237-248.

[49] Yang J C, Zhang J H, Wang Z Q, et al. Involvement of abscisic acid and cytokinins in the senescence and remobilization of carbon reserves in wheat subjected to water stress during grain filling. Plant, Cell and Environment, 2003, 26: 1621-1631.

[50] Yang J C, Zhang J H, Ye Y X, et al. Involvement of abscisic acid and ethylene in the responses of rice grains to water stress during filling. Plant, Cell and Environment, 2004, 27: 1055-1064.

[51] Morgan J M. Possible role of abscisic acid in reducing seed set in water-stressed wheat plants. Nature, 1980, 285: 655-657.

[52] Cheng C Y, Lur H S. Ethylene may be involved in abortion of the maize caryopsis. Physiologia Plantarum, 1996, 98: 245-252.

[53] Saini H S, Aspinall D A. Sterility in wheat (*Triticum aestivum* L.) induced by water deficit or

high temperature: possible mediation by abscisic acid. Australian Journal of Plant Physiology, 1982, 9: 529-537.

[54] Sharp R E. Interaction with ethylene: changing views on the role of abscisic acid in root and shoot growth responses to water stress. Plant, Cell and Environment, 2002, 25: 211-222.

[55] Yang J C, Zhang J H. Grain filling of cereals under soil drying. New Phytologist, 2006, 169: 223-236.

[56] Yang J C, Zhang J H, Wang Z Q, et al. Hormonal changes in the grains of rice subjected to water stress during grain filling. Plant Physiology, 2001, 127: 315-323.

[57] Yang J C, Zhang J H, Wang Z Q, et al. Post-anthesis development of inferior and superior spikelets in rice in relation to abscisic acid and ethylene. Journal of Experimental Botany, 2006, 57: 149-160.

[58] Yang J C, Zhang J H, Liu K, et al. Abscisic acid and ethylene interact in wheat grains in response to soil drying during grain filling. New Phytologist, 2006, 271: 293-303.

[59] Wang Z Q, Xu Y J, Chen T T, et al. Abscisic acid and the key enzymes and genes in sucrose-to-starch conversion in rice spikelets in response to soil drying during grain filling. Planta, 2015, 241: 1091-1107.

[60] Yang J C, Zhang J H, Wang Z Q, et al. Hormones in the grains in relation to sink strength and postanthesis development of spikelets in rice. Plant Growth Regulation, 2003, 41: 185-195.

[61] Yang J C, Zhang J H, Wang Z Q, et al. Involvement of abscisic acid and cytokinins in the senescence and remobilization of carbon reserves in wheat subjected to water stress during grain filling. Plant, Cell and Environment, 2003, 26: 1621-1631.

[62] Alcazar R, Marco F, Cuevas J C, et al. Involvement of polyamines in plant response to abiotic stress. Biotechnology Letters, 2006, 28: 1867-1876.

[63] Yang J C, Zhang J H, Liu K, et al. Involvement of polyamines in the drought resistance of rice. Journal of Experimental Botany, 2007, 58: 1545-1555.

[64] Torrigiani P, Bressanin D, Ruiz K B, et al. Spermidine application to young developing peach fruits leads to a slowing down of ripening by impairing ripening-related ethylene and auxin metabolism and signaling. Physiologia Plantarum, 2012, 146: 86-98.

[65] Gemperlová L, Nováková M, Vaňková R, et al. Diurnal changes in polyamine content, arginine and ornithine decarboxylase, and diamine oxidase in tobacco leaves. Journal of Experimental Botany, 2006, 57: 1413-1421.

[66] Chen T T, Xu Y J, Wang J C, et al. Polyamines and ethylene interact in rice grains in response to soil drying during grain filling. Journal of Experimental Botany, 2013, 64: 2523-2538.

[67] Yoshida S. Physiological aspects of grain yield. Annual Review of Plant Physiology, 1972, 23: 437-464.

[68] Beck E, Ziegler P. Biosynthesis and degradation of starch in higher plants. Annual Review of Plant Physiology and Plant Molecular Biology, 1989, 40: 95-117.

[69] Nielsen T H, Deiting U, Stitt M. A β-amylase in potato tubers is induced by storage at low temperature. Plant Physiology, 1997, 113: 503-510.

[70] Isopp H, Frehner M, Long S P, et al. Sucrose-phosphate synthase responds differently to source-sink relations and photosynthetic rates: Lolium perenne L. growing at elevated pCO_2 in the field. Plant, Cell and Environment, 2000, 23: 597-607.

[71] Wardlaw I F, Willenbrink J. Carbohydrate storage and mobilization by the culm of wheat between heading and grain maturity: the relation to sucrose synthase and sucrose-phosphate synthase. Australian Journal of Plant Physiology, 1994, 21: 255-271.

[72] Yang J C, Zhang J H, Wang Z Q, et al. Activities of starch hydrolytic enzymes and sucrose-

phosphate synthase in the stems of rice subjected to water stress during grain filling. Journal of Experimental Botany, 2001, 364: 2169-2179.

[73]　Yang J C, Zhang J H, Wang Z Q, et al. Abscisic acid and cytokinins in the root exudates and leaves and their relationship to senescence and remobilization of carbon reserves in rice subjected to water stress during grain filling. Planta, 2002, 215: 645-652.

[74]　Tian B, Talukder S K, Fu J M, et al. Expression of a rice soluble starch synthase gene in transgenic wheat improves the grain yield under heat stress conditions. In Vitro Cellular Developmental Biology Plant, 2018, 54: 216-227.

[75]　Zi Y, Diong J F, Song J M, et al. Grain yield, starch content and activities of key enzymes of waxy and non-waxy wheat (*Triticum aestivum* L.). Scientific Reports, 2018, 8: DOI: 10. 1038/s41598-018-22587-0(e4548).

[76]　Ahmadi A, Baker D A. The effect of water stress on the activities of key regulatory enzymes of the sucrose to starch pathway in wheat. Plant Growth Regulation, 2001, 35: 81-91.

[77]　Boyer J S, Westgate M E. Grain yields with limited water. Journal of Experimental Botany, 2004, 55: 2385-2394.

[78]　Boyer J S, McPherson H G. Physiology of water deficits in cereal crops. Advances in Agronomy, 1975, 27: 1-23.

[79]　Brenner M L, Cheikh N. The role of hormones in photosynthate partitioning and seed filling. *In*: Davies P J. Plant Hormones, Physiology, Biochemistry and Molecular Biology. Dordrecht, Netherlands: Kluwer Academic Publishers, 1995: 649-670.

[80]　Wang G Q, Hao S S, Gao B, et al. Regulation gene expression in the remobilization of carbon reserves in rice stems during grain filling. Plant and Cell Physiology, 2017, 58: 1391-1404.

[81]　Xu Y J, Zhang W Y, Ju C X, et al. Involvement of abscisic acid in fructan hydrolysis and starch biosynthesis in wheat under soil drying. Plant Growth Regulation, 2016, 80: 265-279.

[82]　Fitter A. Characteristics and functions of root systems. *In*: Waisel Y, Eshel A, Kafkafi U. Plant Roots, the Hidden Half. New York: Marcel Dekker Inc, 2002: 15-32.

[83]　Yang J C, Zhang H, Zhang J H. Root morphology and physiology in relation to the yield formation of rice. Journal of Integrative Agriculture, 2012, 11: 920-926.

[84]　Colmer T D, Cox M C H, Voesenek L A C J. Root aeration in rice (*Oryza sativa*): evaluation of oxygen, carbon dioxide, and ethylene as possible regulators of root acclimatization. New Phytologist, 2006, 170: 767-777.

[85]　Davies W J, Zhang J H. Root signals and the regulation of growth and development of plants in drying soil. Annual Review of Plant Physiology and Plant Molecular Biology, 1991, 42: 55-76.

[86]　Zhang J H, Davies W J. Changes in the concentration of ABA in xylem sap as a function of changing soil water status will account for changes in leaf conductance. Plant and Cell Environment, 1990, 13: 277-285.

[87]　Zhang J H, Davies W J. Dose ABA in the xylem control the rate of leaf growth in soil-dried maize and sunflower plants? Journal of Experimental Botany, 1990, 41: 1125-1132.

[88]　王维. 适度土壤干旱对水稻碳氮营养运转的调节作用及其机理. 扬州: 扬州大学博士学位论文, 2003.

[89]　王志敏. 作物产品器官退化和败育的机理与调控//"10000 个科学难题"农业科学编委会. 10000 个科学难题, 农业科学卷. 北京: 科学出版社, 2011: 111-114.

[90]　Yang J C, Zhang J H, Liu K, et al. Abscisic acid and ethylene interact in rice spikelets in response to water stress during meiosis. Journal of Plant Growth Regulation, 2007, 26: 318-328.

[91] Zhang W Y, Chen Y J, Wang Z Q, et al. Polyamines and ethylene in rice young panicles in response to soil drought during panicle differentiation. Plant Growth Regulation, 2017, 82: 491-503.

[92] 徐云姬. 三种谷类作物强、弱势粒灌浆差异机理及其调控技术. 扬州: 扬州大学博士学位论文, 2016.

第9章　水氮互作效应与互作模型

水氮互作（interaction between water and nitrogen），有时也称为水氮耦合（water-nitrogen coupling），是指土壤水分和氮肥相互作用，共同影响水稻产量、水分和养分的吸收利用。

氮素是水稻生产中除水分以外的另一个关键因子，也是水稻生产成本投入的重要部分。长期以来，我国一直以增加肥、水投入来提高单位面积作物产量。我国目前水稻平均氮肥施用量为 180kg/hm²，高出世界水稻氮肥平均施用量 75%[1-3]。在高产的太湖稻区，近年水稻平均产量为 8.7t/hm²，较全国平均产量高出 37%，氮肥平均施用量为 300kg N/hm²，较全国一季水稻的平均氮肥施用量高出 67%，氮肥平均农学利用率（单位施氮量增加的产量）不足 12kg/kg N，不到发达国家一半[4-6]。氮肥投入量高、利用效率低不仅增加生产成本，而且会造成严重的环境污染[7-9]。因此，深入研究通过水分管理来提高水稻氮肥利用效率，或通过氮肥管理来提高水分利用效率，对于发展绿色农业具有重要作用[10-12]。

有研究表明，水分和氮素耦合对作物产量与品质形成及水分和氮肥高效利用起十分重要的作用[13-17]。在水、肥供应不受限制的条件下，水分和氮素对作物产量与品质的影响在数量及时间上存在着最佳的匹配或耦合。在水分亏缺条件下，氮素是开发土-水系统生产效能的催化剂，水是肥效发挥的关键。水分和氮素这两者既互相促进，又互为制约。只要水分和氮肥供应合理匹配，就会产生相互促进机制，实现作物产量、水分与氮肥利用效率的协同提高[13-17]。因此，探明水分和氮素对水稻生长发育、产量和品质形成的互作效应，建立水氮互作的模型，对于实现水稻高产、优质和资源高效利用有重要意义。

有关土壤水分与肥料（主要是氮素）相互作用或耦合效应的研究，早期的工作主要集中在干旱土壤增施氮肥的"以肥补水"、"以肥调水"或"以水调肥"作用，以及水氮互作产生协同作用的条件和互作效应等方面。较多的结果表明：在土壤干旱条件下作物的"以肥调水"作用受到土壤干旱程度及施氮量高低的影响，土壤干旱程度轻，增施氮肥后"以肥调水"作用明显，在土壤干旱程度较重时，"以肥调水"的效应减弱或不明显；水分不足会限制肥效的正常发挥，水分过多则易导致肥料淋溶损失和作物减产；施肥过量或不足均会影响作物对水分的吸收利用，进而影响作物产量；在一定的范围内，氮素和水分对作物产量、品质及养分和水分利用效率有明显的协同促进作用[18-21]。但也有不同的研究结果，Sadras 等[22, 23]

在小麦上观察到，在施氮不过量的情况下，单位吸氮量的生产力（也称吸氮产籽率或氮素籽粒生产效率，产量/氮素吸收量）随着施氮量的增加而降低，但水分利用效率（产量/蒸腾蒸发量）随着施氮量的增加而提高。

近年来，水稻水氮互作效应的研究主要集中在灌溉模式与施氮量（或施肥模式）对水稻产量和品质的互作效应方面，基本的结论是，采用适当的灌溉模式和施氮量可以取得高产、水分和氮肥高效利用的效果[24-28]。但这些研究大多在盆钵栽培条件下进行，研究结果难以反映大田生产的实际情况，对水氮互作效应的机制也缺乏深入探讨。此外，以往有关土壤水分与施氮量对水稻产量的互作效应研究，大多局限在定性分析，缺乏建立模型的定量解析。因此，需要深入研究水稻产量及水分和氮肥利用效率协同提高的水氮互作模型。

9.1 水氮互作效应

9.1.1 灌溉方式与施氮量的交互作用

Wang 等[29]以粳稻品种武运粳 24 号和籼稻品种扬稻 6 号为材料，种植于有遮雨设施的大田，设置 3 个施氮量和 3 种灌溉方式，共 9 个处理组合。3 个施氮量为：$100kg/hm^2$（低氮量）、$200kg/hm^2$（中氮量）和 $300kg/hm^2$（高氮量），每个施氮量的 50%作为基肥和分蘖肥，50%作为穗肥施用。3 种灌溉方式为：①常规灌溉（CI），分蘖末、拔节初排水搁田，其余时期保持浅水层，收获前一周断水；②轻干湿交替灌溉（WMD），自移栽后 7 天至成熟，田间由浅水层自然落干至离地表 15～20cm 处土壤水势为–10～–15kPa 时复水，再落干，再复水，依此循环；③重干湿交替灌溉（WSD），自移栽后 7 天至成熟，田间由浅水层自然落干至离地表 15～20cm 处土壤水势为–25～–30kPa 时复水，再落干，再复水，依此循环。观察灌溉方式和施氮量对产量、水分和氮肥利用效率的影响。结果表明，灌溉方式和施氮量对产量的影响存在着极显著的互作效应（$F>8.4^{**}$）[29]。在常规灌溉条件下，产量以中施氮量为最高；在轻干湿交替灌溉条件下，产量在中施氮量和高施氮量间无显著差异；在重干湿交替灌溉条件下，产量随施氮量的增加而显著提高；在相同施氮量下，产量均以轻干湿交替灌溉方式的最高。两个不同基因型水稻品种的结果趋势一致（表 9-1）。

常规灌溉+高施氮量处理组合产量较低的原因，主要在于结实率、千粒重和收获指数的显著降低；轻干湿交替灌溉+中施氮量或轻干湿交替灌溉+高施氮量处理组合产量较高，得益于单位面积穗数和每穗颖花数的显著增加；在重干湿交替灌溉条件下增施氮肥提高产量的原因，在于单位面积穗数、每穗颖花数和结实率的增加，但收获指数随施氮量的增加而显著降低（表 9-1）。

表 9-1　灌溉方式和施氮量对水稻产量及其构成因素的影响

品种	灌溉方式	施氮量/(kg/hm²)	产量/(t/hm²)	穗数/(个/m²)	每穗颖花数	结实率/%	千粒重/g	收获指数
武运粳24号	常规灌溉	100（低）	7.56 e	235 d	133 d	90.5 b	27.0 a	0.498 d
		200（中）	9.17 b	282 a	137 c	88.4 c	27.1 a	0.476 e
		300（高）	8.67 c	279 a	141 ab	84.6 e	26.4 b	0.453 f
	轻干湿交替	100（低）	8.24 cd	240 c	139 bc	92.1 a	27.2 a	0.517 b
		200（中）	9.76 a	278 a	142 ab	91.8 ab	27.3 a	0.515 b
		300（高）	9.84 a	280 a	143 a	91.3 ab	27.3 a	0.508 c
	重干湿交替	100（低）	6.35 f	212 e	129 e	86.4 d	27.0 a	0.522 a
		200（中）	7.85 de	243 c	133 d	91.5 ab	27.1 a	0.513 b
		300（高）	8.63 c	254 b	138 c	91.8 ab	27.1 a	0.503 c
扬稻6号	常规灌溉	100（低）	8.03 d	234 d	138 c	91.5 b	27.5 a	0.499 e
		200（中）	9.35 b	268 a	145 b	88.9 c	27.3 a	0.478 f
		300（高）	8.69 c	265 ab	151 a	82.7 d	26.5 b	0.451 g
	轻干湿交替	100（低）	8.23 d	231 d	141 c	93.6 a	27.4 a	0.518 b
		200（中）	9.89 a	267 a	150 a	92.4 ab	27.2 a	0.515 bc
		300（高）	9.92 a	269 a	153 a	91.7 b	27.1 a	0.507 d
	重干湿交替	100（低）	7.05 e	222 e	132 d	88.3 c	27.2 a	0.522 a
		200（中）	8.15 d	245 c	140 c	87.8 c	27.3 a	0.514 c
		300（高）	8.85 c	259 b	145 b	87.6 c	27.3 a	0.504 d

注：表中数据引自参考文献[29]；不同字母表示在 $P=0.05$ 水平上差异显著，同栏、同品种内比较

　　在相同灌溉方式下，成熟期稻株的吸氮量随施氮量的增加而显著增加，但籽粒的吸氮量受到灌溉方式与施氮量交互作用的影响，即在常规灌溉条件下，籽粒中氮以中施氮量为最高；在轻干湿交替灌溉条件下，籽粒中氮在中施氮量和高施氮量间无显著差异；在重干湿交替灌溉条件下，籽粒中氮随施氮量的增加而显著提高；在相同施氮量下，籽粒中氮均以轻干湿交替灌溉方式的最高，重干湿交替灌溉的最低（表 9-2）。

表 9-2　灌溉方式和施氮量对水稻氮肥利用率的影响

品种	灌溉方式	施氮量/(kg/hm²)	吸氮量/(kg/hm²)	籽粒中氮/(kg/hm²)	吸氮产籽率/(kg/kg N)	氮肥生产力/(kg/kg N)	氮收获指数/%
武运粳24号	常规灌溉	100（低）	106.6 f	69.6 e	70.9 b	75.6 b	65.3 a
		200（中）	141.7 c	87.5 b	64.7 c	45.9 d	61.8 b
		300（高）	148.9 b	83.9 c	57.9 d	28.8 g	56.3 c
	轻干湿交替	100（低）	112.3 e	75.1 d	73.4 a	82.4 a	66.9 a
		200（中）	141.5 c	92.3 a	69.0 b	48.8 d	65.3 a
		300（高）	153.9 a	94.8 a	63.9 c	32.8 f	61.6 b
	重干湿交替	100（低）	84.6 g	57.3 f	75.1 a	63.5 c	67.8 a
		200（中）	112.1 e	73.6 d	70.0 b	39.3 e	65.6 a
		300（高）	134.8 d	82.8 c	64.3 c	28.9 g	61.4 b

续表

品种	灌溉方式	施氮量/(kg/hm²)	吸氮量/(kg/hm²)	籽粒中氮/(kg/hm²)	吸氮产籽率/(kg/kg N)	氮肥生产力/(kg/kg N)	氮收获指数/%
扬稻6号	常规灌溉	100（低）	111.5 e	72.5 d	72.0 b	80.3 a	65.0 b
		200（中）	142.2 c	87.6 b	65.8 c	46.8 c	61.6 c
		300（高）	149.4 b	83.7 c	58.2 d	29.0 f	56.0 d
	轻干湿交替	100（低）	110.4 e	73.6 d	74.6 a	82.3 a	66.7 ab
		200（中）	141.4 c	91.9 a	69.9 b	49.5 c	64.9 b
		300（高）	154.3 a	94.7 a	64.3 c	33.1 e	61.4 c
	重干湿交替	100（低）	92.5 f	62.4 e	76.2 a	70.5 b	67.5 a
		200（中）	114.6 e	75.0 d	71.1 b	40.8 d	65.4 b
		300（高）	136.8 d	83.7 c	64.7 c	29.5 f	61.2 c

注：表中数据引自参考文献[29]；吸氮产籽率（氮素籽粒生产效率）=产量/吸氮量；氮肥生产力=产量/施氮量；氮收获指数=籽粒中氮/吸氮量；不同字母表示在 $P=0.05$ 水平上差异显著，同栏、同品种内比较

与植株的吸氮量结果相反，在相同灌溉方式下，吸氮产籽率（氮素籽粒生产效率，产量/吸氮量）、氮肥生产力（产量/施氮量）和氮收获指数（籽粒中氮/植株总吸氮量）均随施氮量的增加而显著降低（表9-2）。在相同施氮量下，轻干湿交替灌溉和重干湿交替灌溉的吸氮产籽率显著高于常规灌溉，但在轻干湿交替灌溉和重干湿交替灌溉之间无显著差异（表9-2）。在总体上，在相同施氮量下，特别是在中、高施氮量下，轻干湿交替灌溉和重干湿交替灌溉的氮收获指数要高于常规灌溉（表9-2）。说明干湿交替灌溉可以促进植株吸收的氮素向籽粒转运，提高吸收单位氮素的籽粒生产效率。

与常规灌溉相比，两种干湿交替灌溉均显著减少了灌溉水量（图9-1a，图9-1b）。3个施氮量下的平均灌溉水量，轻干湿交替灌溉和重干湿交替灌溉分别较常规灌溉减少了22.5%和39.6%。在相同灌溉方式下，灌溉水量虽然随施氮量的增加而有所增加（可能由于植株蒸腾量的增加），但3个施氮量之间的差异不显著（图9-1a，图9-1b）。

灌溉方式和施氮量对灌溉水生产力（产量/灌溉水量）的影响存在着显著的互作效应（$F>12.5^{**}$）。在常规灌溉条件下，灌溉水生产力以中施氮量为最高（图9-1c，图9-1d）；在轻干湿交替灌溉条件下，灌溉水生产力在中施氮量或高施氮量下较高，但在这两个施氮量间无显著差异；在重干湿交替灌溉条件下，灌溉水生产力随施氮量的增加而显著提高；在相同施氮量下，灌溉水生产力均以轻干湿交替灌溉方式的最高（图9-1c，图9-1d）。

以上结果说明，水稻产量不仅取决于灌溉方式，而且取决于灌溉方式与施氮量的互作效应，轻干湿交替灌溉结合中施氮量，不仅可以增加产量，而且可以提高水分和氮肥利用效率。根据 Wang 等[29]研究结果，轻干湿交替灌溉是指土壤落干的复水指标为土壤水势–15kPa，或中午叶片水势为–0.68～–0.86MPa（随生育进程推进

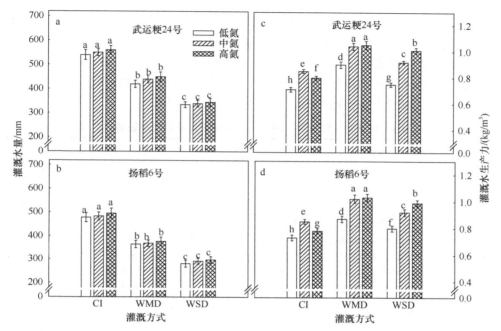

图 9-1 灌溉方式与施氮量对水稻灌溉水量（a，b）和灌溉水生产力（c，d）的影响

图中部分数据引自参考文献[29]；CI：常规灌溉；WMD：轻干湿交替灌溉；WSD：重干湿交替灌溉；

不同字母表示在 $P=0.05$ 水平上差异显著，相同品种内比较

叶片水势降低）；中施氮量是指在土壤肥力中等条件下，施氮量为 200kg/hm²，或单位叶片的含氮量在生育前中期为 2.2～2.3g/m²，生育后期为 2.0～2.1g/m²。

9.1.2 灌溉方式与氮肥管理模式的互作效应

Liu 等[30]以扬粳 4038（粳稻）和 II 优 084（杂交籼稻）为材料，在大田种植条件下比较分析了 4 种处理组合对产量和水氮利用效率的影响。4 种处理组合为：①常规灌溉+习惯施肥（当地高产施肥方法，施氮量粳稻为 270kg/hm²，籼稻为 240kg/hm²，基肥和分蘖肥占总氮量的 70%，穗肥占 30%）；②常规灌溉+实地氮肥管理（根据基础地力产量和目标产量确定总施氮量范围，根据叶绿素测定仪或叶色卡测定的叶色值对追肥施用量进行调节，基肥与分蘖肥占 40%～50%，穗肥占 50%～60%）；③轻干湿交替灌溉+习惯施肥；④轻干湿交替灌溉+实地氮肥管理。他们观察到，在常规灌溉下，实地氮肥管理的产量较习惯施肥增加了 5.7%～5.8%；在轻干湿交替灌溉下，实地氮肥管理的产量较习惯施肥增加了 5.9%～6.6%；在习惯施肥条件下，轻干湿交替灌溉的产量较常规灌溉增加了 6.1%～6.6%；在实地氮肥管理条件下，轻干湿交替灌溉的产量较常规灌溉增加了 6.3%～7.3%；轻干湿交替灌溉+实地氮肥管理，其产量较常规灌溉+习惯施肥的产量增加了 12.4%～13.6%

（表9-3）。表明轻干湿交替灌溉+实地氮肥管理处理组合的产量均要显著高出其他任何处理组合的产量，轻干湿交替灌溉与实地氮肥管理相结合可产生协同的增产效应。轻干湿交替灌溉与实地氮肥管理相结合协同增产的原因，在于每穗颖花数，或结实率，或千粒重的增加，或上述 3 个产量因素的共同提高；收获指数的显著提高也是该处理组合协同增产的一个重要因素（表9-3）。

表9-3 灌溉方式和氮肥管理方式对水稻产量及其构成因素的影响

品种	处理	产量/（t/hm²）	穗数/（个/m²）	每穗颖花数	结实率/%	千粒重/g	收获指数
扬粳 4038（粳稻）	常规灌溉+习惯施肥	9.27 c	281 a	148 b	85.4 c	26.5 b	0.492 b
	常规灌溉+实地氮肥管理	9.80 b	279 a	156 a	86.7 b	26.4 b	0.494 b
	轻干湿交替+习惯施肥	9.84 b	280 a	150 b	88.5 a	27.1 a	0.496 b
	轻干湿交替+实地氮肥管理	10.42 a	278 a	157 a	89.1 a	27.0 a	0.502 a
II 优 084（杂交籼稻）	常规灌溉+习惯施肥	9.28 c	233 a	199 b	74.6 c	27.1 c	0.493 b
	常规灌溉+实地氮肥管理	9.82 b	231 a	206 a	76.3 b	27.2 bc	0.495 b
	轻干湿交替+习惯施肥	9.89 b	234 a	200 b	78.5 a	27.6 ab	0.496 b
	轻干湿交替+实地氮肥管理	10.54 a	235 a	205 a	79.2 a	27.7 a	0.503 a

注：表中部分数据引自参考文献[30]；不同字母表示在 $P=0.05$ 水平上差异显著，同栏、同品种内比较

与产量结果相类似，轻干湿交替灌溉+实地氮肥管理处理组合的吸氮产籽率、氮肥生产力和灌溉水生产力均要显著高出其他各处理组合（表9-4）。例如，氮肥生产力，轻干湿交替灌溉+实地氮肥管理处理组合分别较常规灌溉+习惯施肥、常规灌溉+实地氮肥管理和轻干湿交替灌溉+习惯施肥处理组合高出 26.5%～29.7%、6.4%～7.3%和 19.2%～21.8%；轻干湿交替灌溉+实地氮肥管理处理组合的灌溉水生产力，较其他 3 个处理组合分别高出 56.7%～61.5%、46.9%～51.2%和 7.5%～8.8%（表9-4）。表现出了轻干湿交替灌溉+实地氮肥管理处理组合提高氮肥利用率和灌溉水生产力的协同效应。

表9-4 灌溉方式和氮肥管理方式对水稻氮肥利用率及灌溉水生产力的影响

品种	处理	施氮量/（kg/hm²）	吸氮量/（kg/hm²）	吸氮产籽率/（kg/kg N）	氮肥生产力/（kg/kg N）	灌溉水量/mm	灌溉水生产力/（kg/m³）
扬粳 4038（粳稻）	常规灌溉+习惯施肥	270	181 b	51.1 c	34.3 d	565 a	1.64 d
	常规灌溉+实地氮肥管理	240	174 c	56.3 b	40.8 b	560 a	1.75 c
	轻干湿交替+习惯施肥	270	188 a	52.4 c	36.4 c	412 b	2.39 b
	轻干湿交替+实地氮肥管理	240	180 b	57.8 a	43.4 a	406 b	2.57 a
II 优 084（杂交籼稻）	常规灌溉+习惯施肥	240	167 b	55.7 c	38.7 d	576 a	1.61 d
	常规灌溉+实地氮肥管理	210	159 c	61.9 b	46.8 b	571 a	1.72 c
	轻干湿交替+习惯施肥	240	174 a	56.9 c	41.2 c	414 b	2.39 b
	轻干湿交替+实地氮肥管理	210	167 b	63.3 a	50.2 a	406 b	2.60 a

注：表中部分数据引自参考文献[30]；灌溉水生产力=产量/灌溉水量；不同字母表示在 $P=0.05$ 水平上差异显著，同栏、同品种内比较

9.2　水氮互作的生物学基础

9.2.1　减少冗余生长

Liu 等[30]观察到，拔节期的分蘖数，在相同灌溉方式下实地氮肥管理要显著低于习惯施肥；在相同施肥模式下，轻干湿交替灌溉要显著低于常规灌溉（表 9-5）。分蘖成穗率则与拔节期分蘖数的结果趋势相反，即在相同施肥模式下，轻干湿交替灌溉的分蘖成穗率显著高于常规灌溉；在相同灌溉方式下，实地氮肥管理的分蘖成穗率显著高于习惯施肥；如果轻干湿交替灌溉与实地氮肥管理相结合，则其分蘖成穗率显著高于其他各处理组合（表 9-5）。

表 9-5　灌溉方式和氮肥管理方式对水稻分蘖数及分蘖成穗率的影响

品种	处理	分蘖数/（个/m²）			分蘖成穗率/%
		拔节期	抽穗期	成熟期	
扬粳 4038（粳稻）	常规灌溉+习惯施肥	347 a	285 a	231 a	66.6 d
	常规灌溉+实地氮肥管理	298 c	251 b	229 a	76.8 b
	轻干湿交替+习惯施肥	321 b	252 b	230 a	71.7 c
	轻干湿交替+实地氮肥管理	279 d	246 b	228 a	81.7 a
II 优 084（杂交籼稻）	常规灌溉+习惯施肥	272 a	220 a	183 a	67.4 d
	常规灌溉+实地氮肥管理	234 c	200 b	181 a	77.4 b
	轻干湿交替+习惯施肥	255 b	204 b	184 a	72.1 c
	轻干湿交替+实地氮肥管理	226 d	202 b	185 a	82.0 a

注：表中部分数据引自参考文献[30]；分蘖成穗率（%）=成熟期分蘖形成的穗数/拔节期分蘖数×100；不同字母表示在 $P=0.05$ 水平上差异显著，同栏、同品种内比较

轻干湿交替灌溉与实地氮肥管理提高分蘖成穗率的协同效应，一方面可以减少冗余生长，用于产生无效分蘖的水分和养分减少，另一方面可以改善群体结构和通风透光条件，为抽穗后的物质生产提供良好基础[31-33]。

9.2.2　提高抽穗至成熟期的光合生产

虽然轻干湿交替灌溉+实地氮肥管理处理组合在拔节期的叶面积指数及拔节前和拔节至抽穗的光合势（绿叶面积持续期）显著小于其他各处理组合，但成熟期的叶面积指数和抽穗至成熟的光合势，轻干湿交替灌溉+实地氮肥管理处理组合要显著高于其他各处理组合（表 9-6）。在各处理组合中，抽穗期和成熟期地上部的干物质重、灌浆期叶片光合速率，均以轻干湿交替灌溉+实地氮肥管理处理组合

为最高（表 9-7）。表明轻干湿交替灌溉与实地氮肥管理相结合具有提高水稻抽穗后光合生产能力的协同效应。

表 9-6　灌溉方式和氮肥管理方式对水稻叶面积指数及光合势的影响

品种	处理	叶面积指数			光合势/[（m²·d）/m²]		
		拔节期	抽穗期	成熟期	拔节前	拔节-抽穗	抽穗-成熟
扬粳 4038（粳稻）	常规灌溉+习惯施肥	5.32 a	7.43 a	0.87 c	108 a	223 a	208 d
	常规灌溉+实地氮肥管理	4.67 c	7.29 a	1.59 b	95 c	209 c	223 c
	轻干湿交替+习惯施肥	4.96 b	7.34 a	1.62 b	101 b	215 b	230 b
	轻干湿交替+实地氮肥管理	4.35 d	7.26 a	2.13 a	89 d	203 d	239 a
II 优 084（杂交籼稻）	常规灌溉+习惯施肥	5.44 a	7.37 a	0.78 c	111 a	224 a	204 d
	常规灌溉+实地氮肥管理	4.79 c	7.22 a	1.57 b	98 c	210 c	220 c
	轻干湿交替+习惯施肥	5.11 b	7.27 a	1.61 b	104 b	217 b	228 b
	轻干湿交替+实地氮肥管理	4.46 d	7.36 a	2.06 a	91 d	208 c	238 a

注：表中部分数据引自参考文献[30]；不同字母表示在 P=0.05 水平上差异显著，同栏、同品种内比较

表 9-7　灌溉方式和氮肥管理方式对水稻干物质累积量及叶片光合速率的影响

品种	处理	干物质重/（t/hm²）			叶片光合速率/[μmol CO₂/（m²·s）]		
		拔节期	抽穗期	成熟期	花后 10 天	花后 18 天	花后 29 天
扬粳 4038（粳稻）	常规灌溉+习惯施肥	10.35 a	16.2 c	5.85 c	21.9 b	17.5 c	12.5 c
	常规灌溉+实地氮肥管理	10.29 a	17.1 b	6.77 b	22.4 b	20.3 b	15.9 b
	轻干湿交替+习惯施肥	10.27 a	17.1 b	6.79 b	22.7 b	19.6 b	16.6 b
	轻干湿交替+实地氮肥管理	10.32 a	17.9 a	7.53 a	25.3 a	22.4 a	18.7 a
II 优 084（杂交籼稻）	常规灌溉+习惯施肥	10.21 a	16.2 c	5.97 c	22.2 b	16.9 c	11.5 c
	常规灌溉+实地氮肥管理	10.34 a	17.1 b	6.72 b	22.4 b	20.2 b	15.3 b
	轻干湿交替+习惯施肥	10.34 a	17.1 b	6.81 b	22.5 b	19.7 b	16.4 b
	轻干湿交替+实地氮肥管理	10.56 a	18.0 a	7.46 a	24.9 a	22.3 a	18.3 a

注：表中部分数据引自参考文献[30]；不同字母表示在 P=0.05 水平上差异显著，同栏、同品种内比较

水稻和小麦等作物的产量物质主要来自抽穗后的光合生产，提高抽穗后的光合生产能力是提高产量的重要途径，也是衡量群体质量的核心指标[34-36]。轻干湿交替灌溉与实地氮肥管理相结合能够获得高产高效，提高抽穗后的物质生产能力是该处理组合水、肥互作效应的重要生物学基础。

9.2.3　促进根系生长

由表 9-8 可知，在常规灌溉+习惯施肥、常规灌溉+实地氮肥管理、轻干湿交替灌溉+习惯施肥和轻干湿交替灌溉+实地氮肥管理 4 种处理组合中，抽穗期根干

重以轻干湿交替灌溉+实地氮肥管理处理组合为最高。花后各期测定的根系氧化力，虽然实地氮肥管理或轻干湿交替灌溉较习惯施肥或常规灌溉能增加，但轻干湿交替灌溉与实地氮肥管理相结合增加的幅度更大。例如，花后 29 天的根系氧化力，在常规灌溉条件下，实地氮肥管理较习惯施肥提高了 37.7%～44.9%；在习惯施肥下，轻干湿交替灌溉较常规灌溉提高了 47.7%～50.3%；轻干湿交替灌溉+实地氮肥管理处理组合较常规灌溉+习惯施肥处理组合提高了 74.8%。表现出了轻干湿交替灌溉与实地氮肥管理促进根系生长的协同效应（表 9-8）。

表 9-8　灌溉方式和氮肥管理方式对水稻根干重及根系氧化力的影响

品种	处理	抽穗期根干重/ (g/m^2)	根系氧化力/[μg α-萘胺/（g 干重·h）]		
			花后 10 天	花后 18 天	花后 29 天
扬粳 4038 （粳稻）	常规灌溉+习惯施肥	99.4 c	438 b	276 c	147 c
	常规灌溉+实地氮肥管理	98.8 c	453 b	312 b	213 b
	轻干湿交替+习惯施肥	103.7 b	460 b	320 b	221 b
	轻干湿交替+实地氮肥管理	108.3 a	496 a	385 a	257 a
II 优 084 （杂交籼稻）	常规灌溉+习惯施肥	98.1 c	442 b	269 c	151 d
	常规灌溉+实地氮肥管理	100.3 c	456 b	308 b	208 c
	轻干湿交替+习惯施肥	109.6 b	462 b	315 b	223 b
	轻干湿交替+实地氮肥管理	113.0 a	498 a	391 a	264 a

注：表中部分数据引自参考文献[30]；不同字母表示在 $P=0.05$ 水平上差异显著，同栏、同品种内比较

　　根系是植物吸收养分和水分的重要器官，培育健壮根系是保持地上部具有较高养分水平和促进地上部生长的重要保障。另外，地上部具有较高的养分水平和物质生产能力又为地下部根系生长提供充足的光合同化物，两者相互促进，协调发展[37-39]。Wang 等[29]观察到，水稻根系氧化力与地上部叶片的含氮量和光合速率呈极显著的正相关（图 9-2a，图 9-2b）。这是地下部根系生长和地上部植株生长相互联系和协调发展的又一个佐证。轻干湿交替灌溉与实地氮肥管理促进根系生长的协同效应，是水氮互作协同提高产量的一个重要机制。

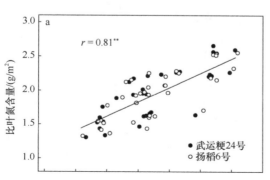

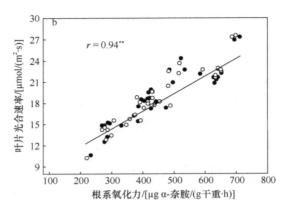

图 9-2　水稻根系氧化力与叶片含氮量（a）和光合速率（b）的关系

图中数据引自参考文献[29]

9.2.4　增加同化物转运

　　水氮互作协同提高水稻产量的另一个生理机制是增加花前同化物在茎与叶鞘中的累积、花后促进同化物向籽粒转运。由表 9-9 可见，单独采用实地氮肥管理或轻干湿交替灌溉较习惯施肥或常规灌溉虽能显著增加抽穗期茎与叶鞘中非结构性碳水化合物（NSC）的累积，但不能显著地提高抽穗至成熟期茎与叶鞘中 NSC 的转运率。轻干湿交替灌溉与实地氮肥管理相结合，不仅能较其他各处理组合显著增加抽穗期茎与叶鞘中 NSC 累积，而且可显著提高茎与叶鞘中 NSC 的转运率。与常规灌溉+习惯施肥处理组合相比，轻干湿交替灌溉+实地氮肥管理处理组合在抽穗期茎与叶鞘中的 NSC 增加了 22.1%～23.4%，抽穗至成熟茎与叶鞘中 NSC 的转运率提高了 13.5～13.7 个百分点（表 9-9）。

表 9-9　灌溉方式和氮肥管理方式对水稻茎与叶鞘中非结构性碳水化合物（NSC）累积量及其转运的影响

品种	处理	茎与叶鞘中 NSC/（g/m²）		NSC 转运率/%
		抽穗期	成熟期	
扬粳 4038（粳稻）	常规灌溉+习惯施肥	218 d	153 b	29.8 b
	常规灌溉+实地氮肥管理	229 c	156 b	31.7 b
	轻干湿交替+习惯施肥	243 b	164 a	32.4 b
	轻干湿交替+实地氮肥管理	269 a	152 b	43.5 a
II 优 084（杂交籼稻）	常规灌溉+习惯施肥	222 d	149 c	33.1 b
	常规灌溉+实地氮肥管理	234 c	151 b	35.3 b
	轻干湿交替+习惯施肥	248 b	158 a	36.1 b
	轻干湿交替+实地氮肥管理	271 a	145 d	46.6 a

　　注：表中部分数据引自参考文献[30]；NSC 转运率（%）=（抽穗期茎与叶鞘中 NSC–成熟期茎与叶鞘中 NSC）/抽穗期茎与叶鞘中 NSC×100；不同字母表示在 $P=0.05$ 水平上差异显著，同栏、同品种内比较

抽穗期茎与叶鞘中的 NSC 累积多,可以提高籽粒库活性,促进籽粒灌浆[40-42]。抽穗至成熟茎与叶鞘具较高的 NSC 转运率不仅可以提供更多籽粒灌浆物质,提高结实率和粒重,而且可以提高收获指数,提高物质生产效率[42-44]。轻干湿交替灌溉与实地氮肥管理互作产生了促进同化物转运的协同效应,这也是该处理组合结实率、粒重和收获指数较高的重要原因(参见表 9-3)。

轻干湿交替灌溉与实地氮肥管理相结合产生的减少冗余生长、提高抽穗至成熟期的光合生产、促进根系生长和增加同化物转运等互作效应,Wang 等[29]在研究灌溉方式与施氮量的交互作用时,也观察到轻干湿交替灌溉配合中施氮量具有类似的互作效应。

9.3　水氮互作模型

9.3.1　研究方法

水稻品种武育粳 24 号和扬稻 6 号种植于有遮雨设施的大田和土培池,设置 6 个施氮量水平(kg/hm^2):60、120、180、240、300 和 360,分基肥(移栽前 1 天)、分蘖肥(移栽后 7～15 天)和穗肥(穗分化始期)3 次施用,施用比例为 4∶2∶4。分别在有效分蘖期、拔节期、穗发育与抽穗期、灌浆前中期和灌浆后期设置 5 种土壤水势(kPa):0、−10、−20、−30 和−40,并测定各处理的植株含氮量,各处理重复 3 次。土壤水分处理前或结束后,进行轻干湿交替灌溉,即由浅水层自然落干至土壤水势为−10kPa 时再灌水,再落干,再灌水,依此循环。在成熟期各处理实收计产。采用数学模型:$Y=y_0+aW+bN+cW^2+dN^2+eWN$ 建立水氮对产量的互作效应模型。在模型中:Y 为产量(t/hm^2),W 为土壤水势(−kPa),N 为植株含氮量(%),y_0 为产量矫正值,a、b、c、d、e 为模型参数。之所以用土壤水势作为模型的土壤水分变量,是因为用土壤水势作为变量可以克服土壤含水量等受土壤类型的局限,可适用于各种类型的土壤;用植株含氮量作为模型的氮素变量,可以减小土壤基础地力不同造成的差异,具有普遍适用性。

9.3.2　主要结果

经统计显著性检验,土壤水分与植株含氮量对产量的影响存在显著的互作效应($F>4.8^{**}$)。各生育期土壤水势、植株含氮量与产量关系的模型方程列于表 9-10,模型图展示于图 9-3a～图 9-3h。根据表 9-10 水氮互作模型,可以得到各生育期不同土壤水分状况下获得最高产量时的植株含氮量,并将该含氮量定义为最适含氮量(表 9-11)。由表 9-11 可见,水分(土壤水势)与氮素(植株含氮量)对水稻产量的互作效应因品种类型和生育期不同而有较大差异。对于粳稻武运粳 24 号，在有效分蘖期、灌浆前中期和灌浆后期，随着土壤水势的降低（干旱程度的加重），获得最高产量时的最适植株含氮量随之降低，说明在这些生育期，并没有"以肥补水"的作用，相反，随着土壤干旱程度的加重，适当减少施肥量更有利于产量提高；但在拔节期和穗发育与抽穗期，随着土壤水势的降低，获得最高产量时的植株最适含氮量随之增加（表 9-11）。说明在这两个生育期，具有"以肥补水"的效应，随着土壤干旱程度的加重，适当增加施氮量有利于获得较高产量。

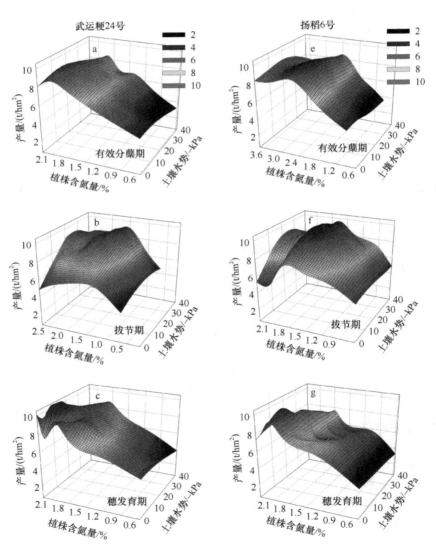

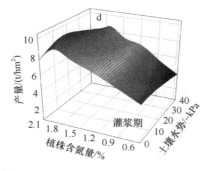 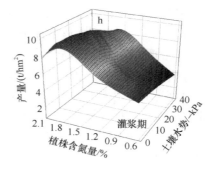

图 9-3　水稻武运粳 24 号（a～d）和扬稻 6 号（e～h）产量与不同生育期土壤水势
和植株含氮量的相互关系（彩图请扫封底二维码）

表 9-10　水稻不同生育期水氮互作模型

品种	生育期	水氮互作模型	R^2
武运粳 24 号	有效分蘖期	$Y=-0.109+0.024W+7.516N-0.0011W^2-1.265N^2-0.0081WN$	0.925^{**}
	拔节期	$Y=-0.0888+0.114W+7.184N-0.0029W^2-1.911N^2+0.0339WN$	0.955^{**}
	穗发育与抽穗期	$Y=1.591+0.011W+5.959N-0.0011W^2-1.208N^2+0.0108WN$	0.935^{**}
	灌浆前中期	$Y=-0.242+0.0385W+9.529N-0.0013W^2-2.554N^2-0.0547WN$	0.919^{**}
	灌浆后期	$Y=0.517+0.0663W+12.297N-0.0012W^2-4.533N^2-0.0171WN$	0.977^{**}
扬稻 6 号	有效分蘖期	$Y=-2.02+0.0428W+7.353N-0.0012W^2-1.627N^2-0.0082WN$	0.978^{**}
	拔节期	$Y=-1.073+0.102W+10.678N-0.0027W^2-3.3943N^2+0.0256WN$	0.930^{**}
	穗发育与抽穗期	$Y=-1.809+0.0626W+9.896N-0.0012W^2-2.363N^2-0.0244WN$	0.937^{**}
	灌浆前中期	$Y=-2.131+0.0494W+12.133N-0.0014W^2-3.438N^2-0.0124WN$	0.882^{**}
	灌浆后期	$Y=-0.124+0.0936W+14.532N-0.0015W^2-5.854N^2-0.028WN$	0.971^{**}

注：Y：产量（t/hm²）；W：土壤水势（-kPa）；N：植株含氮量（%）

表 9-11　不同土壤水分状况下水稻最适的植株含氮量　　（%）

品种	生育期	土壤水势/-kPa				
		0	10	20	30	40
武运粳 24 号	有效分蘖期	2.97	2.94	2.91	2.87	2.84
	拔节期	1.88	1.97	2.06	2.15	2.23
	穗发育与抽穗期	2.47	2.51	2.56	2.60	2.65
	灌浆前中期	1.87	1.76	1.65	1.54	1.44
	灌浆后期	1.36	1.34	1.32	1.30	1.28
扬稻 6 号	有效分蘖期	2.78	2.75	2.72	2.69	2.66
	拔节期	1.57	1.61	1.65	1.69	1.72
	穗发育与抽穗期	2.09	2.04	1.99	1.94	1.89
	灌浆前中期	1.76	1.75	1.73	1.71	1.69
	灌浆后期	1.24	1.22	1.19	1.17	1.15

注：表中数据为根据表 9-10 中方程计算得到的获得最高产量时的植株含氮量

对于籼稻扬稻 6 号，在拔节期，随着土壤水势的降低，获得最高产量时的最适植株含氮量随之增加，说明在该生育期具有"以肥补水"的作用；在其他各生育期，随着土壤水势的降低，获得最高产量时的最适植株含氮量随之降低（表 9-11）。说明在这些生育期，随着土壤干旱程度的加重，适当减少施肥量更有利于产量的提高。

两品种间比较，在相同生育期、相同土壤水势条件下，总体上扬稻 6 号获得最高产量时的最适植株含氮量要低于武运粳 24 号。例如，在有效分蘖期，当土壤水势为–10kPa 和–20kPa 时，武运粳 24 号的最适植株含氮量分别为 2.94%和 2.91%；扬稻 6 号的最适植株含氮量分别为 2.75%和 2.72%（表 9-11）。

为方便水氮互作模型在生产上推广应用，表 9-12 和 9-13 列出了在不同基础地力产量（氮空白区产量）下各施氮量所对应的植株含氮量。用户可以结合表 9-11 的结果，找到适宜的施氮量。例如，在有效分蘖期，如果土壤落干的程度为土壤水势–20kPa，则粳稻武运粳 24 号的最适植株含氮量为 2.91%（表 9-11），基础地力分别为低（氮空白区产量<4.2t/hm^2）、中（氮空白区产量为 4.2～5.0t/hm^2）、高（氮空白区产量>5.0t/hm^2）时，与植株含氮量 2.91%最接近的施氮量（kg/hm^2）分别为 200、150 和 100（表 9-12）。在穗发育与抽穗期，如果土壤落干的程度为土壤水势–10kPa，籼稻扬稻 6 号的最适植株含氮量为 2.04%（表 9-11），基础地力分别为低、中、高时，与植株含氮量 2.04%最接近的施氮量（kg/hm^2）分别为 200、150 和 100（表 9-13）。

表 9-12　不同基础地力和施氮量下水稻有效分蘖期的最适植株含氮量

品种	氮空白区产量	施氮量/（kg/hm^2）					
		50	100	150	200	250	300
		有效分蘖期植株含氮量/%					
武运粳 24 号（粳稻）	<4.2t/hm^2（低）	2.14	2.35	2.68	2.92	3.17	3.31
	4.2～5.0t/hm^2（中）	2.43	2.69	2.94	3.22	3.36	3.47
	>5.0t/hm^2（高）	2.66	2.93	3.14	3.36	3.54	3.63
扬稻 6 号（籼稻）	<4.2t/hm^2（低）	2.23	2.46	2.74	3.02	3.32	3.45
	4.2～5.0 t/hm^2（中）	2.56	2.74	3.11	3.30	3.43	3.52
	>5.0t/hm^2（高）	2.71	3.04	3.22	3.42	3.61	3.69

注：各施氮量的 50%作为基肥和分蘖肥，50%作为穗肥；植株含氮量为移栽后 10 天和 20 天 2 次测定的平均值

以水氮互作模型为核心技术建立的水稻高产与水分、养分高效利用栽培技术（简称水稻高产高效技术）在生产上进行了大面积的推广应用，取得了十分显著的增产、节水、节氮的效果。例如，据江苏省农业技术推广总站统计，水稻高产高效栽培技术于 2014～2017 年合计在江苏省推广应用 377.3 万 hm^2；与当地高产栽培技术相比，水稻高产高效栽培技术加权平均增产 8.2%，减少氮肥施用 6.8%，节约灌溉用水 24.3%（表 9-14）。

表 9-13　不同基础地力和施氮量下水稻穗发育至抽穗期的植株含氮量

品种	氮空白区产量	施氮量/（kg/hm²）					
		50	100	150	200	250	300
		穗发育至抽穗期植株含氮量/%					
武运粳 24 号（粳稻）	<4.2t/hm²（低）	1.04	1.25	1.67	1.96	2.13	2.47
	4.2~5.0t/hm²（中）	1.26	1.48	1.96	2.23	2.52	2.86
	>5.0t/hm²（高）	1.42	1.69	2.15	2.53	2.91	3.25
扬稻 6 号（籼稻）	<4.2t/hm²（低）	1.25	1.41	1.83	2.05	2.32	2.69
	4.2~5.0t/hm²（中）	1.51	1.78	2.05	2.32	2.69	3.01
	>5.0t/hm²（高）	1.78	2.01	2.23	2.66	2.98	3.42

注：各施氮量的 50%作为基肥和分蘖肥，50%作为穗肥；植株含氮量为穗分化始期、雌雄蕊分化期和抽穗始期（10%植株抽穗）3 次测定的平均值

表 9-14　水稻高产高效栽培技术在江苏省水稻生产上示范应用的效果

年度	栽培方式	应用面积/万 hm²	产量/（t/hm²）	施氮量/（kg/hm²）	灌溉水量/mm
2014	当地高产	—	8.15	287.5	422
	高产高效	57.1	8.70	265.7	332
2015	当地高产	—	8.22	285.8	406
	高产高效	82.2	8.84	264.1	315
2016	当地高产	—	8.28	280.4	426
	高产高效	104.4	8.93	265.4	312
2017	当地高产	—	8.45	279.6	438
	高产高效	133.6	9.15	261.9	325

注：表中数据根据引自 2018 年 6 月 20 日江苏省农业技术推广总站出具的推广应用证明

参 考 文 献

[1] Peng S B, Buresh R J, Huang J L, et al. Improving nitrogen fertilization in rice by site-specific N management. Agronomy for Sustainable Development, 2010, 30: 649-656.

[2] Peng S B, Buresh R J, Huang J L, et al. Strategies for overcoming low agronomic nitrogen use efficiency in irrigated rice systems in China. Field Crops Research, 2006, 96: 37-47.

[3] Xue Y G, Duan H, Liu L J, et al. An improved crop management increases grain yield and nitrogen and water use efficiency in rice. Crop Science, 2013, 53: 271-284.

[4] Peng S B, Tang Q Y, Zou Y B. Current status and challenges of rice production in China. Plant Production Science, 2009, 12: 3-8.

[5] Zhang F S, Chen X P, Vitousek P. An experiment for the world. Nature, 2013, 497(7447): 33-35.

[6] Ju C X, Buresh R J, Wang Z Q, et al. Root and shoot traits for rice varieties with higher grain yield and higher nitrogen use efficiency at lower nitrogen rates application. Field Crops Research, 2015, 175: 47-59.

[7] Ju X T, Xing G X, Chen X P, et al. Reducing environmental risk by improving N management in

intensive Chinese agricultural systems. Proceedings of the National Academy of Sciences of the United States of America, 2009, 106: 3041-3046.

[8] 剧成欣, 陈尧杰, 赵步洪, 等. 实地氮肥管理对不同氮响应粳稻品种产量和品质的影响. 中国水稻科学, 2018, 32(3): 237-246.

[9] Guo J H, Liu X J, Zhang Y, et al. Significant acidification in major Chinese croplands. Science, 2010, 327: 1008-1010.

[10] 张启发. 资源节约型、环境友好型农业生产体系的理论与实践. 北京: 科学出版社, 2015: 1-15.

[11] Wang F, Peng S B. Yield potential and nitrogen use efficiency of China's super rice. Journal of Integrative Agriculture, 2017, 16: 1000-1008.

[12] 杨建昌, 展明飞, 朱宽宇. 水稻绿色性状形成的生理基础. 生命科学, 2018, 30(10): 1137-1145.

[13] Haefele S M, Jabbar S M A, Siopongco J D L C, et al. Nitrogen use efficiency in selected rice (Oryza sativa L.) genotypes under different water regimes and nitrogen levels. Field Crops Research, 2008, 107: 137-146.

[14] Pan S G, Cao C G, Cai M L, et al. Effects of irrigation regime and nitrogen management on grain yield, quality and water productivity in rice. Journal of Food Agriculture & Environment, 2009, 7: 559-564.

[15] 李俊峰, 杨建昌. 水分与氮素及其互作对水稻产量和水肥利用效率的影响研究进展. 中国水稻科学, 2017, 31(3): 327-334.

[16] 孙永健, 孙园园, 李旭毅, 等. 水氮互作对水稻氮磷钾吸收、转运及分配的影响. 作物学报, 2010, 36(4): 655-664.

[17] 孙爱华, 朱士江, 郭亚芬, 等. 控灌条件下稻田田面水含氮量、土壤肥力及水氮互作效应试验研究. 土壤通报, 2012, 43(2): 362-368.

[18] Li Y, Yin Y P, Zhao Q, et al. Changes of glutenin subunits due to water-nitrogen interaction influence size and distribution of glutenin macropolymer particles and flour quality. Crop Science, 2011, 51: 2809-2819.

[19] 杨建昌, 王志琴, 朱庆森. 不同土壤水分状况下氮素营养对水稻产量的影响及其生理机制的研究. 中国农业科学, 1996, 29(4): 58-66.

[20] 王绍华, 曹卫星, 丁艳锋, 等. 水氮互作对水稻氮吸收与利用的影响. 中国农业科学, 2004, 37(4): 497-501.

[21] 孙永健, 孙园园, 刘树金, 等. 水分管理和氮肥运筹对水稻养分吸收、转运及分配的影响. 作物学报, 37(12): 2221-2232.

[22] Sadras V O, Lawson C. Nitrogen and water-use efficiency of Australian wheat varieties released between 1958 and 2007. European Journal Agronomy, 2013, 46: 34-41.

[23] Sadras V O, Rodriguez D. Modelling the nitrogen-driven trade-off between nitrogen utilisation efficiency and water use efficiency of wheat in eastern Australia. Field Crops Research, 2010, 118: 297-305.

[24] Xu B C, Xu W Z, Gao Z J, et al. Biomass production, relative competitive ability and water use efficiency of two dominant species in semiarid Loess Plateau under different water supply and fertilization treatments. Ecological Research, 2013, 28: 781-792.

[25] 朱宽宇, 展明飞, 陈静, 等. 不同氮肥水平下结实期灌溉方式对水稻弱势粒灌浆及产量的影响. 中国水稻科学, 2018, 32(2): 155-168.

[26] Zhang H, Kong X S, Hou D P, et al. Progressive integrative crop managements increase grain

yield, nitrogen use efficiency and irrigation water productivity in rice. Field Crops Research, 2018, 215: 1-11.

[27] 张自常, 李鸿伟, 曹转勤, 等. 施氮量和灌溉方式的交互作用对水稻产量和品质影响. 作物学报, 2013, 39(1): 84-92.

[28] Ye Y S, Liang X Q, Chen Y X, et al. Alternate wetting and drying irrigation and controlled-release nitrogen fertilizer in late-season rice. Effects on dry matter accumulation, yield, water and nitrogen use. Field Crops Research, 2013, 144: 212-224.

[29] Wang Z Q, Zhang W Y, Beebout S S, et al. Grain yield, water and nitrogen use efficiencies of rice as influenced by irrigation regimes and their interaction with nitrogen rates. Field Crops Research, 2016, 193: 54-69.

[30] Liu L J, Chen T T, Wang Z Q, et al. Combination of site-specific nitrogen management and alternate wetting and drying irrigation increases grain yield and nitrogen and water use efficiency in super rice. Field Crops Research, 2013, 154: 226-235.

[31] Yang J C. Approaches to achieve high yield and high resource use efficiency in rice. Frontiers of Agricultural Science and Engineering, 2015, 2(2): 115-123.

[32] Chu G, Wang Z Q, Zhang H, et al. Agronomic and physiological performance of rice under integrative crop management. Agronomy Journal, 2016, 108: 117-128.

[33] Zhou Q, Ju C X, Wang Z Q, et al. Grain yield and water use efficiency of super rice under soil water deficit and alternate wetting and drying irrigation. Journal of Integrative Agriculture, 2017, 16: 1028-1043.

[34] Li H, Liu L J, Wang Z Q, et al. Agronomic and physiological performance of high-yielding wheat and rice in the lower reaches of Yangtze River of China. Field Crops Research, 2012, 133: 119-129.

[35] Zhang H, Chen T T, Liu L J, et al. Performance in grain yield and physiological traits of rice in the Yangtze River Basin of China during the last 60 yr. Journal of Integrative Agriculture, 2013, 12: 57-66.

[36] 凌启鸿. 作物群体质量. 上海: 上海科学技术出版社, 2000.

[37] Zhang H, Xue Y G, Wang Z Q, et al. Morphological and physiological traits of roots and their relationships with shoot growth in "super" rice. Field Crops Research, 2009, 113: 31-40.

[38] Yang J C, Zhang H, Zhang J H. Root morphology and physiology in relation to the yield formation of rice. Journal of Integrative Agriculture, 2012, 11: 920-926.

[39] Chu G, Chen T T, Wang Z Q, et al. Morphological and physiological traits of roots and their relationships with water productivity in water-saving and drought-resistant rice. Field Crops Research, 2014, 162: 108-119.

[40] Yang J C, Zhang J H, Liu L J, et al. Carbon remobilization and grain filling in japonica/indica hybrid rice subjected to postanthesis water deficits. Agronomy Journal, 2002, 94: 102-109.

[41] Fu J, Huang Z H, Wang Z Q, et al. Pre-anthesis non-structural carbohydrate reserve in the stem enhances the sink strength of inferior spikelets during grain filling of rice. Field Crops Research, 2011, 123: 170-182.

[42] Yang J C, Peng S B, Zhang Z J, et al. Grain and dry matter yields and partitioning of assimilates in japonica/indica hybrid rice. Crop Science, 2002, 42: 766-772.

[43] Yang J C, Zhang J H. Crop management techniques to enhance harvest index in rice. Journal of Experimental Botany, 2010, 61: 3177-3189.

[44] 杨建昌, 张建华. 促进稻麦同化物转运和籽粒灌浆的途径与机制. 科学通报, 2018, 63(28-29): 2932-2943.